图像分割的认知物理学方法

吴涛 著

中国水利水电出版社
www.waterpub.com.cn

内 容 提 要

本书在深入研究认知物理学理论的基础上，探索了图像分割的粒度原理，建立了图像分割的认知物理学粒计算框架，并在该框架下针对特定的图像分割问题研究了若干可行有效的新方法。具体针对目前图像分割方法中存在的不确定性、准则依赖、低维等问题，研究其内在关系，吸收人类视觉认知机理和相关物理学的最新研究成果，将图像分割纳入到认知科学的研究范畴，研究认知物理学的基本理论及其关键技术，采用认知物理学的方法探索"数据—信息—知识"的图像认知过程，揭示人类视觉认知思维中的简化归纳规律，利用数据场实现图像粒化，利用数据场的类谱系图和数据质点的自适应迁移模型实现图像粒化的计算，利用云模型实现图像不确定性粒化计算，最终阐明人类视觉认知机理，构建了图像分割的认知物理学粒计算理论框架，针对具体应用问题研究出新的图像分割方法，为图像分割问题提供新的解决思路。同时，本书也为推动认知物理学的发展作出了持续的努力。

本书可供从事人工智能、计算机科学研究的学者，尤其是从事图像处理、模式识别、计算机视觉的研究和开发人员阅读、研究，同时，本书也可作为高等院校相关专业的研究生教学用书或参考教材。

图书在版编目（ＣＩＰ）数据

图像分割的认知物理学方法 / 吴涛著. -- 北京：
中国水利水电出版社，2015.2（2022.9重印）
 ISBN 978-7-5170-2873-4

Ⅰ．①图… Ⅱ．①吴… Ⅲ．①图象分割 Ⅳ.
①TN911.73

中国版本图书馆CIP数据核字(2015)第013021号

策划编辑：陈宏华　　责任编辑：张玉玲　　加工编辑：鲁林林　　封面设计：李 佳

书　　　名	图像分割的认知物理学方法
作　　　者	吴涛 著
出版发行	中国水利水电出版社 （北京市海淀区玉渊潭南路 1 号 D 座　100038） 网址：www.waterpub.com.cn E-mail: mchannel@263.net（万水） 　　　　sales@mwr.gov.cn 电话：（010）68545888（营销中心）、82562819（万水）
经　　　售	北京科水图书销售有限公司 电话：(010)63202643、68545874 全国各地新华书店和相关出版物销售网点
排　　　版	北京万水电子信息有限公司
印　　　刷	天津光之彩印刷有限公司
规　　　格	170mm×240mm　16 开本　15.75 印张　292 千字
版　　　次	2015年4月第1版　2022年9月第2次印刷
印　　　数	3001-4001册
定　　　价	48.00 元

前　　言

图像分割是一种基本的计算机视觉技术，是自动化图像处理的重要环节，是图像分析与理解的基础，已在众多领域取得了大量成功的应用，一直以来受到人们的广泛关注。尽管经历了数十年的发展，图像分割仍然是一个极具挑战性的课题。人类视觉认知思维中蕴含了"数据—信息—知识"的简化归纳过程，在深入研究和发展认知物理学理论的基础上，本书探索了图像分割的粒度原理，建立了图像分割的认知物理学粒计算框架，并在该框架下针对特定的图像分割问题研究了若干可行有效的新方法。具体针对目前图像分割方法中存在的不确定性、准则依赖、低维等问题，研究其内在关系，吸收人类视觉认知机理和相关物理学的最新研究成果，将图像分割纳入到认知科学的研究范畴，研究认知物理学的基本理论及其关键技术，采用认知物理学的方法探索"数据—信息—知识"的图像认知过程，揭示人类视觉认知思维中的简化归纳规律，利用数据场实现图像粒化，利用数据场的类谱系图和数据质点的自适应迁移模型实现图像粒化的计算，利用云模型实现图像不确定性粒化计算，最终阐明人类视觉认知机理，建立起图像分割的认知物理学粒计算理论框架，针对具体应用问题研究出新的图像分割方法，为图像分割问题提供新的解决思路。本书的主要工作和研究成果如下：

（1）拓展了认知物理学的理论和方法，包括动态数据场、逆向云发生器以及云模型与二型模糊集合的比较等；丰富了认知物理学的应用范围，针对图像分割的若干特定应用问题，全面分析了数据场的质量、距离、影响因子等关键要素，深入研究了动态数据场的自适应进化机制、云模型的不确定度等关键技术。

（2）拓宽了图像分割的理论研究范围，将图像分割问题纳入到粒计算的理论体系，阐明了其中所蕴含的粒度原理。将图像分割问题理解成"数据—信息—知识"的粒计算思维过程，包括数据到信息的粒层细化、信息到知识的粒层粗化两个阶段。针对这两个阶段提出了认知物理学支持下的粒计算模型，分别从粒化、基于粒化的计算、不确定性粒化的计算等角度阐述了面向图像分割的认知物理学框架。借鉴场的思想描述图像本身存在的相互作用，充分兼顾图像全局认知和邻域局部关联，在不同的邻域空间构建图像粒层，利用数据场实现图像粒化可视化人类的认知思维过程；借鉴粒度层次的思想，通过数据场的类谱系图生成和质点的自适应迁移形成多层次、多视角的粒结构，在不同的粒度世界之间跃升实现对信息的抽象化和具体化，利用数据场的可变粒度层次结构实现图像粒化的计算；借鉴原子模型的思想，通过定量数据到定性概念之间的双向认知转换分析和处理图像粒场的不确定性，尝试描述不确定性的人类认知思维过程，利用云模型实现图像不确定性粒化的计算。

（3）在图像分割的认知物理学框架下，提出了以图像数据场及其类谱系图为基础的多层次粒计算方法，并应用到图像过渡区、图像同质区的提取与分割问题。图像数据场实现图像像素灰度值空间到图像粒势值空间的映射，通过考虑图像粒内部像素之间的灰度相互关系，建立了图像局部邻域的灰度分布，通过等势线或者等势面的分布刻画图像粒的层次结构，形成多层次粒结构，利用类谱系图采用聚类或分类的方式获得层次化分析结果实现图像空间的完全覆盖。各类图像的分割实验表明：针对图像过渡区提取问题，所提出的方法在保证传统方法性能的同时，对于激光熔覆图像（即使是含噪声图像）取得了非常好的效果；针对图像同质区提取问题，所提出的方法在保证传统方法性能的同时，对于含光照不均匀的图像能够有效地提取出具有语义信息的同质区域。理论分析也表明上述两种方法与图像尺寸近似成线性关系，总体上论证了本书所提出方法的可行性和有效性。

（4）在图像分割的认知物理学框架下，提出了以图像特征场及其演化为基础的多视角粒计算方法，并应用到多维图像分割问题。图像特征场实现图像像素特征空间到图像粒势值空间的映射，通过图像粒之间的特征相互关系，建立图像局部特征的空间分布，在无外力的指引下通过场力的作用建立了图像粒的自适应层次演化机制，并形成多视角粒结构，利用粒度合成的方式获得图像特征空间上的自适应聚类结果，构成图像特征空间的划分实现图像空间的覆盖。各类图像的分割实验表明：针对二维阈值化问题，所提出的方法适合于一维直方图不具有双峰性质但二维直方图具有双峰或多峰性质的图像；针对三维阈值化问题，所提出的方法在保证性能的同时，很大程度上降低了算法时间复杂度；针对灰度和纹理融合问题，所提出的方法在保证传统方法性能的同时，还适合具有纹理的一类图像（特别是陶瓷图像），而且非常适合人类视觉特性，能够简单地向高维扩展。理论分析表明上述方法与图像特征尺度（如灰度级等）近似成线性关系，总体上论证了本书所提出方法的可行性和有效性。

（5）在图像分割的认知物理学框架下，提出了以云模型为基础的不确定性粒化计算方法，并将其应用到基于多层次和多视角粒计算的图像分割方法。针对图像不确定性表示与分析问题，所提出的方法考虑了体现类内同质性、类间对比度、类间不确定性，非常适合用于描述具有泛正态性的图像灰度统计信息，在保证传统灰度范围受限方法性能的同时，保留了部分有意义的图像细节，更有利于后续阈值化处理环节；针对图像边缘提取问题，所提出的方法建立图像数据场能够有效地统一现有的相关方法，利用半升云模型的不确定度自适应地设置势值软阈值实现不确定性图像边缘分析；针对图像一维阈值化问题，所提出的方法建立多视角图像数据场，通过云模型的定性定量转换实现图像特定像素的不确定性表示，除了满足一般双峰图像分割以外，还特别适合于直方图双峰不明显的图像。理论分析也表明上述三种方法与图像尺寸近似成线性关系，总体上论证了本书所提出方法的可行性和有效性。

本书的研究为推动认知物理学的发展做出了持续的努力，为建立图像分割的理论体系提出了新的思路，可望为计算机视觉理论与方法的发展提供一定的尝试和借鉴。当然，本书作为国内首部专门研究图像处理的认知物理学方法专著，除图像分割以外，也尝试探索了利用认知物理学方法解决其他若干特殊图像应用，因此，本书一并介绍了这些具体技术应用实例，包括图像特征提取、图像分析框架、特殊分割应用等。

本书共分成七章，其组织结构图如图 0.1 所示。其中，第 1 章是绪论，主要介绍本书的研究背景和当前国内外研究现状及发展动态。第 2 章是认知物理学的理论与方法，主要研究本书的核心理论基础，对云模型、数据场以及可变粒度模型等给出了介绍。第 3 章是图像分割的认知物理学框架，主要建立了图像分割的粒计算框架，在认知物理学的支持下详细介绍了本书所提出的相关解决方案，包括数据场支持下的图像粒化和粒化计算，即图像数据场和图像特征场及其层次结构，以及云模型支持下的不确定性粒化计算。第 4、5 章则针对特定的图像分割问题，根据具体的应用需求，在基于认知物理学的粒计算框架下研究了科学可行的新方法，并通过大量实验验证了这些方法的可行性和有效性。第 6 章是本书主体内容进一步自然延伸，探索了利用认知物理学的方法尝试解决与图像有关的应用技术实例，包括图像特征提取、图像分析框架、特殊图像分割应用等。第 7 章是图像处理的认知物理学方法研究展望，对全文的研究工作进行总结，并指出今后的研究方向和进一步的工作。为方便读者，本书的第 4~6 章各章节内容基本相互独立，读者可以根据需要选读。

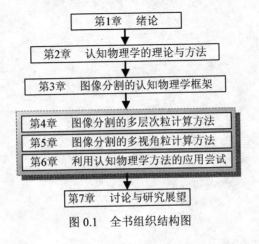

图 0.1　全书组织结构图

　　本书的出版受广东高校优秀青年教师培养计划项目、岭南师范学院计算机应用技术特色学科建设经费资助。

　　本书的工作还陆续得到了国家自然科学基金项目（编号：61402399）、教育部人文社会科学基金（编号：14YJCZH161）、广东省自然科学基金（编号：S2013040014926，S2013010016994）、岭南师范学院科学研究项目博士专项（编号：ZL1301）、湛江市科技攻关计划（编号：2009064）、广东省教育科学十二五规划信息技术专项（编号：11JXN026）等资助。

　　由于作者水平所限，书中难免存在不妥之处，敬请广大读者批评指正（电子邮箱：wu_tao0706@sina.com）。读者也可以就相关问题直接通过学者网主页与作者进行交流（网址：http://www.scholat.com/taowu0706）。

作　者

2014 年 12 月于广东湛江

目　录

第 1 章　绪论

1.1　研究目的与意义

视觉是人类最重要的感觉，包含了 80% 以上的外界感知信息。与人类视觉感知密切相关的图像信息在社会、经济和国家安全等众多领域中都扮演着十分重要的角色。它们既能被人类接受，也可被计算机处理。然而，后者对这些信息的处理能力远远不及前者。研究计算机视觉对于推动人对视觉认知规律、智力本质的认识，促进计算机科学、智能科学、信息科学及脑科学等的发展，提高人类健康水平等均具有重要意义。

图像分割是一种基本的计算机视觉技术，是自动化图像处理的一个重要环节，是图像分析与理解的基础，一直以来都备受关注[1-3]。在国际通用的三大科学检索库之一的 EI Complex 数据库中，以 Image Segmentation 为关键词进行检索，所获得的各年度文献数量如表 1.1 所示，从中可以看出：文献数量整体上呈增长趋势且年均文献数保持在 5000 篇以上，这就表明图像分割一直以来都是研究热点之一。

表 1.1　EI Complex 数据库中图像分割的文献数量

年份	1969—1995	1996—2000	2001—2005	2006	2007	2008	2009	2010	2011	2012	2013
篇数	6994	9193	15688	5093	5904	8528	7984	7919	8310	8313	8482

图像分割是指根据低层特征的相似性或者相异性将图像分成若干个连续的子区域并提取其中感兴趣的部分。根据具体的应用问题，可被利用的特征包括颜色或灰度、边缘或轮廓、纹理、形状等。针对不同的应用需求，该领域已提出了上千种处理方法。按照所采用的算法框架，图像分割可以大致分为数据驱动法和模型驱动法。

数据驱动法采用自底向上的方式，通常直接从数据出发，根据图像本身的统计特征（如灰度直方图等），通过数据聚类等方式获得最优分割结果，所采用的理论工具包括高斯混合模型、模糊集、粗糙集等。

这种方法所采用的另一种常见思路是，预先假设图像的统计特性符合一定的分类准则，通过最优化该准则产生最终分割结果。常用的准则包括 Otsu 方法的类间最大方差准则[4]、Kapur 方法的熵准则[5]等。

不管采用哪种思路，数据驱动法直接在数据空间对图像建模，描述具有一定的鲁棒性，但是缺乏足够的对象语义表达，而且图像分割的结果严重依赖于所采用的理论模型，在先验知识未知的情况下，理论假设或准则函数的选取未必符合图像的客观实际特性，于是就导致在某些情况下，不管如何优选参数都将无法获取有效的图像分割结果。

与此相反，模型驱动法采用自顶向下的方式，一般预先假设图像特征符合特定的模型，这些模型包括马尔科夫随机场、可变形模板、引力场、谱图等，利用这些模型描述图像的邻域相关关系，将图像低层特征空间转换到新的对象特征空间，能够顾及图像空间的全局信息，寻求最优的模型参数，获得最优分割结果。

模型驱动法通常被转化为一个极其费时的非线性能量优化问题，在特征空间对图像建模，其描述具有结构性，分割结果也一般具有语义特征。但是，由于数据的未知性，缺乏足够先验知识的指导，导致相应的模型参数选择也可能存在一定的困难。

因此，更加科学可行的思路是根据图像数据本身获得与视觉特征相关的先验信息，通过合适的认知模型实现视觉信息融合，然后实现一定语义意义上的图像分割。

按照所使用的信息特征维数，图像分割又可以分为一维方法和多维方法。其中，一维方法通常仅利用灰度信息直接将图像分成背景和目标两个部分。

多维方法利用多类信息特征协同提高最终的分割效果，常用的思路是将图像分割转换成数据聚类问题，但是通常忽略了图像的结构性，缺乏对空间信息的考虑。

另一方面，理论上说，一维准则方法可以很容易地推广到多维，但在实际应用中，高维情况下的算法计算复杂度极高，难以达到工程上的实时性要求，也就缺乏足够的实用性。例如，针对图像阈值分割中的经典 Otsu 算法，目前文献报道的仅限于三维[6]。对此，林正春等人提出了高维图像阈值分割方法，通过模拟遗传算法的进化思想，建立法向量定向模型实现高维阈值区域的超体划分和超平面划分[7,8]。

不管怎样，如何针对特定图像的特点引入更丰富的信息特征提高图像分割的质量，仍然是一个非常有挑战性的研究课题。

此外，在图像分割过程中体现了广泛的含糊性、不明确性、不肯定性或不稳定性，图像分割的不确定性会不断向高层视觉处理阶段传播。

模糊理论的基础是模糊集合，用精确的隶属函数表征定性概念的模糊性，适合用于发现新的不确定性图像分割算法。但是，以一型模糊集合为基础的传统方法通常无法完全有效地处理图像及其分割过程中的不确定性[9]，二型模糊集合具有了更大的自由度，能更好地处理图像分割的不确定性[10]。模糊集方法计算像素对于目标类的隶属程度，位于灰度重叠区域内的图像像素可能属于不同的类，仅仅考虑了图像分割的模糊性。实际上，随机性与模糊性通常具有一定的关联性，难以区分，也无法独立存在。

秦昆等人综合考虑模糊性、随机性及其关联性，尝试利用云模型研究图像阈值分割中的不确定性[11]。即使如此，不断引入不确定性的理论和方法表达、评价、降低、甚至消除图像分割过程中的不确定性仍然是一个相当重要的研究方向[12,13]。

综上所述，现有的图像分割方法普遍呈现以下特点：

（1）大多数方法单纯地利用自底向上或者自顶向下的方式，从数据或者模型本身出发，在缺乏足够先验知识的情况下，分割结果严重依赖于所选用的准则函数或者理论模型，未能把握图像本身的客观实际。

（2）大多数方法可推广到多维，但是转换成聚类问题忽视了图像空间结构，或者转换非常费时、代价极高，多限于三维及以下，均未能充分利用图像本身的丰富信息。

（3）大多数方法触及了图像分割中的不确定性，但是未能从符合人类视觉的角度完全深入地剖析其中包含的随机性、模糊性及二者关联性等不确定性机理。

世界著名科学家、诺贝尔奖获得者李政道在演讲时曾指出：二十世纪的物理发展是简化归纳。本书认为，以图像分割为目标的人类视觉认知归根到底也是简化归纳。从人眼视觉认知的角度看，图像分割问题本质上常常涉及快速、无准则、高维、不确定性的层次化语义简化归纳过程。在没有任何显式准则指引、启发的情况下，人眼能够在极短的时间内迅速发现图像局部的相似区域，并根据这些局部特征快速产生全局认知，层次化地逐步获取最终分割结果，其中人类视觉认知思维的方式无不包含了"数据－信息－知识"的简化归纳过程。

李德毅等人把物理学中对客观世界的认知理论引申到主观世界的认知[14]，采用认知物理学的方法研究人工智能。借鉴物理学中的原子模型表示定性概念，将概念视作自然语言的基本模型，强调用云模型表示概念，能够综合考虑模糊性、随机性及其关联性，实现定性概念与定量数值之间的不确定性转换。借鉴物理学中的场描述客体间的相互作用，通过引入数据对象的相互作用和场描述数据之间各种错综纷繁的关联关系，揭示不同抽象程度或者概念层次上的知识，形成了数据场的思想。借鉴物理学中的粒度描述知识的不确定性层次结构，将物理学中的粒度概念作为对数据、信息和知识抽象程度的度量。在较细的粒度世界发现数据微观上的个性；反之，在较粗的粒度世界寻找数据宏观上的共性。不同信息粒度之间的概念形成层次的结构是不固定的，云模型和数据场为表示这种不确定的层次结构提供了可能。

认知物理学的理论和方法已经在数据挖掘与知识发现[15-17]、进化计算[18,19]、空间信息处理[20,21]、自动控制[22]等不同的应用领域取得了广泛的成功。

综上，将图像分割纳入到认知科学的研究体系中，探索新的理论和方法，深入剖析其中所蕴含的简化归纳机理，完善图像分割的理论体系就显得尤为重要；另一方面，在该理论体系下，充分利用图像本身所反映出的丰富特征、综合考虑图像本身及其分割过程中的不确定性、兼顾图像在不同特征决策空间上的局部和全局认知、引入人类视觉的先验知识、面向特定的技术需求研究新的图像分割方法就显得尤为关键。

本书拟借鉴物理学的方法模拟人类认知思维方式，深入研究认知物理学的理论和方法，面向图像分割问题建立认知物理学支持下的理论框架体系，研究新的图像分割方法。

本书将图像分割问题理解成"数据－信息－知识"的粒计算思维过程，其中蕴含了数据到信息的粒层细化、信息到知识的粒层粗化两个阶段，借鉴场的思想利用数据场实现图像粒化可视化人类视觉认知的思维过程、借鉴粒度层次的思想通过数据场的类谱系图生成和质点的自适应迁移形成多层次和多视角的粒结构实现图像粒化的计算、借鉴原子模型的思想利用云模型实现图像的不确定性粒化计算，模拟"数据－信息－知识"的不确定层次化视觉认知思维过程，建立起图像分割的认知物理学粒计算理论体系，针对不同的图像分割应用需求，包括图像阈值化、图像过渡区与同质区的提取、多维图像分割等，在上述理论体系中提出对应的解决方案，最终研究认知物理学支持下的图像分割新方法。

本书的研究将为推动认知物理学理论的发展做出持续的努力，为建立图像分割理论体系提出新的思路，为全面有效地解决图像分割问题给出若干可行有效的方法和途径，为计算机视觉理论与方法的完善和发展提供一定的尝试和借鉴。

1.2　国内外研究现状及发展动态

1.2.1　认知物理学的研究现状及发展动态

现代物理学中包含了大量对客观世界的认知理论，认知物理学借鉴这种思路，将其引申到对主观世界的认知中，三个核心是云模型、数据场、可变粒度层次结构。

考虑到模糊数学中隶属函数的缺陷以及模糊数学对随机性的排斥，从随机性和模糊性的关联性出发，李德毅于 1995 年提出了云模型[23]。通过概率测度空间研究模糊性对随机性的关联性，提出用一个统一的云模型实现定性概念与定量表示之间的不确定转换，并以此为基础发展了云变换、云综合、云分解、云推理、云距离、云分形、云进化等一系列技术和方法，目前已经发展成为一个新的不确定性处理和分析的理论，在智能控制、数据挖掘、大系统评估等领域得到了广泛应用。

目前，云模型的理论进展包括：提出了二维正态云的思想，给出了描述二维云模型的数字特征以及对应于二维云模型的数学理论模型[24]；引入了多维云模型并将其作为一维模型的扩展与延伸，将云模型用于知识表达和不确定性处理[25]；扩展了虚云、云运算、不确定性推理等云模型的关键技术[26]；利用云变换、云综合算法实现了泛概念树的自动生成[27]；根据云模型的具体实现方法，构造出了多种类型的云[28]；研究了超熵对于云模型的重要作用，指出超熵增大到一定程度后，云模型会表现出雾化[18]。云模型已经在诸多领域取得了成功应用，包括：李德毅提出了基于云模型的定性推理方法，有效地实现了单电机控制的倒立摆平衡姿态[29]；通过对环境因素的定性语言描述进行定量的不确定性转换，提出了基于云模型的电子产品评价方法[30]；邱凯昌等人使用云模型实现空间数据挖掘和知识发现，王树良等人成功将其应用于宝塔滑坡监测[20]；秦昆等人提出了基于概念表达和概念分析的图像分割方法，并成功地应用于遥感图像分割和分类[28,31]；李德毅等人对云模型的理论、方法和应用进行了总结并出版了中英文专著[14,32]。

数据场从提出至今也已经建立了相对完备的理论体系，主要包括：发现了势场分布特性主要取决于对象间的相互作用力程；研究了短程场势函数和场强函数对于突显数据聚簇特性的影响；提出了一种基于拓扑临界点的自适应等势线（面）抽取方法。此外，针对包含时域信息的动态数据，提出了时变数据场的思想等。目前，数据场已经在聚类、数据挖掘与知识发现、空间信息处理、图像分析等方面取得了若干成功的应用。

在聚类研究方面，淦文燕等人提出了基于势场拓扑的层次聚类方法和基于数据力场的动态聚类方法[33]，王海军等人实现了基于数据力场的 C 均值聚类算法[16]；在数据挖掘与知识发现方面，王树良等人将基于云模型和数据场的空间数据挖掘技术应用于宝塔滑坡的变形监测中[20]，利用数据场的思想建立空间行为挖掘框架，提出了空间行为挖掘方法[34]，此外，还提出了利用数据场的表情脸识别方法[35]，杨炳儒等人借鉴场研究数据挖掘中复杂知识的表示，提出了语言场[36]；在图像处理领域，淦文燕等人提出了一种基于人脸图像数据场的特征提取方法[33]，戴晓军等人提出了一种把非结构化数据转化为结构化数据场的思想，开辟了基于数据场的图像数据挖掘的新思路[37,38]，秦昆等人用场的观点来理解图像数据，提出了若干有效的图像分割方法[39,40]，陈罡等人将数据场的思想引入签名鉴别中，利用中文签名图像进行了初步实验[41]，王树良等人提出了利用数据场的图像目标识别方法[42]等。

总体上看，云模型、数据场都为发现可变粒度层次结构知识提供了可行的技术支撑。基于云模型和数据场的可变粒度层次结构也已经被成功应用于自然语言评价、数据聚类、软件网络分析等方面。王树良等人提出了利用数据场层次结构的数据聚类方法[43]；孟晖等人提出了一种基于云变换的概念提取及概念层次构建方法，并用该方法对汽车价格数据进行分析从中提取定性概念[44]；陈昊等人将基于云模型的层次结构用于词汇量定性评价，提出了基于云模型的新方法[45]。

当然，与认知物理学相关的理论、方法及应用研究远远不止这些。认知物理学的相关理论不断地发展和完善，认知物理学的相关方法也在众多领域成功地逐步推广和应用，这就在一方面推动了认知物理学理论体系和应用领域的逐渐成熟和完备，另一方面也极大地鼓舞了更多的学者投入到认知物理学的理论和方法研究中。

1.2.2　粒计算的研究现状及发展动态

粒计算是人工智能领域中的一种新理念和新方法[46]。二十世纪七十年代，Zadeh 等人在模糊集合论的基础上提出了模糊信息粒化问题。此后，Zadeh 等人于1997 年首次提出了粒计算的概念，并认为粒计算覆盖了所有与粒度有关的问题。至今与粒计算相关的研究已经引起了国内外学者的广泛关注。人脑在推理并形成概念粒方面的特点决定了信息的粒化具有不确定性，可以看成是适用于任何概念、方法或理论的一种广义化方式，主要涉及模糊化（f-广义化）、粒化（g-广义化）、随机化（r-广义化）[47]。总体上看，有关粒度计算的理论与方法主要包括 Zadeh 提出的词计算、Pawlak 提出的粗糙集、张钹和张铃提出的商空间以及李德毅提出的云模型等。

Zadeh 提出的词计算用语言代替数值进行计算和推理，信息粒化为词计算提供了前提条件，词计算在信息粒度、语言变量和约束概念上产生了自己的理论与方法，使其能更符合人类思维的特点[48]。词计算的运算对象是语言变量，以自然语言"词语"和"句子"为操作对象，但是并不意味着计算机就直接处理"词"。Mendel 等人在 Zadeh 的基础上研究了二型模糊集合[49]。

在此基础上，建立了以二型模糊集合为联接载体的"感知计算机"（Perceptual Computer）模型，一方面，通过编码将带有不确定性的词转换为计算机能够识别的数据；反过来，通过解码由不确定性数据映射为人类能够理解的词。王飞跃提出了语言动力学系统，用词计算在语言层次上动态有效地利用信息，解决复杂系统的建模、分析、控制和评估问题[50]，认为不能将一般传统系统的"严格证明、推导与验证"照搬到复杂系统中，应该允许缺乏传统意义下"严格证明、推导与验证"的尝试[51]。

张钹等提出的商空间理论用三元组 (X, F, T) 描述问题空间，其中 X 是论域，F 是论域上的属性，T 是论域的结构，表示论域中各个元素之间的关系[52]；研究各商空间之间的关系，各商空间的合成、综合、分解和在商空间中的推理，在商空间下可建立问题求解的推理模型，同时满足保真、保假原理，属于宏观的粒计算。

波兰学者 Pawlak 于 1982 年提出的粗糙集理论[53]是一种刻画不完整性和不确定性的数学工具，能有效地分析不精确、不一致、不完整等各种不完备的信息，还可以对数据进行分析和推理，从中发现隐含的知识，揭示潜在的规律。粗糙集从知识分类入手研究不确定性。目前与粗糙集理论有关的研究在系统理论、计算模型和应用开发等方面都已经取得了很多成果，也建立了一套较为完善的理论体系。粗糙集理论已成为处理模糊、不精确和不完备问题的重要数学工具，已发展成为粒计算研究的主要工具之一[54]。

粗糙集理论从不可区分关系出发，以粒度为基础研究不确定性，特别是知识的粗糙程度，丰富了不确定性的研究内容[14]。从商空间的观点看，粗糙集是在给定商空间中的运动，可以看成是微观的粒计算；从模糊集的观点看，粗糙集研究的形式背景本身是精确的，支持模糊背景的模糊粗糙集引起了学者们的关注[55]。但是，即使如此，粗糙集的研究暂时仍然没有考虑到系统背景的随机性等问题。

李德毅认为，自然语言是人工智能研究的重要切入点，定性概念也理应具有不确定性，尤其是随机性、模糊性以及二者的关联性。云模型将样本隶属度看成是一个具有稳定倾向的随机数，用随机和概率的方法，利用计算机程序实验生成样本的不确定性隶属度，用期望、熵和超熵作为数字特征研究样本隶属度的随机性，实现定性概念与定量数值之间的转换[14,23]。

云模型与统计学方法和模糊集方法不同，不能将云模型看作是随机加模糊、模糊加随机、二次模糊或是二次随机[25]。许凯等研究了基于云模型的粒计算模型，并将其应用到遥感图像分类[47]。许凯等人认为，基于云模型的粒计算一方面可以通过逆向云发生器将一类样本抽象成概念作为基本信息粒，通过概念的内涵替代概念的外延进行推理计算；另一方面，针对不同类的混合数据样本，利用高斯混合模型的思想，构建云变换算法，从数据分布出发抽取出不同粒度的概念，同时构建云综合算法对距离较近的概念进行合并，实现概念粒度的爬升，形成可变粒计算[55]。

即使如此，上述与粒计算有关的大量工作似乎主要停留在对现有结果的重新描述和解释。Y.Y.Yao 等人认为粒计算要走出经典的理论研究圈子，进一步形成一个新的学科分支，就应该具有自己的思想、方法和理论体系，由此提出了粒计算三元论的框架[56]，从哲学、方法论和信息处理三个不同的侧面进行结构化思维、结构化问题求解、结构化信息处理，尝试对粒计算的概念赋予新的意义，从而指导人类问题求解和机器求解。

最近，张钹等人认为，在数据复杂性逐步增加、人机交互日益频繁的情况下，粒计算未来可能的发展方向是图像等非结构化计算对象如何粒化、粒化之后如何表示这些结构以及如何结合不确定性进行分析等[57]。对此，文献[58]的工作可以看成是一次尝试。Herbert 等人提出了自组织竞争性人工神经网络的粒计算框架，在此基础上建立了层次化的神经网络结构及其对应的粒分解和粒合成算法，可以方便地在不同层次之间转换。本书正是在这种思路的启发下，针对图像分割问题提出认知物理学支持下的粒计算框架，探索可行有效的图像粒化及基于粒化的计算方法，为复杂图像数据的粒计算研究提供新的尝试和借鉴。

1.2.3　图像分割的研究现状及发展动态

从二十世纪六十年代首个图像分割方法被提出以来，图像分割就成为研究者们关注的焦点。图像分割将整幅图像 I 分成 n 个不相交的非空区域 I_i（$i=1, 2, …, n$），并且 I_i 满足以下条件[3,59]：(a)对于任意的 i, $I_i \neq \varnothing$ ，且 I_i 内部是连通的；(b) $\bigcup_{i=1}^{n} I_i = I$ ；(c)对于任意的 i, $P(I_i) = TRUE$ ；(d)对任意的 i, j, 若 $i \neq j$, 都有 $I_i \bigcap I_j = \varnothing$ ；(e)对任意的 i, j, 若 $i \neq j$, 都有 $P(I_i \bigcap I_j) = FALSE$ 。其中，$P(x)$ 表示一致性测量函数，前三个条件要求在结果中具有某种特征相似性的同一子区域的像素相互之间连通，同时该结果必须构成原始图像像素的一种划分；后两个条件规定了具有相异性的不同子区域应该互不相交。据此，按针对的具体对象可将现有图像分割方法分为阈值法、边缘法、区域法等类型。

阈值分割法因其直观性和易于实现性，在图像分割的研究中一直处于中心地位，基本思想是首先确定一个处于图像灰度值范围内的灰度阈值 T，然后将图像中每个像素的灰度值都与 T 相比较，并根据比较结果将对应的像素划分为背景和目标两类；如果图像中有多个灰度值不同的区域，那么可以选择一系列的阈值，将各像素划分到合适的类别中。

这类方法的关键是选择合适的阈值，由像素点的坐标、灰度值及其邻域局部性质等因素共同确定，可以分为局部阈值、全局阈值、自适应阈值等方法。目前已有大量关于图像阈值分割方法的综述，对这类方法进行了全面的比较分析和评价[60-62]，其中 Sezgin 提供了一个最近的完整版本[63]，最大类间方差法 Otsu[4]、最大熵方法 Kapur[5]和最小误差率 MET[64]等方法被认为是这类方法中的经典，Xue 等人理论上分析了 Otsu 方法和 MET 方法的相互关系，认为 Otsu 方法可以看成是 MET 方法的一种特例[65]。

在这类方法中，关于过渡区提取与分割的思想近年来逐渐引起关注[66]。将图像看成是目标和背景以及过渡区所构成，阈值根据过渡区像素的灰度均值所确定，一系列改进方法随之被提出，本书 4.1 节对此进行了深入的探讨。在过渡区思想的启发下，Hu 等人提出的一类灰度范围受限的图像阈值化方法也浮出水面[67]。Hu 通过图像变换简化图像信息将最优阈值限定在一个有限的范围内从而提高图像阈值化的性能，本书 4.3 节对此进行了深入的分析。此外，在不明显增加时间耗费的情况下，如何充分有效地利用图像信息、引入更多的图像特征也是图像阈值化方法的关注焦点。通常采用两种思路，即扩展至高维[68]或者低维多阶段[69]，其中时间效率的问题一般可以利用进化计算的方法加以改进[6]。本书第 5 章对此进行了深入研究并给出了一系列解决方案。

边缘是图像的重要特征之一，图像不连续就导致了边缘的存在，通常利用卷积模板近似一阶或二阶导数进行检测，包括 Canny、Sobel、Prewitt、Roberts 和 LoG 等算子。一些新方法不断被提出，如基于小波的方法、SUSAN、基于主动轮廓模型的方法、图像上下文分析法、引力场方法等。近年来，借鉴物理学思想的边缘表示与提取逐渐引起了研究者们的一定关注。这类方法通过物理上的模拟，快速高效地完成边缘提取任务[70]。但是这些方法相对零散、各自成一体，未能形成统一的理论体系，另一方面，如何同时兼顾边缘的不确定性也是这类方法亟需解决的热门问题之一，本书 4.4 节对此进行了详细的阐述，并提出了认知物理学支持下的统一模型。

区域生长法的基本思想是将具有相似性质的像素集合起来构成区域。一种思路是从单个的种子像素出发不断接纳新的像素直至得到整个区域；另外一种思路是从整幅图像出发不断分裂得到各个区域。区域相似性的度量准则是其中的关键之一，选取不当容易造成过分割或欠分割。四叉树是广泛采用的一种数据结构，根据一致性准则把图像定量划分为可变大小的网格，利用金字塔式的数据结构实现图像区域的表达[71]。此外，如何提取具有语义意义的区域也是这类方法目前关注的热点，超像素方法被认为是比较有效的方法[72]，本书 4.2 节对此进行了深入的研究。

从另一个角度说，将图像分割方法细化，按照所采用的理论工具及算法框架，与本书研究工作密切相关的主要有两大类方法：基于软计算的分割方法、基于拟物理学模型的分割方法等。下面简要分析这些方法的研究现状及其发展动态。

基于软计算的分割方法大多数属于数据驱动的方法。其基本共同点是把图像分割看成是目标优化问题，直接从图像数据本身出发，选取适当的目标函数，直接求解或利用遗传算法、粒群算法、蚁群算法、人工免疫算法等方法寻优，最终获得分割结果[73]。

视觉上的模糊性既反映在空间上也反映在幅度上，即图像模糊性包括空间模糊和灰度模糊等，前者指在确定图像区域的几何形状时的不确定性，后者指确定像素归属时的不确定性，模糊集能较好地描述这些模糊性[3]，且更多地应用在图像阈值分割中[9,74]。传统模糊集合存在隶属函数确定的困难，目前的研究主要是模糊集合扩展理论的应用，包括基于二型模糊集合的图像分割方法[10]、基于直觉模糊集合的图像分割方法[75]等。

基于粗糙集的方法将图像视作信息系统，通过上近似和下近似的精度度量和容差关系中的不相似量度，客观地判断像素的归属，一定程度上消除了主观臆断的不确定性。但是，粗集理论是分析和处理不精确、不完整等知识背景不完备的信息系统，缺乏对图像数据本身模糊性、随机性的处理能力，对不确定性的处理有待于进一步研究[76-78]。

云模型具有定性定量的不确定性转换能力，逐渐引起图像分割领域的关注，已经展开了一些探索性的研究工作，并验证了其有效性、可行性，但是云模型本身在不断发展和完善，基于云模型的图像分割仍需要深入研究，大量工作迫切需要进一步开展。

基于拟物理学模型的分割方法大多数属于模型驱动的方法，这类方法的基本共同点是借鉴物理学中各种物理量的模型（如能量），将图像特征空间映射到物理量空间，把图像特征提取问题转换为物理量优化问题。

马尔科夫随机场在图像分割领域是较为活跃的研究方向，把图像分割看成是一个标号问题，提供了图像不确定性描述与先验知识联系的纽带，首先建立能量模型，借助条件概率的方法通过能量函数描述图像邻域像素或特征之间的空间依赖关系，利用观测图像根据统计决策和估计理论中的最优准则确定分割的目标函数，然后转化为最优化问题进行求解[79]。马尔科夫随机场属于概率统计与随机论的方法，主要考虑图像分割的随机性，但是不能有效地处理模糊性，常常需要借助模糊集来弥补这一缺陷[80]。

可变形模板模型根据模板的定义不同可以分为主动形状模型（Active shape models）、主动外观模型（Active appearance models）、主动轮廓模型（Active contour models）、水平集模型（Level set methods），其中后两种模型是近年比较活跃的研究方向。主动形状模型、主动外观模型既有区别也有联系[81]，通过若干关键特征点的坐标串接成原始形状向量，经过形状向量的对齐后，进行主成分分析统计建模，保留主成分形成最终的局部纹理模型和形状模型，利用形状模型参数控制形状的主要可变形模式[81,82]。针对原始模型的不足，已陆续提出了相关的改进方法[82-84]。主动轮廓模型也称 Snake 模型，在求取感兴趣目标轮廓时，定义了一条由一组参数约束的曲线，这条曲线在内部力、外部力和约束力的作用下，主动地向感兴趣目标轮廓附近移动，当曲线能量最小时，该曲线就是感兴趣目标轮廓[85]。该方法利用了感兴趣目标轮廓的全局信息，获得的轮廓是一条封闭的曲线，不需要得知感兴趣目标的任何先验知识。但是，参数选择是一个难点，已经提出了相关改进方法[86-88]。水平集模型也称几何主动轮廓模型，将 n 维曲面的演化问题转化为 $n+1$ 维空间的水平集函数曲面演化的隐含方式来求解，其主要优势在于非参数化自动地处理拓扑结构的变化，捕捉局部形变并估计演化曲线的几何特性[89,90]，在此基础上，相关的改进方法被陆续提出[91-93]。

引力模型根据所模拟的引力类型可分为重力模型[70]、虚拟电场模型[94]等。这类方法借鉴物理学的理论，将图像的像素看成是带有质量的对象，考虑对象之间的联合作用，建立给定图像的引力或场，将图像特征空间映射到场的能量空间。类似地，针对静脉图像的特点，提出了基于方向场分布率的图像分割方法，充分利用方向场图像的空间属性，克服了照度不均、粗细不均以及边界模糊等因素对分割造成的影响[95]。

基于物理量优化的拟物理学方法取得了一定的应用成果，也基本被证明是科学有效的，上述对于物理理论和模型的模拟也各式各样，但是，本质上都离不开物质之间的相互作用。从现代物理学的发展来看，统一场论是重要的研究方向和趋势之一，根据场（或场的量子）的传递媒介性，用场统一地描述和揭示各种相互作用的共同本质和内在联系。延续这个思路，上述图像分割的拟物理学方法在认知思维的本质上也应该具有共同点，理应完成理论体系和方法论上的统一。本书认为，数据场为这种统一提供了可能，无需拘泥于固有物理力或场的模拟形态，从场论的角度出发，遵循现代物理学的简化归纳规律，建立更一般的映射关系。

综上所述，图像分割问题是一个十分困难、并且是病态形式的问题[96]。物体及组成部件的二维表现形式受到光照条件、透视畸变、观察点变化、遮挡等影响，此外，与背景之间在视觉上可能是无法区分的[96]，这一过程将在本质上具有不确定性。因此，图像分割仍然是一个充满挑战性的课题，需要新的方法不断涌现，本书正是在这种背景下展开面向图像分割的认知物理学理论与方法的相关研究。

1.2.4 图像分割质量评价的研究现状及发展动态

现有的图像分割方法繁多，如何有针对地根据特殊的应用需求选择合适的分割算法仍然是较困难的问题，因此，图像分割算法的性能与质量评价一直以来都得到了研究者们的广泛重视。另一方面，图像分割评价也能够对算法性能的改进、分割结果的优化、分割质量的改善等多个方面都起到相对积极的反馈作用。尽管如此，本书仅利用现有成熟的图像分割性能评价指标检验本书所提出方法的有效性。下面针对几个与本选题密切相关的评价指标展开简要。

误分率 ME[97]（Misclassification Error）指在图像分割的结果中背景被误分为目标、目标被误分为背景的像素比例。该评价指标表明了图像分割结果与人眼观察结果的差异程度，一般人眼的观察结果用标准阈值化图像（Ground-truth Image，也称为参考图像）代替。

$$ME = 1 - \frac{|B_o \bigcap B_t| + |F_o \bigcap F_t|}{|B_o| + |F_o|} \qquad （式1.1）$$

其中参考图像中背景和目标分别记做 B_o 和 F_o，分割后的结果图像中背景和目标分别记做 B_t 和 F_t。$B_o \bigcap B_t$ 是正确划分为背景的像素构成的集合，$F_o \bigcap F_t$ 是正确划分为目标的像素构成的集合，| |表示集合的势。ME 在 0 到 1 之间取值，0 表示没有误分、获得了最好分割结果，1 表示完全分割错误。ME 越小表示分割质量越高。

平均结构相似性 $MSSIM$[98]（Mean Structural SIMilarity）的形式化描述为：

$$MSSIM(X,Y) = \frac{1}{M} \sum_{i=1}^{M} \left(\frac{(2\mu_{x_i}\mu_{y_i} + C_1)(2\sigma_{x_i y_i} + C_2)}{(\mu_{x_i}^2 + \mu_{y_i}^2 + C_1)(\sigma_{x_i}^2 + \sigma_{y_i}^2 + C_2)} \right) \qquad （式1.2）$$

其中，X 和 Y 分别表示待分割图像的理想分割结果（也就是参考图像）和实际某种分割方法所获得的分割结果，x_i 和 y_i 是 X 和 Y 的第 i 个局部统计窗口内容，M 表示局部窗口的个数，μ_{x_i}、σ_{x_i}、μ_{y_i}、σ_{y_i} 分别是 x_i、y_i 的灰度均值、标准差，$\sigma_{x_i y_i}$ 是 x_i、y_i 的协方差，C_1 和 C_2 是两个常数参数。$MSSIM$ 表明图像分割结果与参考图像的平均局部结构相似性，其取值也在 0 到 1 之间，取值越大表明分割质量越好，当 $MSSIM$=1 时，对应图像分割结果与参考图像完全相同。

Δ 度量 BDM[99]（Baddeley's Delta Metric）是基于 Hausdorff 距离的二值化图像误差度量准则。设二值图像空间为 P，将每个图像看成是任意像素 $p \in P$ 有一个二元值，分别解释为背景和目标。目标像素集合 F_o 和 F_t 就能够唯一确定参考图像和测试图像。BDM 从像素分类误分和定位误差两个方面反映了参考图像和测试图像之间的距离差异。

$$BDM = \Delta^2(F_o, F_t) = (\frac{1}{hw} \sum_{p \in P} |\min(c, d(p, F_o)) - \min(c, d(p, F_t))|^2)^{1/2} \qquad （式1.3）$$

其中 $d(p, F_o)$ 表示像素 p 到 F_o 中所有像素的最短距离，c 是一个非负的截断误差。BDM 值越小意味着测试图像与参考图像越相似。

此外，Sezgin 还提出针对 NDT 图像库的五个子分割评价指标，包括前述误分率 ME 以及边缘误分率（EMM）、区域不均匀性（NU）、相对背景面积误差（RAE）、基于改进 Hausdorff 距离的形变惩罚（MHD）等[63,100]，这些指标都调整到[0,1]之间，0 表示相对参考图像的完全正确分割，反之，1 表示完全误分。FEM[100]是前四个指标的模糊平均，AVE[63]是五个指标的算术平均，其定义如下。

$$FEM = (\mu_{ME(x)}ME + \mu_{EMM(x)}EMM + \mu_{NU(x)}NU + \mu_{RAE(x)}RAE)/4$$

（式 1.4）

$$AVE = (ME + EMM + NU + RAE + MHD)/5$$

其中 $\mu_{ME(x)}$、$\mu_{EMM(x)}$、$\mu_{NU(x)}$、$\mu_{RAE(x)}$ 是 Sezgin 定义的 S 型函数，ME、EMM、NU、RAE、MHD 是这五个子指标的评价得分。

与图像分割错误程度相关的一对常用统计指标有假阴率（False Negative Rate，FNR）和假阳率（False Positive Rate，FPR），FPR 和 FNR 分别是背景像素被误分为目标的比率、目标像素被误分为背景的比率，取值越大分别对应越可能是过分割和欠分割，其形式化定义如下：

$$FNR = |B_o \bigcap F_t|/|B_o|$$

（式 1.5）

$$FPR = |F_o \bigcap B_t|/|F_o|$$

1.3 本书的主要关注点

本书主要针对目前图像分割方法中存在的不确定性、准则依赖、低维等问题，研究其内在关系，吸收人类视觉认知机理和相关物理学的最新研究成果，致力于将图像分割纳入到认知科学的研究范畴，研究认知物理学的基本理论及其关键技术，采用认知物理学的方法探索"数据—信息—知识"的图像认知过程，揭示人类视觉认知思维中的简化归纳规律，利用数据场实现图像粒化，利用数据场的类谱系图和数据质点的自适应迁移模型实现图像粒化的计算，利用云模型实现图像不确定性粒化计算，最终阐明人类视觉认知机理，建立起图像分割的认知物理学粒计算理论框架，针对具体应用问题研究出新的图像分割方法，为图像分割问题提供新的解决思路。具体关注点主要包括以下五个方面：

（1）认知物理学基本理论及其关键技术的扩展

研究了认知物理学的基本理论及其关键技术，对认知物理学进行了拓展，从理论上剖析数据场质点相互作用的内在演化机理，分析了数据场对兼顾图像局部和全局认知的普适性和优势；泛化了动态数据场的模型形态使其更适合客观实际；通过不同势函数形态的场分布分析短程场和长程场、通过分析给定势函数形态下质量、距离、作用力程等对场分布特性的影响机理，研究适合于具体图像分割问题的数据场势函数确定方法。

此外，从理论上分析云模型及其关键技术，包括逆向云发生器、云模型与二型模糊集合的比较等，分析了云模型对图像不确定性问题的分析和处理优势，针对具体的图像分割问题研究其适应性改进，包括云模型的不确定度、半升云等。

（2）图像分割的认知物理学粒计算框架

将图像分割问题纳入到粒计算理论体系，阐明了图像分割中所包含的粒度原理。将图像分割问题理解成"数据—信息—知识"的粒计算思维过程，其中蕴含了数据到信息的粒层细化、信息到知识的粒层粗化两个阶段。针对这两个阶段提出了认知物理学支持下的粒计算模型，分别从粒化、基于粒化的计算、不确定性粒化计算等方面阐述了面向图像分割的认知物理学粒计算框架。

（3）基于多层次粒计算的图像分割方法

在图像分割的认知物理学框架下，提出了以图像数据场及其类谱系图为基础的多层次粒化计算方法，并应用到图像过渡区、图像同质区的提取与分割问题。图像数据场实现图像像素灰度值空间到图像粒势值空间的映射，通过考虑图像粒内部像素之间的灰度相互关系，建立了图像局部邻域的灰度分布，通过等势线（面）的分布刻画图像粒的层次结构，形成多层次粒结构，利用类谱系图采用聚类或分类的方式获得层次化分析结果，建立图像空间的完全覆盖。

针对图像过渡区提取与阈值化问题提出了 IDfT 方法（Image Data field for Transition region extraction and thresholding，简称 IDfT），针对图像同质区提取问题提出了 IDfH 方法（Image Data field for Homogeneous region based segmentation，简称 IDfH），通过理论分析和大量实验验证总体上论证了上述方法。

（4）基于多视角粒计算的图像分割方法

在图像分割的认知物理学框架下，提出了以图像特征场及其演化为基础的多视角粒化计算方法，并应用到多维图像分割问题。图像特征场实现图像像素特征空间到图像粒势值空间的映射，通过图像粒之间的特征相互关系，建立图像局部特征的空间分布，在无外力指引下通过场力的作用建立图像粒的自适应层次演化，形成多视角粒结构，利用粒度合成的方式获得图像特征空间上的自适应聚类结果，建立图像特征空间的划分，完成图像空间的覆盖。

针对二维阈值化问题提出了 2DDF 方法（two-Dimensional thresholding based on Data Field mechanism，简称 2DDF），针对三维阈值化问题提出了 3DDF 方法（three-Dimensional thresholding based on Data Field mechanism，简称 3DDF），针对灰度和纹理融合问题提出了 hDDF 方法（high-Dimensional thresholding based on Data Field mechanism，简称 hDDF），通过理论分析和实验验证总体上论证了上述方法。

（5）基于不确定粒计算的图像分割方法

在图像分割的认知物理学框架下，提出了以云模型为基础的不确定性粒化计算方法，并将其应用到具体的图像分割问题。云模型以概率统计为数学基础，从数据本身特性出发，通过正向和逆向云发生器实现定性概念和定量数据之间的不确定性双向认知转换，可以作为图像粒场的不确定性分析工具。包括：针对图像边缘提取问题提出了 CDbE 方法（Cloud model and Data field based Edge detection，简称 CDbE），针对图像一维阈值化问题提出了 CDbT 方法（Cloud model and Data field-based Thresholding，简称 CDbT），此外，分析了图像粗糙集表示的理论基础，针对单阈值图像分割问题提出了基于自适应粗糙熵的图像阈值化算法（Adaptive Rough Entropy-based method for Image Thresholding，简称 AREbIT），通过理论分析和实验验证总体上论证了上述方法。

（6）认知物理学方法在图像应用中的尝试

作为一种自然的思路拓展与延伸，尝试挖掘利用认知物理学方法的图像若干应用，以期为认知物理学的研究提供更广阔的空间，也为除图像分割外的其他图像应用提供可能的新途径和新方法。具体包括：基于二值图像数据场的特征提取方法（Binary image Data field-based Feature extraction method，简称 BDfF），利用图像数据场的变换框架（Image data field-based transformation Framework，简称 IdfF），针对血细胞图像阈值化的云模型方法（Cloud model based Blood cell image Thresholding method，简称 CbBT），利用云模型的图像不确定性表示与分析方法（Cloud model-based method for Range-Constrained thresholding，简称 CbRC）等。

第 2 章 认知物理学的理论与方法

2.1 认知物理学的内涵

物理学是研究物质及其行为和运动的科学，是最早形成、最基础的自然科学之一。物质的层次结构和原子的物理模型被认为是人类认识世界的五大里程碑之一，场、相互作用和统一场论也被认为是近现代物理学的重要成就之一。从力学、热力学、电磁学到近代物理，原子模型、场论和层次结构等理论在人类认识客观世界的过程中发挥了重要的作用。李政道曾经指出"二十世纪的物理发展，是简化归纳"，李德毅认为以人工智能为代表的人类认知过程本质上也是简化归纳，人类对主观的认知可以尝试借鉴对客观的认知，将现代物理学中对客观世界的认知理论引申到对主观世界的认知中，这一发展方向称之为认知物理学[101]。

认知物理学将自然语言作为人工智能研究的切入点，借鉴原子模型、场和层次结构描述从数据到信息再到知识的人类认知过程，可以认为认知物理学的核心是云模型、数据场和可变粒度层次结构。

（1）借鉴物理学中的原子模型表示概念

从开尔文模型、汤姆孙模型、勒纳德模型、长冈模型、尼克尔森模型直到卢瑟福的原子有核结构模型以及原子核模型，物理学中原子模型的提出与演进表明构思物质组成模型是一种普遍有效的科学方法。

借鉴物理学中将原子模型看成是物质组成的基本模型，按照这个思路，认知物理学以自然语言作为切入点，将概念作为语言的基本模型，强调利用云模型表示概念，研究人类思维从定量到定性的双向转换过程。

人类的思维不是纯数学，自然语言才是思维的载体，其中饱含了不确定性。例如，数量的多少、物体的大小、温度的冷暖、年龄的老少、身体的高矮、身材的胖瘦等都充分体现了人类主观认识的不确定性。云模型以概率论为基础用三个数字特征（期望 Ex、熵 En、超熵 He）在整体上表征概念。一方面，通过正向云发生器完成从定性概念到客观世界中具体存在的定量实现，另一方面，通过逆向云发生器完成从定量数值到主观世界中自然语言表达的定性概念实现。以云模型作为自然语言的原子模型，可以充分反映自然语言中概念的随机性、模糊性及其关联性，对于理解概念的内涵和外延不确定性起到了极其重要的作用。

（2）借鉴物理学中的场描述客体间的相互作用

在物理学中，迄今人类所知的各种物理现象所表现的相互作用，都可归结为四种基本相互作用，即强相互作用、电磁相互作用、弱相互作用和引力相互作用。场的概念最早由法拉第提出并确立，最初用来描述电磁场，逐步形成了引力场、强作用场、弱作用场等其他的物质基本场，用于揭示某个物理量在空间内的分布规律。统一场论是二十世纪物理学研究的重要方向之一，认为相互作用是由场传递并揭示相互作用的本质。从爱因斯坦的几何统一场论、海森伯的量子统一场论再到杨振宁等人的规范统一场论，场论在物理学对于客观世界的认知中起到了重要的作用，场可以看成是现代物理学史上的一次思维革命。从哲学的范畴看，相互作用具有重要的方法论意义，认识事物意味着认识其相互作用，要揭示事物的本质属性，就必须研究事物之间具体相互作用的特殊性。

按照这个思路，借鉴物理学中的场，将客观世界物质粒子间的相互作用及其场描述方法引入到抽象的主观认知世界。认知物理学通过考察数据对象间的相互作用并建立场来描述原始、混乱、复杂、不成形的数据关联，揭示不同抽象程度或者概念层次上的知识，就形成了数据场的思想。数据场用场的思想形式化表达人类自身从数据到信息再到知识的认知和思维过程，通过建立认知场可视化人的认知、记忆、思维等过程。场是相互作用的产物、也是相互作用的媒介，将论域空间中的数据看成是场空间中相互作用的客体、质点或者数据对象，并在论域空间的一个区域内存在相互作用，由此在论域空间联合形成的分布形成了数据场。

（3）借鉴物理学中的粒度描述知识的层次结构

在物理学中，粒度原本是指物体颗粒的大小，不同粒度空间的物质世界是完全不同的。在认识客观世界的过程中，自发形成了一种有组织、分层次的思维方式。一方面，宏观的可以更宏观，如行星、星球、银河系、甚至宇宙；另一方面，微观的可以更微观，如分子、原子、中子、质子、甚至夸克。本质上说，层次就是指物体在结构或功能方面的等级，通常可以按物质的质量、能量、运动状态、空间尺度、时间顺序、组织化程度等多种标准进行划分。不同层次具有不同性质和特征，其规律既有共同性、又各有特殊性。人类认知是对复杂对象关系在不同尺度上的认识，是从微观到中观、宏观的知识发现过程。只有用不同层次和视角理解人类思维活动，才能真正看清问题的本质，从不同规模和角度分析处理论域空间中的数据，就是从不同的粒度理解数据和信息。

按照这种思路，借鉴物理学中的粒度反映知识的规模和角度，形成了数据、信息、规则和知识之间的可变粒度层次结构。粒度是人类在处理和存储信息能力上的一种反映，认知物理学用粒度表达语言值或概念所包含的信息量程度。不同粒度下的不同层次知识对应着不同的应用需求。人类的认知和思维的过程，实际上对应着不同粒度表述的概念在不同层次之间的转化过程，从较细的粒度到较粗的粒度是对信息的抽象化，属于数据简化，可以发现共性知识；反之，从较粗的粒度到较细的粒度是对信息的具体化，属于数据例化，可以发现个性知识。

总的来说，认知物理学的相关理论与方法为当前人工智能研究开辟了新的道路、提供了新的途径，在众多领域都有着广阔的应用前景。本书在粒计算的理论体系下尝试建立面向图像分割的认知物理学理论框架，并针对具体应用问题在该框架下探索认知物理学支持下的图像处理新途径。认知物理学是本书的重要支撑理论，本章余下部分将对这些基本理论与方法展开改进性、扩展性研究。

2.2　数据场

场是物质存在的基本形态之一，也是描述空间中对象相互作用的一个重要方式，揭示了物理量或者数学函数在决策空间内的分布规律。场本身的性质与坐标选择无关，对各种场的分析和计算应该选择适当的坐标系，以简化分析和计算。借鉴物理学中的场描述数据对象的相互作用，形成了数据场的思想。

给定空间 $\Omega \subseteq \Re^p$ 中包含的 n 个数据对象 $\{x_1, x_2, ..., x_n\}$，$x_i = (x_{i1}, x_{i2}, ..., x_{ip})'$，$i = 1, 2, ..., n$。每个对象都相当于 p 维空间中具有一定质量的质点，其周围存在一个作用场，场内的任何对象都受到其他对象的联合作用，由此在整个论域空间上确定了一个数据场[14]。

2.2.1　数据场的势函数形态

对于不依赖时间的静态数据，其数据场可看作是一个稳定有源场，一般采用向量强度函数和标量势函数描述空间分布规律。与向量运算相比较，一般情形下的标量运算更简洁、直观，因此，可以通过标量势函数作为数据场的势函数。根据物理学中稳定有源场的势函数性质，即稳定有源场的势函数是一个关于场空间位置的单值函数，具有各向同性，空间任一点的势值大小与代表场源强度的参数成正比，与该点到场源的距离呈递减关系，文献[14]给出了数据场势函数形态的基本准则，理论上说，符合该准则的函数形态都可以用于定义数据场的势函数[14]，常见的可选势函数包括拟重力场、拟核力场、拟静电场等类型，其数学形态分别如下：

$$\varphi_x(y) = G \times m_x / (1 + (\| x - y \| / \sigma)^k) \qquad （式2.1）$$

$$\varphi_x(y) = m_x \times \exp(-(\| x - y \| / \sigma)^k) \qquad （式2.2）$$

$$\varphi_x(y) = m_x / (4\pi\varepsilon_0 \times (1 + (\| x - y \| / \sigma)^k)) \qquad （式 2.3）$$

其中，$m_x \geqslant 0$ 为数据对象的质量，代表场源强度；$\| x - y \|$ 代表两者之间的距离，包括 Euclidean，Manhattan 或者 Chebyshev 距离等；$\sigma \in (0, +\infty)$ 用于控制对象间的相互作用力程，称为影响因子；自然数 k 称为距离指数。

　　数据场势函数形态及其参数对于场的分布、空间全局认知能力起到极其重要的作用，在实际使用过程中需要根据具体应用进行优化选择，本书也将在后续章节结合特定的图像应用实例有针对性地陆续阐明这一问题。

　　从数学形式与性质上看，拟重力场、拟静电场的势函数本质上并没有太大的区别，因此，本书主要比较了拟重力场和拟核力场的势函数对数据场所带来的影响。在物理学中，重力场属于长程场，即不管距离场源多远，对象之间仍存在不可忽略的相互作用力，而核力场属于短程场，随着距离的增长衰减得很快。为了测试不同影响因子对于这两种类型的虚拟场势值衰减所带来的影响，在势函数中设置质量 $m_x = 1$，距离指数 $k = 2$，影响因子 $\sigma = 1$、2、5，不同势函数形态的衰减情况如图 2.1 所示。

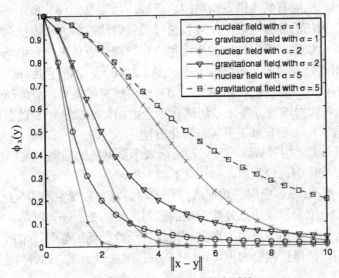

图 2.1　不同势函数形态的衰减情况

　　对于相同的影响因子，拟核力场的势值衰减要比拟重力场快得多。图像中任意两个像素的距离越远，理论上其相关性也应该越小，超过一定距离的像素特征值相互影响几乎不存在，因此拟核力场的这一特点非常适合于描述图像中区域灰度的变化关系。为此，本书后续章节的数据场一般选用拟核力场的势函数。

　　更进一步，拟核力场的数据场在数学形式上具有高斯特性，即任意数据对象的作用范围满足 3Sigma 规则，给定影响因子 σ，以对象为中心，影响半径为 $3\sigma/\sqrt{2}$ 的邻域是任意一个数据对象的主要影响范围，即对象间的相互作用力程为 $3\sigma/\sqrt{2}$。

2.2.2　数据场的可视化方法

物理学中通常用等势线或者面描述势函数在空间中的分布规律，如等高线、等温面等。对于低维数据场，也能可视化地表达势函数的空间分布规律。

下面以拟核力场的势函数 $\varphi_x(y)=m_x\times\exp(-(\|x-y\|/3)^2)$ 为例，说明数据场的可视化方法，其中距离计算方式采用 Euclidean 距离。以三个质量为 255 的对象为例，如图 2.2（a）所示，多源数据场中数据质点呈现出抱团特性，并且所有的等势线都以不同数据对象为中心呈现自然的抱团特性，数据分布的密集区域具有较高的势值，势函数取值较大的区域附近对象也较密集。图 2.2（b）是在图 2.2（a）基础上增加一维以后形成的等势面。因为势函数可以反映数据分布的密集程度，因此从等势线的拓扑结构，可以看出空间中势场的分布规律，也可以发现数据对象自组织产生的自然类谱系结构图。此外，如图 2.2（c）所示，根据势函数的梯度是相应力场的场强函数，还可以通过矢量射线段的方法表征数据力场的场力线分析特征。当然，采用类似的方法也可以可视化表达矢量数据场的势值分布情况。对于图像处理领域，还可以采用如图 2.2（d）所示的色度图方法，通过明暗度可视化势值的分布情况，在图 2.2（d）中，越亮的位置，势值越大。

文献[20]对数据场的可视化方法进行了全面的归纳总结，通过上述例子同样也可以看出数据场主要有以下五种可视化方法：

- 等势线法：用等势线的密集和稀疏表示数据场的强弱，该方法简单方便，所以实际中比较常用，如图 2.2（a）所示。
- $p+1$ 维法：p 维空间的数据质点表示网格点在数域空间的坐标位置，额外增加一维表示该质点处数据场的强弱，如图 2.2（b）所示。
- 等势面法：用等势面的密集和稀疏表示数据场的强弱，常用于高维数据空间，低维数据空间也可以通过 $p+1$ 维法得到相应的等势面，如图 2.2（b）所示。
- 矢量射线段法：用射线段的方向和长短分别表示数据场中势值或者数据力场中场力的方向和大小，主要用于矢量数据场和数据力场的表示，如图 2.2（c）所示。
- 色度法：把势值对应到色度空间中，使用不同的颜色（或灰度）表示不同的势值，借以表达数据场的强弱，如图 2.2（d）所示。

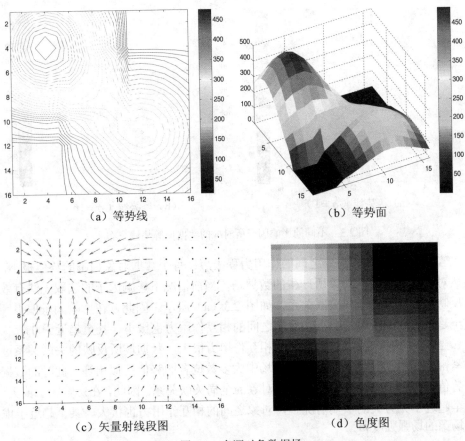

（a）等势线 （b）等势面

（c）矢量射线段图 （d）色度图

图 2.2 多源对象数据场

2.2.3 数据场的影响因子

相比数据场的势函数形态及其参数，影响因子对于数据场的分布及其空间全局认知能力起到更为重要的作用，这是因为数据场的主要贡献在于分析数据质点之间的局部相互作用，自适应自组织地实现决策空间全局认知，而影响因子决定了相互作用的影响范围，于是影响因子也显得相对更为关键。

在图 2.2 中三个数据对象所形成的数据场是影响因子为 3 的情形，对于同样的三个数据对象，将影响因子 σ 分别设置为 1 或 10，得到如图 2.3 所示的两个等势线分布图。

当 $\sigma = 3$ 时，数据对象间具有相互作用，且作用力程在一个合理的范围内，既能够刻画每个数据对象所带来的势值分布影响，也能够表达整个论域空间上的全局关联关系。

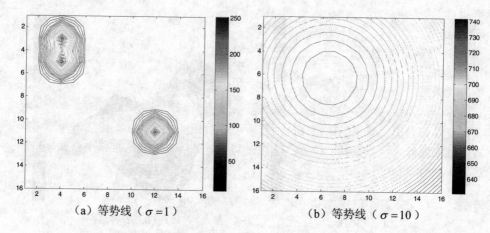

（a）等势线（$\sigma = 1$）　　　　　　　（b）等势线（$\sigma = 10$）

图 2.3　不同的影响因子所对应的数据场等势线分布

当 $\sigma = 1$ 时，数据对象之间的作用力程极短，每个数据对象周围的势值极小，显然对于这三个数据对象所产生的数据场，当前情况下影响因子的选取无法有效地反映数据对象的全局关联关系，如图 2.3（a）所示。因此，在影响因子偏小、甚至趋近于 0 的极端情况下，对象之间的相互作用力也极小、甚至趋近于 0。

当 $\sigma = 10$ 时，数据对象之间的相互作用力很大，数据场所反映的关联关系过于紧密，如图 2.3（b）所示，数据场中大多数位置的势值近似相等，此时的数据场势值分布也不能合理地反映数据对象的全局关联关系。因此，在影响因子偏大、甚至趋近于无穷大的极端情况下，对象之间的相互作用力也极大、甚至趋近于虚拟场源的场强强度 m_x。

综上所述，在势函数形态及基本参数确定的情况下，影响因子对于数据场的势值分布等起到了相当关键的作用。从粒计算的角度说，影响因子设置过大，生成的数据场等势线分布更松散、信息较抽象、更反映整体，可以认为是粒度过粗的表现；反之，影响因子过小，数据场等势线分布更密集、信息较具体、更反映细节，此时是粒度细的表现。文献[14,33]针对数据聚类问题，在 Shanon 熵的基础上引入势熵的概念，提出了最小化势熵的影响因子优选算法。尽管如此，在实际使用过程中，影响因子的优选仍然具有一定的相对性，严格依赖于具体的应用问题，本书在后续章节将结合特定的应用实例有针对性地深入探讨这一问题。

2.2.4　动态数据场

前述三节从一般意义上阐述了数据场的关键要素，其中主要涉及与时间无关的静态数据，对应于物理学中的稳定有源场。实际上，在数据场中引入时间属性，可以使其支持动态数据，或者说让数据场"动起来"，称之为动态数据场。

动态数据场是数据场的一种特殊形态，文献[14,33]利用动态数据场研究了全国非典型肺炎的防御重心转移问题，涉及由单纯质量本身随时间变化所导致的动态数据场、由相互作用力或外力作用引起对象位置随时间变化所导致的动态数据场两种类型。

本书认为，文献[14,33]中的动态数据场是狭义的。原则上数据场质点的任意属性变化都会引起数据场的演化从而导致动态数据场，在力场的作用下，数据质点的基本属性（包括质量、位置、速度、势值等）随着时间的推移不断变化，质点的迁移也逐步达成平衡，数据场逐渐趋于稳定。在动态数据场中，数据质点 x 是数据空间 Ω 中的一个向量，并受到其他数据质点的联合作用。与静态数据场不同的是，每个数据质点具有位置向量 $p_x(t)$，质量 $m_x(t)$，势 $\varphi_x(t)$ 和速度向量 $v_x(t)$ 等基本属性，其中 t 是一个时间变量，在后文中指演化迭代的代数。随着场的动态演化，质点的基本属性也发生相应的变化。给定数据空间 Ω 中的一个数据质点 x，设 $\varphi_x(t)$ 表示在 t 时刻任意质点 $y \in \Omega$ 对 x 所产生的势：

$$\varphi_x(t) = \sum_{y \in \Omega} m_y(t) \times \exp\left(-\frac{\| p_x(t) - p_y(t) \|^2}{\sigma^2}\right) \qquad （式 2.4）$$

其中 $\| p_x(t) - p_y(t) \|$ 表示 x 和 y 之间的距离，质量 $m_y(t)$ 可以看成是动态场源的作用强度，$\sigma > 0$ 是影响因子，确定某个时刻质点相互作用力的影响范围。

根据势函数的梯度是相应力场的场强函数，数据质点 x 的场强向量为：

$$F_x(t) = \nabla \varphi_x(t) = \frac{2}{\sigma^2} \sum_{y \in \Omega} (p_y(t) - p_x(t)) \times m_y(t) \times \exp\left(-\frac{\| p_x(t) - p_y(t) \|^2}{\sigma^2}\right) \quad （式 2.5）$$

与经典的动态数据场相比，本书提出的动态数据场更符合客观实际，具有更广的应用范围和更好的适应性。在数据质点的基本属性随时间同时变化的动态数据场中，若不结合具体应用问题背景构建质点的自适应演化机理，对应场就存在演化和显示等方面的困难，本节仅以对象质量变化引起的数据场演化为例展示动态数据场的特性。但是，需要说明的是，本书在后续章节主要使用基本属性自适应变化的动态数据场。

以 IR 数据库（公开下载网址 http://www.terravic.com/research/motion.htm）作为示例，如图 2.4（a）和（b）所示分别是其中红外视频采集到的两幅样本图像，可以看成是视频在这两个时刻的取样，以灰度值作为质量生成如图 2.4（c）和（d）所示的对应数据场。

如图 2.4 所示，在原始红外图像中，行人呈现为高亮的白色，随着时间的变化视频窗口中的行人逐渐从左向右移动；在所生成的数据场中，在两个不同的时间片段，具有高势值像素所围成的区域（即行人）也是从左向右移动。

（a）000280.jpg 图像　　　　　　　　　　（b）000374.jpg 图像

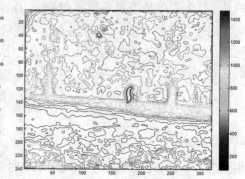

（c）对应（a）的等势线　　　　　　　　（d）对应（b）的等势线

图 2.4　动态数据场示例

　　动态数据场描述了视频随时间变化的规律，特别是行人的行为。事实上，从图 2.4 可看出，动态数据场具备了视频分析的潜能，王树良等人[34]也已用静态数据场做出了空间目标行为挖掘方面的尝试。当然，这部分内容不是本书的研究内容，本书第 5 章仅利用动态数据场的自适应演化机制研究图像多维分割方法。

2.3　云模型

　　云模型的定义为[14]：设 U 是一个用精确数值表示的定量论域，C 是 U 上的定性概念，若定量值 $x \in U$，且 x 是定性概念 C 的一次随机实现，x 对定性概念 C 的确定度 $\mu(x) \in [0,1]$ 是有稳定倾向的随机数：$\mu : U \to [0,1]$，$\forall x \in U$，$x \to \mu(x)$。则 x 在论域上的分布称为云，每一个 x 称为一个云滴。

　　云模型用期望 Ex、熵 En 和超熵 He 这三个数字特征表达定性概念，反映了概念的整体特性。期望 Ex 是云滴在论域空间分布的期望，最能代表定性概念，反映了代表该概念的云滴群的重心；熵 En 是定性概念的不确定性度量，由概念的随机性和模糊性共同决定，揭示了模糊性与随机性的关联性，反映了概念外延的离散程度和模糊程度；超熵 He 是熵的不确定性度量，即熵的熵，反映了二阶不确定性，由熵的随机性和模糊性共同决定[14]。

根据云模型的具体实现方法，可以构造出多种不同类型的云，如正态云、Γ 云、三角云、柯西云、梯形云、频谱云、几何云、函数云、幂率云等[28]。其中，正态云被证明是具有普适性的云模型[22]。正态云是在正态分布和钟形隶属函数的基础上发展起来的分析和处理不确定性问题的全新模型[23]，其主要贡献在于引入概率测度空间，通过样本分布规律反映样本对概念的隶属度，建立随机性和模糊性的关联性。

正态云的定义为[14]：设 U 是一个用精确数值表示的定量论域，C 是 U 上的定性概念，若 $x \in U$，且 x 是定性概念 C 的一次随机实现，若 x 满足：$x \sim N(Ex, En'^2)$，$En' \sim N(En, He^2)$，且 x 对 C 的确定度满足 $\mu = \exp(-(x-Ex)^2/(2En'^2))$，则 x 在论域 U 上的分布称为正态云。

2.3.1 正向正态云发生器

云模型是一种定性定量的双向认知转换模型，正向发生器是从定性到定量的映射，根据云模型的数字特征（Ex，En，He）产生云滴；反过来，逆向云发生器是实现从定量数值到定性概念的转换，将一定数量的精确数值转换为以数字特征表示的定性概念。正态云模型也是如此，包括正向正态云发生器和逆向正态云发生器。

输入其三个数字特征期望 Ex、熵 En 和超熵 He，根据正向正态云发生器就可以生成该定性概念的若干个代表性样本（云滴），具体算法如算法 2.1 所示[101]。

算法 2.1[101]

输入：数字特征（Ex，En，He），云滴的个数 n

输出：n 个云滴及其确定度 μ

算法步骤：

Step 1 生成以 En 为期望值，He^2 为方差的一个正态随机数 $En'_i = \mathrm{norm}(En, He^2)$；

Step 2 生成以 Ex 为期望值，$En_i'^2$ 为方差的一个正态随机数 $x_i = \mathrm{norm}(Ex, En_i'^2)$；

Step 3 计算确定度 $\mu_i = \exp(-(x_i - Ex)^2/(2En_i'^2))$；

Step 4 具有确定度 μ_i 的 x_i 成为数域中的一个云滴；

Step 5 重复步骤（1）～（4），直至产生要求的 n 个云滴。

算法 2.1 通常要求 En 和 He 都大于 0。极端情况下，如果 He=0，算法 Step1 总是生成一个确定的 En'，x 就成为正态分布。更极端地，如果 He=0、En=0，那

么算法生成的 x 就成为同一个精确值 Ex，且 μ 恒等于 1。

2.3.2 逆向正态云发生器

逆向正态云发生器是一个由定量值（样本）到定性概念（正态云的数字特征）的转换模型。本质上说，现有的逆向云发生器算法都是进行云模型三个数字特征的点估计，下面分别分析算法 2.2 至算法 2.5 所得到的点估计结果的相对误差。

算法 2.2[102]

输入：样本点 x_i 及其确定度 μ_i，$i=1$，2，…，n

输出：反映定性概念的数字特征（Ex，En，He）

算法步骤：

Step 1　计算 x_i 的平均值 $Ex=\text{MEAN}(x_i)$，求得期望 Ex；

Step 2　计算 x_i 的标准差 $En=\text{STDEV}(x_i)$，求得熵 En；

Step 3　对每一数对 (x_i,μ_i)，计算 $En_i'=\sqrt{-(x_i-Ex)^2/(2\ln\mu_i)}$；

Step 4　计算 En_i' 的标准差 $He=\text{STDEV}(En_i')$，求得超熵 He。

算法 2.2[102]采用矩估计法求解估计量，本质上属于点估计法。这里利用实验验证的方法对其相对误差进行了对比分析。利用正向正态云发生器生成 N 个云滴，N 从 100 到 10000，步长 100。对每次生成的 N 个云滴，统计用算法 2.2 得到的数字特征 Ex_{back}、En_{back}、He_{back} 与正向云发生器数字特征之间的相对误差，即 $|Ex_{back}-Ex|/Ex\times100\%$，$|En_{back}-En|/En\times100\%$，$|He_{back}-He|/He\times100\%$。在图 2.5 中，云滴数目为横坐标，相对误差为纵坐标，绘制三个数字特征的相对误差曲线。

实验设置 $Ex=1$、$En=1$、$He=0.05$，实验结果如图 2.5 所示，其中图 2.5（a）是 Ex、En 的相对误差曲线，图 2.5（b）是 He 的相对误差曲线。将三者相对误差分开显示的主要原因在于：Ex、En 的相对误差基本在同一个数量级，但通常 He 的相对误差要高得多。由于云滴的产生具有随机性，相对误差出现局部小范围振荡，总体上看，三个数字特征都随着云滴数的增加，相对误差呈下降趋势。需要注意到，在图 2.5 中超熵 He 出现了一些急剧变化，其具体原因在提出算法 2.2 的文献[102]中已经阐明。

算法 2.3[22]采用拟合法来估计期望 Ex，另外舍弃了占样本极小比例的 $\mu_i\geqslant0.999$ 的部分云滴，该算法仍然属于参数估计中的点估计法。与算法 2.2 的实验过程相同，也设置 $Ex=1$、$En=1$、$He=0.05$，实验结果如图 2.6 所示。

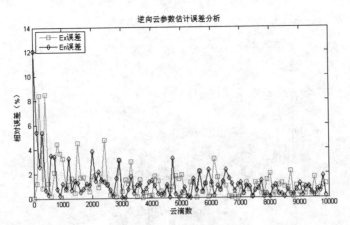

（a）*Ex*，*En* 的相对误差

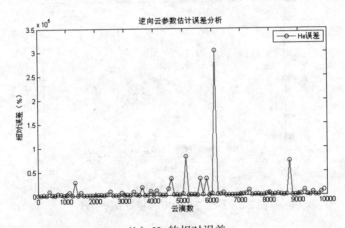

（b）*He* 的相对误差

图 2.5　算法 2.2 的相对误差曲线

算法 2.3[22]

输入：输入样本点 x_i 及其确定度 μ_i，$i=1，2，\dots，n$。

输出：输出反映定性概念的数字特征（*Ex*，*En*，*He*）。

算法步骤：

Step 1　利用云模型的期望曲线方程 $y_i = \exp(-(x-Ex)^2 / 2En^2)$，通过拟合法求得期望 *Ex*；

Step 2　对每一数对（x_i,μ_i），如果 $\mu_i < 0.999$，则计算 $En'_i = \sqrt{-(x_i - Ex)^2 /(2\ln \mu_i)}$；

Step 3　计算 En'_i 的期望 $En = \mathrm{MEAN}(En'_i)$，求得熵 *En*；

Step 4　计算 En'_i 的标准差 $He = \mathrm{STDEV}(En'_i)$，求得超熵 *He*。

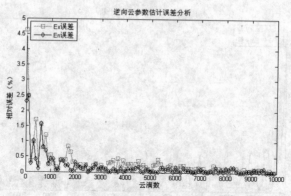

（a）*Ex*，*En* 的相对误差

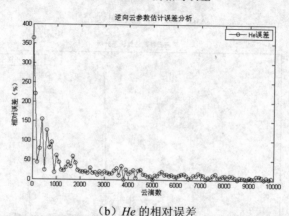

（b）*He* 的相对误差

图 2.6　算法 2.3 的实验相对误差曲线

　　与算法 2.2 相同，算法 2.3 的实验结果反映出的相对误差的总体趋势仍然是一致的，但是，与算法 2.2 的结果不同的是，算法 2.3 的期望 *Ex* 的相对误差更小，熵 *En*、超熵 *He* 相对误差变化更平缓。这是因为算法 2.3 采用拟合法求期望，且排除 $\mu_i \geqslant 0.999$ 的云滴占样本的比例极小，对总体样本的影响不大。然而，$\mu_i = 1$ 是一个特殊的位置（云滴对应着云模型的期望），对概念的贡献很显著，直接去掉不是足够合理。

算法 2.4 [103]

输入：样本点 x_i，$i=1$，2，…，n。

输出：反映定性概念的数字特征（*Ex*，*En*，*He*）。

算法步骤：

Step1　使用云期望曲线 $\mu = \exp(-(x-Ex)^2/(2En^2))$ 来最小二乘拟合云滴图，可得 *Ex* 的估

计值 $\hat{Ex}$ ；

Step 2　若 $0 < \mu_i < 1$，计算 $z_i = -(x_i - \hat{Ex})^2 /(2\ln\mu_i)$，若 $\mu_i = 1$，$z_i = 0$，$i = 1, 2, ..., n$。

Step 3　计算 $\bar{z} = \dfrac{z_1 + z_2 + ... + z_n}{N}$，$s^2 = \dfrac{1}{N-1}\sum_{i=1}^{N}(z_i - \bar{z})^2$ ；

Step 4　计算 $\hat{En} = (\bar{z}^2 - s^2/2)^{1/4}$ 作为 En 的估计值；

Step 5　计算 $\hat{He} = (\bar{z} - (\bar{z}^2 - s^2/2)^{1/2})^{1/2}$ 作为 He 的估计值。

对算法 2.4[103]也设置 $Ex = 1$、$En = 1$、$He = 0.05$ 进行相关实验，结果如图 2.7 所示。算法 2.4 对期望 Ex 的估计相对误差略优于算法 2.3，但是熵 En 和超熵 He 的估计相对误差较大。文献[103]指出，算法 2.4 对数字特征点估计的均值和均方误差的效果比算法 2.2 和算法 2.3 要好。

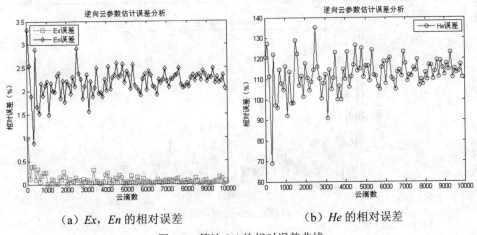

（a）Ex，En 的相对误差　　　　　　　（b）He 的相对误差

图 2.7　算法 2.4 的相对误差曲线

对于算法 2.5[101]也设置 $Ex = 1$、$En = 1$、$He = 0.05$，实验结果如图 2.8 所示。与带确定度信息的逆向云发生器算法相比，算法 2.5 没有具有先验指导意义的确定度信息，信息量的减少使得算法 2.5 估计得到的相对误差明显高于带确定度信息的逆向云发生器算法，由于样本的随机性所导致的振荡也更加显著。

在正态分布中，设 x_1，x_2，...，x_n 为取自正态母体 (μ, σ^2) 的一个子样，其中 μ 为已知，则用矩法估计可得 $\hat{\sigma} = \dfrac{1}{n}\sqrt{\dfrac{\pi}{2}}\sum_{i=1}^{n}|x_i - \mu|$ 是 σ 的无偏估计。算法 2.5 用该式作为正态云模型中熵 En 的点估计，这就必须要求 He 很小，即正态云模型接近于正态分布时，误差才会较小，否则误差会很大。

算法 2.5[101]

输入：样本点 x_i，$i=1$，2，…，n。

输出：反映定性概念的数字特征（Ex，En，He）。

算法步骤：

Step 1　根据 x_i 计算定量数据的样本均值 $\overline{x} = \dfrac{1}{n}\sum_{i=1}^{n} x_i$，一阶样本绝对中心矩 $\dfrac{1}{n}\sum_{i=1}^{n}|x_i - \overline{x}|$，

样本方差 $S^2 = \dfrac{1}{n-1}\sum_{i=1}^{n}(x_i - \overline{x})^2$；

Step 2　计算期望：$Ex = \overline{x}$；

Step 3　计算熵：$En = \sqrt{\dfrac{\pi}{2}} \times \dfrac{1}{n}\sum_{i=1}^{n}|x_i - Ex|$；

Step 4　计算超熵：$He = \sqrt{S^2 - En^2}$。

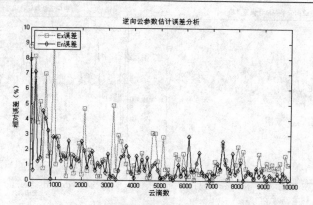

（a）Ex，En 的相对误差

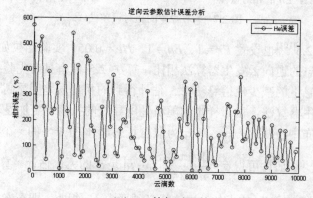

（b）He 的相对误差

图 2.8　算法 2.5 的相对误差曲线

事实上，若设随机变量 x 表示正态云滴，则：

$$E|x - Ex| = \int_{-\infty}^{+\infty} |x - Ex| f_x(x) dx$$

$$= \frac{1}{2\pi He} \int_{-\infty}^{+\infty} \int_{-\infty}^{+\infty} |x - Ex| \frac{1}{|y|} \exp\left[\frac{(x - Ex)^2}{2y^2} - \frac{(y - En)^2}{2He^2}\right] dy dx$$

$$= \sqrt{\frac{2}{\pi}} E(|En'|)$$

从而得：$E(|En'|)$ 的估计为 $\widehat{E(|En'|)} = \sqrt{\frac{\pi}{2}} \times \frac{1}{n} \sum_{i=1}^{n} |x_i - \bar{x}|$。

由于 $En > 0$，$En' \sim N(En, He^2)$，如果 He 相对于 En 足够小，尽可能地保证 $En' > 0$，从而 $E(|En'|) \approx En$，估计误差较小，否则估计结果误差较大。

对于超熵 He 的点估计，用 $S^2 = En^2 + He^2$ 得到 He，因此，He 的点估计精度依赖于 En 的点估计精度。算法 2.5 把所有的 En' 当成非负数处理，En 的估计值也会偏大，有时甚至会大于 S^2，这样得到的 He 的点估计就会为虚数。

综上所述，与文献[102]不同，本书的误差分析采用的是相对误差，而不是绝对误差。文献[102]采用绝对误差，其说法容易造成误解。以 $Ex = 1$、$En = 1$、$He = 0.05$ 为例，原文中提到：$n > 10$，使用拟合法估计的 Ex 误差 < 0.01；$n > 100$，En 的误差 < 0.01；$n > 200$，He 的误差 < 0.005。从绝对误差曲线图上看，He 的绝对误差确实是最小的，但是，在正向云发生器中 He 的值本身一般设置就很小，于是给人造成了一个错觉，误认为 He 的点估计效果是最好的，实际上却并非如此，He 是最能体现云模型特色的一个数字特征，He 的点估计对云滴数目最敏感，因此，He 也是最难估计的一个数字特征。

上述实验分析表明：在各种逆向云发生器算法中，He 点估计的相对误差是云模型的三个数字特征中最大的，且在不带确定度信息的逆向云发生器算法中估计 He 时容易出现虚数。主要原因体现在以下两个方面：①He 本身比较小，因此其相对误差会比较敏感。②En 的估计误差会传播到 He 的估计中。En 的估计误差可能是因为 En' 小于 0 引起的。除了算法 2.4 以外，其他的逆向云发生器算法都以 $En_i' \geq 0$ 为前提。算法 2.2 和算法 2.3 在该前提下求 En_i' 时直接用 $En_i' = \sqrt{-(x_i - Ex)^2/(2\ln \mu_i)}$，算法 2.5 在该前提下推导出 x 的方差 $S^2 = He^2 + En^2$。但是，该前提在通常情况下存在疑问，在实验中经常会出现 En_i' 为负值或不带确定度的逆向云发生器算法计算 He 出现虚数的情形。

2.3.3　云模型与二型模糊集合的比较

与云模型具有密切关系的其中一个理论是二型模糊集合。云模型与二型模糊集合既有联系又有区别。

扎德（Zadeh）于 1975 年提出了二型模糊集合的概念，指出其隶属度本身也是一型模糊集合[104]，随后，孟德尔（Mendel）给出了二型模糊集合的明确定义[105]。二型模糊集合 $\tilde{A}$ 具有二型隶属函数 $\mu_{\tilde{A}}(x,u)$，$x \in X$，$u \in J_x \subseteq [0,1]$，$X$ 为论域，J_x 是 [0,1] 区间上的集合。二型模糊集合 $\tilde{A}$ 表达为：$\tilde{A} = \{((x,u), \mu_{\tilde{A}}(x,u)) \mid \forall x \in X, \forall u \in J_x \subseteq [0,1]\}$，$0 \leqslant \mu_{\tilde{A}}(x,u) \leqslant 1$ 也可以表达为：$\tilde{A} = \int_{x \in X} \int_{u \in J_x} \mu_{\tilde{A}}(x,u)/(x,u)$，$J_x \subseteq [0,1]$，对应离散论域，则以 Σ 代替 $\int$。

二型模糊集合的隶属度可以用一型隶属函数表示，称之为次隶属函数（Secondary Membership Function）。如果二型模糊集合的次隶属函数是一型高斯隶属函数，则称为高斯型二型模糊集合。如果二型模糊集合的次隶属函数是一型区间，则称为区间型二型模糊集合。目前研究得最多的是区间型二型模糊集合[105]。

区间二型模糊集合具有一个三维的隶属函数 $(x,u,\mu_{\tilde{A}}(x,u))$，$x \in X$，$u \in J_x$，$0 \leqslant \mu_{\tilde{A}}(x,u) \leqslant 1$。其中 x 为主变量（Primary Variable）；J_x 为主隶属度（Primary Membership），每个主变量 x 有一个隶属度带（即区间）：$J_x = [MF_1(x'), MF_1(x')]$ 分别称为下隶属度和上隶属度；u 为次变量（Secondary Variable）是主隶属度 J_x 的一个元素[106]。二型模糊集合的不确定区（Footprint Of Uncertainty，FOU）是所有主隶属度的并，是包含在上界隶属函数（Upper Membership Function，UMF）和下界隶属函数（Lower Membership Function，LMF）之间的区域，如图 2.9 中的阴影区域。

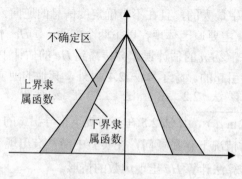

图 2.9　二型模糊集示意图

二型模糊集合研究定性概念的不确定性所使用的数学方法与云模型所使用的

数学方法存在根本区别。模糊集合使用数学函数分析问题，属于解析方法；云模型利用概率论与数理统计方法分析问题，属于非解析方法。二型模糊集合中研究得最多的是区间型二型模糊集合，通过定义上下界隶属函数得到的不确定区表达隶属度的不确定性。如图 2.10（a）所示是一种典型的区间型二型模糊集合[107]，其上界隶属函数为梯形，下界隶属函数为三角形，定义如下。

$$\bar{\mu}_{\tilde{A}'}(x) = \begin{cases} \dfrac{x+b}{b-c}, & \text{if } -b \leqslant x \leqslant -c \\ 1, & \text{if } -c \leqslant x \leqslant c \\ \dfrac{b-x}{b-c}, & \text{if } c \leqslant x \leqslant b \\ 0, & \text{otherwise} \end{cases}, \quad \underline{\mu}_{\tilde{A}'}(x) = \begin{cases} \dfrac{h(x+a)}{a}, & \text{if } -a \leqslant x \leqslant 0 \\ \dfrac{h(a-x)}{a}, & \text{if } 0 \leqslant x \leqslant a \\ 0, & \text{otherwise} \end{cases} \quad (式 2.6)$$

区间型二型模糊集合利用两个确定的数学函数（即上、下界隶属函数）分析问题，使用的是解析数学方法。云模型利用正向正态云发生器算法，基于概率测度空间自动形成隶属度，算法的关键是两次正态随机数的生成，一次随机数是另一次随机数的基础，是复用关系[14]。利用正态云发生器所生成的云滴的隶属度是一个具有稳定倾向的随机数，所生成的云模型没有明确边界，但有整体形态，如图 2.10（b）所示。生成云模型的算法——正向正态云发生器利用概率论与数理统计方法，没有使用确定的隶属函数，属于分析问题的非解析方法。

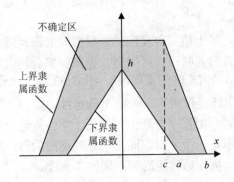

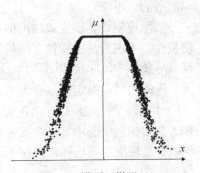

（a）区间型二型模糊集合（上梯形下三角形）　　　（b）云模型（梯形云）

图 2.10　区间二型模糊集合与云模型

二型模糊集合与云模型表达定性概念的方法既有联系又有区别。以定性概念"年轻人"为例分别利用区间二型模糊集合和正态云模型对其进行表达，如图 2.11 所示。给定二型模糊集合的上、下界隶属函数 $UMF = \exp(-(x-\mu)^2 / (2\sigma_2^2))$ 和 $LMF = \exp(-(x-\mu)^2 / (2\sigma_1^2))$ 以及参数 $\mu = 25$，$\sigma_1 = 2$，$\sigma_2 = 3$，得到如图 2.11（a）

所示的二型模糊集合。给定云模型的参数 Ex=25，En=2.5，He=0.25，得到图 2.11
（b）所示的云滴及其确定度的联合分布图。

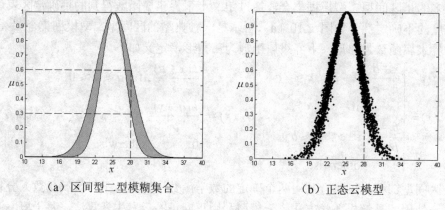

（a）区间型二型模糊集合　　　　　　　　（b）正态云模型

图 2.11　定性概念"年轻人"的不确定性表达方法比较

　　区间型二型模糊集合有明确边界，是一个连续区域；云模型没有明确边界，
是离散的点。产生这种区别的根本原因是二者所使用的数学方法不同，二型模糊
集合使用解析数学方法，利用两个明确的数学函数描述不确定区的边界，因此边
界是确定的；而云模型使用概率论与数理统计方法，通过两次正态随机数的生成
过程产生云滴，隶属度是具有稳定倾向的随机数，云模型没有确定边界，并且是
由离散的点组成。

　　二型模糊集合研究隶属度的模糊性，属于模糊再模糊；云模型研究隶属度的
随机性，考虑的是模糊性、随机性及二者的关联性。区间型二型模糊集合将隶属
度看成是一个区间，如图 2.11（a）所示，x=28 时的隶属度 $\mu \in [0.3, 0.6]$ 是一个区
间，区间内的不确定性没有考虑，本质上还是仅考虑了一阶不确定性。如图 2.11
（b）所示，当 x=28 时，由正向云发生器利用程序自动生成的属于定性概念"年
轻人"的确定度既不是一个确定值，也不是一个区间，而是一系列离散的点，考
虑的是隶属度的随机性，程序的任意一次执行都可能得到不同的隶属度。

2.4　基于数据场的可变粒度层次结构

　　层次概念固定、离散、阶跃的划分方式无法表示认知和思维过程中抽象层次
的不确定性和渐进性，更不能描述在微观和宏观方向上的无限可扩展性。换句话
说，认知和思维处理的知识具有不确定性的、可变粒度的层次结构，云模型和数
据场都为可变粒度层次结构的表达提供了可能，本书主要研究后者。本质上，两

者既有区别也有联系。两者都是从原始数据出发，获得原始数据认知空间上的可变粒度层次结构，但是前者侧重于不确定性分析，后者更侧重于全局关联分析；前者提取某个局部属性外在表象上显式存在的不确定性层次结构，而后者则是全局属性内在隐式存在的确定性层次结构。即使如此，在数据场的类谱系图中，只要引入云模型的定性定量不确定性转换，从而实现不确定性、可变粒度的层次结构表达。

云模型提供了丰富的不确定性分析功能，对于类谱系层次结构的不确定性分析手段也是丰富多样化，另一方面，需要结合具体问题背景展开类谱系层次结构的分析才有意义，因此，本节仅举例列出确定性的类谱系图结构验证基于数据场的层次结构在技术实现上是可行的，在后续章节将利用云模型支持下的数据场分析方法解决具体问题。

以图 2.12（a）所示的 64×64 二值图像为例，以像素的灰度作为质量，生成如图 2.12（b）所示的数据场等势线分布结构图。

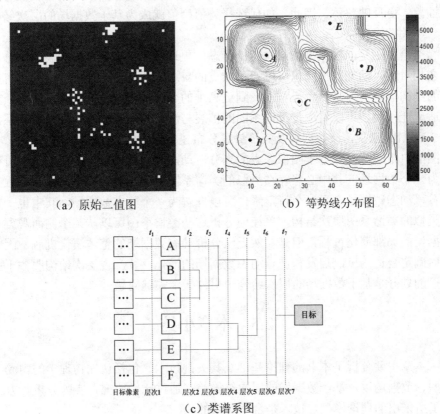

（a）原始二值图　　　　　　　　（b）等势线分布图

（c）类谱系图

图 2.12　类谱系层次结构示意图

从图 2.12（b）可以看出，在等势线的外围，势值较低，对象更分散；反之，在等势线的中心，势值较高，对象更集中。依据等势关系，就可以构建图像空间上的像素分类或覆盖模型。直观上，数据场形成了以白色亮点聚集区为中心的自然抱团，分别呈现 A～F 共 6 个虚拟场源，这是亮目标像素在层次 1 上的自组织聚集，所有亮目标像素被聚成六个类，这种聚集以一定的等势值作为衡量准则所建立的等势关系，即在势值阈值 t_1 下，层次 1 所体现的数据自身关联关系。当势值阈值降低为 t_2 时，以 B、C 为中心的两个类被合并，在层次 2 上形成新的谱系 BC 类。随着势值阈值的降低，以虚拟场源为中心的不同类别分别在各个层次上合并，直至所有类别在层次 7 上合并为一个类，形成最大的 ABCDEF 谱系，近似包含了几乎所有的亮目标像素，由此在顾及图像空间局部特征的基础上构成了对图像灰度的全局认知。

从粒计算的角度说，在上述类谱系图中，势值阈值设置过大，生成的谱系类粒度小、信息较具体、更反映细节；反之，势值阈值过小，谱系类粒度大、信息较抽象、更反映整体，因此，如何选择势值阈值就成为基于数据场的层次结构中又一个关键问题。

类谱系图是一种典型的层次结构形态，更适合于静态数据场的表达与分析，与之相对应，动态数据场也可以通过质点的自适应迁移动态地生成一种具有层次性的结构形态，但是后者通常涉及到更高维的数据样本问题。比较来看，质点的自适应迁移模型可以看成是类谱系图的扩展与泛化，两者既有区别也有联系。对图 2.12（b）来说，该数据场及其等势线分布建立在图像原始采样空间之上，类谱系图的自组织特征服务于图像像素的划分，动态数据场在每一个特定时刻可以理解为一个数据场，其中必然存在类似的类谱系图层次结构，同样，从数据维的角度看，动态数据场在每一个特定维也可以理解为一个静态数据场，其中也一定存在类似的类谱系图层次结构，单纯地分析这些类谱系图可以从某个侧面观察动态数据场的局部演化过程，但是显然无法分析动态数据场的整体演化机制，因此，如何确定合适的机制启发和诱导动态数据场的演化，并产生层次结构服务于图像像素的划分是基于数据场的层次结构中另外一个关键问题。

2.5　本章小结

本章主要分析了本书的理论基础及其关键技术，包括认知物理学的内涵、云模型、数据场以及基于数据场的层次结构等，通过比较研究、实验分析等方式验证了所采用的理论模型与技术是合理有效的。

第 3 章　图像分割的认知物理学框架

3.1　图像分割与粒计算

3.1.1　粒计算模型及其基本问题

正如 Zadeh 所期望的一样，目前粒计算就像一把大伞覆盖了所有有关粒度的理论、方法、技术和工具的研究[48,104]，涉及复杂问题求解、不确定性信息处理、海量数据挖掘等各个研究领域[54]。目前已经形成了以模糊集、粗糙集、商空间、云模型等为主体的粒计算模型。总的来说，都包含粒子、粒层、粒结构等基本要素[56]。

粒子暂时还没有一个确切的定义，一般认为，粒子是构成粒计算模型的最基本元素，是粒计算模型的原语。粒子具有双重属性，即可以看作是由内部属性描述的个体元素的集合以及由它的外部属性所描述的整体。也就是说，某个粒子的元素可以是粒子，反过来，这个粒子也可以是另一个粒子的元素。因此，粒子通常存在于特定的环境才有意义，从这个角度上说，粒子都包含三个属性，即内部属性、外部属性、环境属性。

粒层是对待求解问题空间或对象的一种抽象化描述，按照某个实际需求的粒化准则得到的所有粒子构成一个粒层。粒层中的粒子表述了一个特定的粒化观点，同一层的所有粒子形成了对该层次的覆盖，同一层的粒子可以是不相交的，也可以是相交的。每个粒层都存在某种程度上的独立性，粒化程度的不同导致同一问题空间可能会产生不同的粒层，各个粒层的粒具有不同的粒度，即粒的不同粗细。在粒计算模型中，如何选择合适的粒层进行问题求解以及如何在不同粒层之间相互转化是其中的关键问题。

粒结构是指粒层之间的相互联系所构成的关系型结构，包括多层次粒结构和多视角粒结构[55]。粒结构是粒计算对于特定问题所做出的系统近似描述结果，一个粒化准则对应于一个粒层，不同的粒化准则对应了多个粒层，分别从不同角度、不同层次认识和求解问题。单个粒子提供了关于粒层的局部描述，所有粒子构成粒层的全局描述，因此粒层的粒度由该层所包含粒子的粒度决定，不同的粒层按照其粒度的大小构成偏序关系，这就是多层次粒结构。单个多层次粒结构是对问题的一种描述，可以称为视角，用多个多层次结构描述同一个问题就形成了多视角粒结构。多视角粒结构从更全局、更整体的角度认识和求解问题，可以看成是一般多层次粒结构的组合和优化。

在粒计算中，至少存在粒化和基于粒化的计算两个基本问题[57]。粒化是问题求解空间的划分过程，简单地说，就是指在哪种准则的指引下、采用什么方法生成和表示粒子、粒层及粒结构。其中所采用的准则可以称为粒化准则，粒化准则从语义的角度研究任意两个数据对象根据何种标准归为同一个粒；所采用的方法可以称为粒化方法，针对具体的实际问题研究相应的算法和技术，实现粒子的表示和粒层的构造。基于粒化的计算是以粒子为基础的问题求解过程，涉及到粒子、粒层、粒结构之间的转换和交互，包括同一粒层的粒子之间的转换和交互、不同粒层的粒子之间的转换和交互。在粒计算的两个基本问题中，粒化是关键，直接决定粒计算的结果。

3.1.2　图像分割的粒计算原理

目前，已有部分文献同时涉及到粒计算与图像分割两个主题，均从不同侧面探讨了图像分割的粒计算原理，试图利用不同的理论建立图像分割的粒计算模型，也做出了一些初步的研究成果[108-111]。但是，这些研究大多数都以纹理分析为主，所提出的模型主要偏重于与粒计算基本概念的严格一一对应，据报道的图像分割质量并不太高，一定程度上表明，这些理论和方法片面强调图像分割的粒计算理论模型，却忽视了理论模型的最终应用这一终极目标。

本书提出了图像分割的粒计算原理，在认知物理学的支持下构建了统一完整的理论体系，形成了面向图像分割的认知物理学框架，不仅研究了图像分割的粒计算原理等基本理论，同时也重视实际分割质量的提高和性能的改善，面向不同的图像分割应用需求，在所建立的理论框架下提出了有针对性的解决方案。

本书仅限于研究灰度图像分割，主要借助于像素灰度值的不连续性和相似性。图像区域内部的像素一般具有灰度相似性，区域之间的边界上一般具有灰度不连续性。因此，本书认为，灰度图像分割本质上就是利用灰度图像本身的信息获得图像像素有效标记（Labeling）的过程，是由图像数据—特征信息—分割知识构成的连续过程，其中涉及到两个主要关键问题：如何全面度量图像区域以及如何有效标记图像像素。

前者"如何全面度量图像区域"是指对被处理对象的认知，包括区域大小的确定，区域特征的选择（中心像素灰度值、邻域像素总体灰度值、邻域纹理等），区域特征的表示（邻域像素灰度均值或中值、灰度共生矩阵或 LBP 纹理）等。后者"如何有效标记图像像素"侧重解决图像像素的标记问题，包括标记的准则（阈值、梯度、连通性、纹理方向性），标记的方式（边缘、区域），标记的策略（单阈值或多阈值、一维或多维、并行或串行）等。从粒计算的角度看，这两个关键问题分别对应了从粗粒度到细粒度、从细粒度再到粗粒度的粒度转换过程，从粒的角度看，涉及到粒的分解与合成，从粒层的角度看，也可以称为粒层的细化与粗化。

一方面，对图像本身的认知是从粗粒度到细粒度的过程，完成"数据—信息"的转换，这个阶段主要涉及图像的粒化问题。对于足够大的灰度图像（以 256×256 大小为例），由于各方面条件的限制，目前的机器视觉远不如人眼视觉，不能直接应付整个图像，于是，粒度太粗，就只能看到图像的全体，无法洞悉图像的局部，不利于获得精确的图像分割结果，容易导致欠分割；反过来，粒度太细，过于注重图像局部细节，通常会增加图像信息获取的时间复杂度，同时也不利于获得完整的分割目标，容易导致过分割。因此，从这一点看，如何模拟人眼视觉，建立图像空间的覆盖模型，根据图像本身的信息在最佳的粒度层次解剖图像、分析图像像素在灰度值或纹理等低层特征上的关联关系，从而有效指导后续图像分割是需要解决的关键问题之一。

另一方面，对图像像素的标记是从细粒度到粗粒度的过程，完成"信息—知识"的转换，这个阶段主要涉及图像粒化的计算问题。从标记的策略和方式看，可以直接利用阈值并行地获得图像的二值化结果或者图像边缘，其结果是单一的目标和背景，本质必然是一个层次化的二值聚类问题；也可以采用类似区域生长的思路，建立相容关系通过种子像素和邻域之间的连通关系串行地获得图像分割结果，其结果包含多个目标对象的语义信息，假设未知类别数目进行无监督分割，本质必然是一个层次化的多值聚类问题，如果是在已知类别数目的情况下实施监督分割，本质上就是一个分类问题。二值聚类是在统一的粒度下展开粒化的计算，如果用较多的簇划分图像像素，容易获得图像的局部细节，但也会导致过分割，反之，用较少的簇划分图像像素，容易获得图像的整体轮廓，但也会导致欠分割。一般来说，聚类簇个数的选择比较困难，通常直接采用合适的方式将数据直接划分为两类，如常见的单阈值分割就对应于两个簇的简单聚类划分问题。多值聚类或者分类是在不同的粒度下展开计算，如果在较粗的粒度下能够清晰地刻画类内像素的分布规律（如相似性、连通性），这些像素就对应最终的同一个目标类或背景类，否则，在更细的粒度下对这些像素进行标记。聚类和分类都可以统一在粒计算的框架下[112]，其中粒化的计算方式和阈值的自动获取是其中的关键问题。

此外，从标记的准则看，阈值、梯度、连通性、纹理方向性从不同的侧面反映了图像的特征，分别对应图像粒的不同内涵性质，一方面单独从其中任意一个角度最终解决图像分割问题，另一方面综合其中多个角度将更全面地获得图像认知并实现图像分割，这就分别对应于粒计算中的不同粒结构类型，前者可以视作多层次粒结构，后者则是多视角粒结构。

总的来说，图像分割的粒计算原理及本书的整体解决方案示意图如图 3.1 所示，将图像分割问题理解成"数据—信息—知识"的粒计算思维过程，其中蕴含了数据到信息的粒层细化、信息到知识的粒层粗化两个阶段，本书在认知物理学的支持下给出对应的粒计算框架。

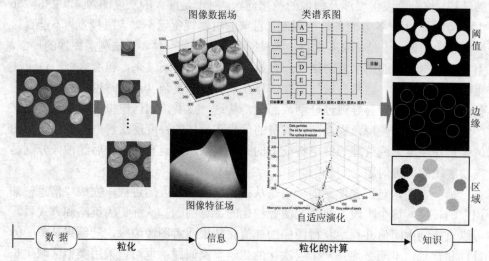

图 3.1　图像分割的粒计算原理及解决方案示意图

从数据到信息的阶段，将利用数据场的优良特性分别在图像不同决策空间上建模，利用影响因子的自适应优选，在最优的粒度层次下刻画图像粒内部对象之间和图像粒之间的分布规律，完成从像素特征值到质点势值的映射，通过图像粒场尽可能发现图像粒内部对象和图像粒之间的自然抱团特性。从信息到知识的阶段，在图像粒场的基础上，分别利用图像数据场和图像特征场实现多层次、多视角粒结构的粒度转换，同时选择相应的划分方式展开基于粒化的计算，完成从质点势值到像素标记的映射。

3.2　基于认知物理学粒计算模型的图像分割框架

3.2.1　认知物理学支持下的图像分割粒计算模型

现有的粒计算认知模型从不同侧面研究粒思维的认知原理和方法，主要包括心理模型、概念模型、本体模型等[113]。本书针对具体的图像分割任务，在覆盖模型理论的基础上提出了认知物理学支持下的粒计算模型，其总体框架如图3.2所示。

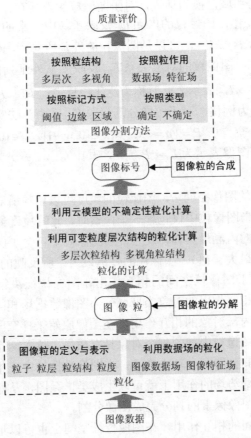

图 3.2 认知物理学支持下的图像分割粒计算模型

　　在该框架中包括图像粒、图像粒层、图像粒结构的定义与表达以及图像粒度的含义、图像粒的分解与合成、图像粒层的细化和粗化等基本的粒计算概念和理论，利用数据场的粒化、利用层次结构的粒化计算、利用云模型的不确定性粒化计算等核心的粒计算方法，以及利用多层次、多视角粒结构的图像分割方法等关键的粒计算应用。整个框架体系是以图像分割为任务驱动的粒计算模型在认知物理学支持下的具体实现，涵盖了从结构化思维、结构化问题求解、结构化信息处理等粒计算的多个层次。本节仅简要给出图像粒、图像粒的粒度、图像粒结构、图像粒场等相关的基本概念，在后续章节再详细讨论在这些概念基础上的具体粒计算方法和图像分割应用。

本书定义图像粒 IG 是一个三元组 $<E_{IG}, I_{IG}, F_{IG}>$ ，其中图像粒的外延 E_{IG} 包含了粒中所覆盖的所有元素，通常根据粒化准则由某个特定元素 e 的邻域构成，称为由 e 所诱导的邻域，换句话说，对于图像粒的内涵存在贡献的全体元素，用集合表示 $\{e_1, e_2, ..., e_n\}$ ；图像粒的内涵 I_{IG} 反映了粒中元素的邻近性、相似性等，通常用向量表示 $(i_1, i_2, ..., i_m)$ ，可以是图像粒的外延所对应图像区域的中心位置、灰度均值、纹理等；图像粒的对应关系 F_{IG} 反映了从外延到内涵的映射，可以用双射函数 $F_{IG}: E_{IG} \to I_{IG}$ 表示，此时称为泛化；反之， $F^{-1}: I_{IG} \to E_{IG}$ 实现从内涵到外延的映射，称为例化，对于图像分割问题 F_{IG} 常由算法实现。

给定图像空间 $P = \{p = <x, y> | x \in [0, w-1] \wedge y \in [0, h-1] \wedge x, y \in Z\}$ ， $f: P \to [0, L-1]$ 。图像表示为 $I = <P, f>$ ，其中 h, w, L 分别为图像的高、宽、灰度级别。

对于任意给定的图像空间 P ，图像粒的粒度可以用粒所对应的图像空间 P 中像素个数来衡量，当图像粒中仅包含一个像素时，此时粒度最小（细），图像粒的外延最小，所反映的内涵最具体，反之，当图像粒中包含了图像空间中的 $h \times w$ 个像素时，此时粒度最大（粗），图像粒的外延最大，所反映的内涵最抽象。

图像粒场是由于图像粒之间的相互作用在图像特征决策空间所形成的数据场，根据其中参与相互作用的对象类型可分为图像数据场和图像特征场。

仅考虑图像粒内部对象的相互作用，在图像原始采样空间上所形成的数据场称为图像数据场。图像粒内部的每个对象具有质量、位置两个基本属性，每个图像粒具有势值、空间位置两个基本内涵。在图像数据场中，根据图像粒的势值产生等势关系，在数据势场的作用下就可以生成类谱系图，从而构建图像粒的多层次结构，最终获得图像像素的划分完成图像分割。

考虑图像粒之间的相互作用，在图像特征空间上也可以形成数据场，为了以示区别，称为图像特征场。图像粒内部的每个对象仅需要简单考察其位置属性。每个图像粒具有质量、势值、位置、速度等四个基本内涵。在图像特征场中，根据图像粒的势值产生数据力场，在力场的作用下诱导图像粒的自适应演化，从而构建图像粒的多视角结构，最终获得图像像素的划分完成图像分割。

根据 3.1.2 节的分析，从粒计算的角度看，图像分割本质上包含了图像粒的合成与图像粒的分解两个过程。从待分割的原始图像到图像粒的过程对应图像粒的分解，从粒层的角度看，就是从粗粒度到细粒度的细化过程，图像粒的分解意味着图像粒的外延 E_{IG} 分解，根据 $F_{IG}: E_{IG} \to I_{IG}$ 可知，图像粒的内涵也随之改变；反之，从图像粒到图像分割结果的过程对应图像粒的合成，从粒层的角度看，就是从细粒度到粗粒度的粗化过程，图像粒的合成意味着图像粒的内涵 I_{IG} 合成，根据 $F^{-1}: I_{IG} \rightarrow E_{IG}$ 可知外延也随之合成。

图像粒结构是指图像粒层之间的相互联系所构成的关系结构，在图像分割中对应图像粒的分解和合成两个阶段都包含了相应的粒结构。在前一个阶段通过粒化需要搜索最优的粒层，尽可能获取最接近图像本身的真实信息，本质上是一个静态的过程，因此，即使下文仍然提供了粒层之间的转换方法，但是图像分割问题本身实际上并无需在粒层之间转换。后一个阶段根据粒化的结果分别产生多层次、多视角两种不同的粒结构。

3.2.2　与传统粒计算模型的关系

与传统粒计算模型相比较，本书中认知物理学支持下的图像分割粒计算框架具有鲜明的特点，可以分别从研究基础、对象、内容和体系的角度比较如下：

（a）**研究基础**：认知物理学支持下的粒计算，从理论基础上说，也符合人类认知思维的特点，但是，与一般粒计算模型不同，本书的模型植根于物理学，以现代物理发展中简化归纳的认知规律作为出发点，采用粒化思维的方式从"数据—信息—知识"的角度理解和认识任意待求解问题。借鉴场的思想描述客体之间的相互作用，充分兼顾各级决策空间上的局部和全局认知，可视化人类认知思维过程；借鉴原子模型的思想，用云模型描述不确定性的人类认知思维过程；借鉴粒度层次的思想，通过数据场的类谱系图生成、质点的自适应迁移，在不同粒度的粒层之间相互转化。

（b）**研究对象**：认知物理学支持下的粒计算面向具体实际的图像分割问题，以图像为载体，研究认知物理学支持下的图像粒化和粒化的计算，摒弃了传统的精确数学定义，直接从图像分割问题本身出发探索其中的粒度原理，借鉴物理学理论和方法建立面向图像分割的认知物理学粒计算模型，既不严格追求与传统粒计算概念的逐一对应、也不刻意追求粒计算模型定理和性质的逐条证明、更关注实际模型的应用，在图像分割问题的驱动下展开认知物理学支持下的粒计算模型研究，根据特定应用问题的需求有针对性地提出相应的解决方案，粒计算模型的优劣也直接根据图像分割效果直观评价。

（c）**研究内容**：认知物理学支持下的图像分割粒计算模型着重强调了三点研究内容，第一，强调在图像粒化时利用数据场研究图像粒的相互作用，包括在图像空间上考虑图像粒内部的相互作用建立图像数据场、在特征空间上考虑图像粒之间的相互作用建立图像特征场；第二，强调在图像粒化的计算时利用基于数据场的层次结构研究图像粒的多层次性和多视角性，通过图像数据场的类谱系图生成多层次结构、通过图像特征场的质点自适应迁移生成多视角结构；第三，强调在图像粒化的计算时利用云模型研究图像粒的不确定性，发挥云模型的不确定性双向认知转换能力，可利用逆向云模型或者云变换完成图像不确定性粒化分析。

（d)研究体系：认知物理学支持下的粒计算模型面向具体问题提出解决方案，但又并不是仅拘泥漂浮于应用层面，而是同时注重理论层面的深度，面向实际问题建立尽可能完备、可拓展的理论框架体系，这是因为认知物理学支持下的"数据－信息－知识"基本粒度原理广泛适用于大多数问题的求解。针对图像分割问题，在该理论体系下面向不同的需求可以直接延伸出更多的图像分割方法。以利用数据场的图像粒化为例，在图像数据场中定义不同的质量、在图像特征场中定义不同的维信息等可以完成符合特定需求的应用研究。当然，针对其他问题，该理论体系也有一定的扩展参考意义。以利用数据场的粒化为例，任意待求解问题数据样本本身也包含原始采样空间和特征空间，也可以在其采样空间建立数据场、在其特征空间建立特征场，一旦粒化完成以后，后续过程（如利用层次结构的粒化计算和利用云模型的不确定性粒化计算等）就近似与问题本原无关，可以完全纳入到本书所建立的认知物理学支持下的粒计算理论体系。

3.3　利用数据场的图像粒化

粒化是将信息或数据分解成若干个簇的过程，本书通过图像粒场实现图像粒的生成及其表达。图像粒场包括图像数据场、图像特征场。需要指出的是，图像粒场都涉及到图像粒化的粒度层次问题，本书通过数据场的最优化影响因子实现粒度的最优化选择，在一般情况下采用文献[14,33]提出的最小化势熵方法，在某些特殊情况下，由于算法比较公平性的需要，实验中也采用人工尝试优选等方法，具体细节将结合后续章节的相关算法在其实验部分展开详细的分析。

3.3.1　图像数据场

图像本身包含了丰富的可利用信息，像素在邻域范围内存在统计意义上的相互依赖规律，只有充分利用这种空间关联关系才能有效地提高图像分割的精度和准度。因此，一种科学可行的思路是将图像以区域块为单位进行粒化处理，每个图像块就对应了一个图像粒。

一种极端的做法是，对于任意给定的图像空间 P，把整个图像空间中的 $h \times w$ 个像素作为一个图像块，整个图像构成一个图像粒，显然这种粒化结果所对应的粒度过于笼统抽象，不利于后续图像分割；与此对应的另一个极端则是，把每个像素视作一个图像粒，此时粒度最小，增加了后续处理的时间复杂度，也退化为不能考虑到像素及邻域之间的空间关系。因此，如何确定邻域的大小就成为图像粒化的关键问题之一。另一方面，即使采用某种算法能够确定合适的邻域大小，本质上图像块之间也肯定不是孤立无关的，而是存在着某种必然的联系。

本书认为，在图像空间上进行简单的图像像素划分是不合理的，必须对此做出改进，研究合适的算法建立图像空间的像素覆盖。根据 2.2.1 的分析，给定影响因子 σ，拟核力场的数据场中任意数据对象的主要影响范围是以该对象为中心、影响半径为 $3\sigma/\sqrt{2}$ 的邻域，本书将这种邻域大小的确定和上述图像空间覆盖的建立两个方面的要求综合起来考虑，提出了基于图像数据场的图像粒化方案。

将图像粒中的像素作为数域空间的对象，利用数据场描述局部邻域像素之间的相互作用关系，以图像粒为基本单元，充分发挥图像像素在灰度值空间上的全局认知能力，建立图像数据场将图像灰度值空间映射到数据场的势值空间，根据图像数据场等势线之间的自然抱团特性，实现图像表示与特征分析。在图像数据场中，图像粒具有中心位置和势值等基本内涵，所有图像粒构成了图像空间上的一个完全覆盖。

这是因为，上述图像粒的定义对应于一个自反近似空间。对于任意图像像素，不管粒度如何变化，该像素与其自身必定属于同一个图像粒，该图像粒的中心位置就是该像素在图像空间中所处的位置，在这种自反关系下，每个包含中心像素的图像粒既是图像空间上的一个子集，也是其覆盖中的一个元素。所有以任意像素为邻域中心的图像粒就可以对有限的图像空间实现粒化，也就诱导了整个图像空间上的一个覆盖模型。

假设图像粒内的每个像素是具有一定质量的质点，其周围存在一个局部作用场，位于场内的任何对象都受到其他对象的联合作用，所有图像粒内的作用在图像空间上所构成的整体就形成了图像数据场，任意中心位置(x,y)的图像粒势值可以表示为：

$$\varphi(x,y) = \sum_{\substack{1 \leq p \leq h \\ 1 \leq q \leq w}} m \times \exp(-(\| (x,y),(p,q) \| / \sigma)^k) \qquad (式\ 3.1)$$

其中质量 m 与具体应用有关，所采用的势函数形态为式 2.2 的拟核力场，表示位置(p,q)的像素对于中心位置(x,y)的图像粒所产生的势值贡献。上述图像数据场涉及到影响因子、距离和距离指数以及场强质量等待定的关键要素。

（1）影响因子

影响因子的调节可以实现对图像特征观察粒度的变换，影响因子越大，图像观察距离和尺度越大，图像局部特征越少，整体特征更加突出；反之，影响因子越小，图像观察距离和尺度越小，图像整体特征越少，局部特征更加明显。由此，可以通过影响因子放缩，进一步调整图像概念的操作粒度，完成图像整体与局部特征的认知平衡，实现图像数据的降维与约简。以图 3.3 所示的测试细胞图像为例，从细节上看该图像背景中包含了大量的细小颗粒状物质，细胞内部也是如此。

如果能有效地实施观察粒度的变换，就能够高效地提取图像中的细胞目标。分别设置影响因子为 0.1、1、5、20，距离指数 $k=2$，直接采用灰度作为质量，分别根据不同的影响因子生成对应的数据场，并绘制其等势线，如图 3.4 所示。

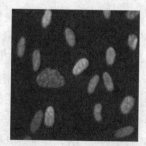

图 3.3　cells 原图像

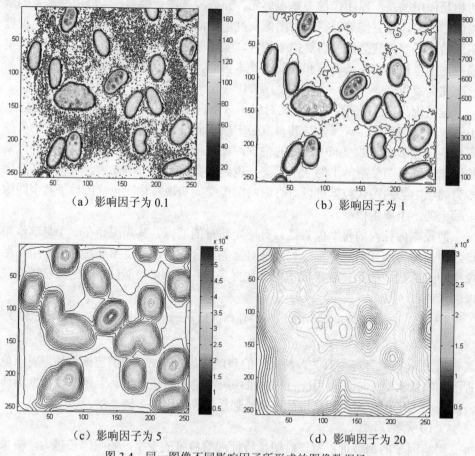

（a）影响因子为 0.1　　　　　　　（b）影响因子为 1

（c）影响因子为 5　　　　　　　（d）影响因子为 20

图 3.4　同一图像不同影响因子所形成的图像数据场

当影响因子为 0.1 时，数据场保留了更多的局部细节，特别是背景中的小颗粒，如图 3.4（a）所示，这并不利于最终的图像分割；当影响因子为 20 时，数据场更注重整体特征，能大致粗线条地观察细胞对象，如图 3.4（d）所示，但是同样也不利于图像分割；当影响因子为 1 或 5 时，图像既有整体特征，也包含了一些局部细节，如图 3.4（b）（c）所示。但是，仍可以发现一些细微的区别，当影响因子为 1 时，图像局部特征更明显，有利于提取目标，而当影响因子为 5 时，图像整体特征更突出，有利于分割背景。

（2）距离及距离指数

众所周知，距离的度量方法非常多，图像数据场建立在图像原始采样空间之上，不是一般的连续数据，其中质点的坐标本质上是一个已经栅格化的整数值。在数字图像中，常见的邻域距离度量方式有：Manhattan 距离、Euclidean 距离、Chebyshev 距离等[1,2]，这些距离分别对应着范数为 1、2 和 ∞ 的 Minkowski 距离。设任意两个位置坐标分别为 (x_1, y_1)、(x_2, y_2) 的对象，则其不同的距离度量分别为：

Manhattan 距离 $|x_1 - x_2| + |y_1 - y_2|$

Euclidean 距离 $((x_1 - x_2)^2 + (y_1 - y_2)^2)^{1/2}$

Chebyshev 距离 $\max\{|x_1 - x_2|, |y_1 - y_2|\}$

Minkowski 距离 $(|x_1 - x_2|^w + |y_1 - y_2|^w)^{1/w}$

设置影响因子为 $\sigma = 50$，通过相互作用力程的公式计算可得，实际受影响的范围为距离中心不超过 $[3\sigma / \sqrt{2}] = 106$ 的像素。以 256×256 的栅格为例，以中心为坐标原点，水平、垂直位移分别为在 -128～128 之间变化，设置质量 $m_x = 1$，距离指数 $k=2$，考察势值分布与距离类型的关系，不同距离类型的等势线分布图如图 3.5 所示。

从图 3.5 中容易看出，对于给定的作用范围，不同的距离度量准则对应的非零势值个数从少到多依次为 Manhattan 距离、Euclidean 距离、Chebyshev 距离。另一方面，零势值较多就意味着在同样的影响范围内，Manhattan 距离、Euclidean 距离会导致部分像素的影响被人为忽略，从这一点看，这两种距离选择明显不适合本书的图像分割问题。

当然，似乎有一种更简便的改进方式，即可以通过增大作用力程使得上述距离度量都获得相似的邻域非零影响像素个数。但是，这里还需要注意到另一个问题，即作用力程与生成图像数据场的时间复杂度直接强相关，增大作用力程将会导致算法时间复杂度显著增加、效率明显降低。关于时间复杂度的问题，本书在后续章节将结合具体问题再进行详细分析。换句话说，采用 Chebyshev 距离的图像数据场在尽可能少的时间内能够更全面有效地考虑更多邻域像素的影响。为此，如不特殊说明，本书的图像数据场均选用 Chebyshev 距离。

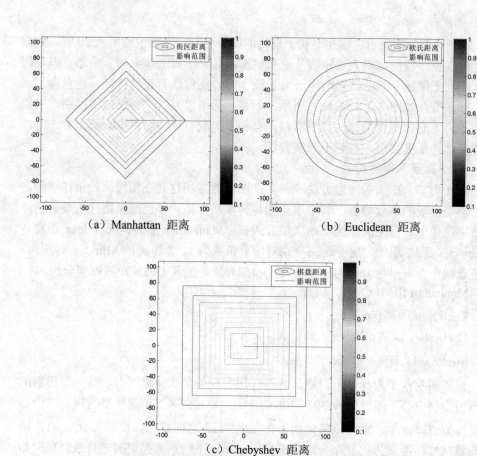

（a）Manhattan 距离　　　　　　　（b）Euclidean 距离

（c）Chebyshev 距离

图 3.5　不同距离类型的等势线分布

为了比较不同的距离指数对于数据场势值分布的影响，在势函数中分别设置质量 $m_x=1$，影响因子 $\sigma=1$，距离指数 $k=1$、2、3、5、10，绘制了不同距离指数时拟核力场的势值分布曲线，如图 3.6 所示。k 值越小，势值衰减越慢，更趋近于长程场；反之，k 值越大，势值衰减越快，更趋近于短程场。在上文关于势函数形态的分析中也曾指出，短程场更有利于图像特征分析，这似乎表明此时距离指数的选择也需要一个较大的 k 值，但是事实也并非如此。k 值太大就会导致在 σ 范围内所有对象与中心的相互作用都近似相等，如图 3.6 所示，当 $k=10$ 时，在距离不超过 1 的情况下，大部分对象的势值都近似等于 1。从数学函数上分析，在极端情况下，即当 $k\to\infty$ 时，拟核力场的势函数将近似等价于拟方阱势的势函数。显然，这样的情形下无法有效地体现某个特定邻域像素与中心像素在灰度值上表现出的特征关联关系，必然不利于后续特征分析与图像分割。因此，稍大的 k 值是比较理想的选择，如 $k=2$ 或 3。

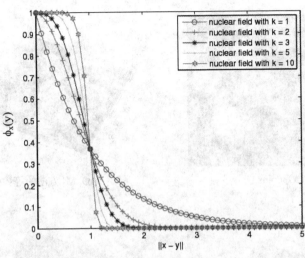

图 3.6　不同距离指数的势值分布

（3）质量

数据场的场强强度，即质量，也极大地影响其势值分布；另一方面，不同质量计算公式对应了能适应不同应用需求的数据场。在理论物理学中，质量包括惯性质量、主动质量、被动质量等，本书数据场中所指的质量指数据对象施加给被作用对象的主动质量。根据质量定义的不同，本书将所采用的图像数据场分成相对场、绝对场等基本类型。

在图像相关领域，目前可用的数据场质量定义包括：①将图像像素的灰度值作为数据对象的主动质量，直接作为场源强度代入势函数进行计算，简称 M_1 方法；②将图像像素的灰度值作为数据对象的主动质量，归一化到[0,1]区间后再作为场源强度代入势函数进行计算，简称 M_2 方法；③将图像像素的灰度值作为数据对象的主动质量，归一化到[0,1]区间后，通过非线性变换，用 1 减去各个位置上像素的归一化后的结果并保存在相应的位置上，再作为场源强度代入势函数进行计算，简称 M_3 方法；④将图像像素与邻域像素的灰度差值作为数据对象的质量，用最大灰度值减去该差值再作为场源强度代入势函数进行计算，简称 M_4 方法；⑤将图像像素与邻域像素的灰度差值作为数据对象的质量，直接作为场源强度代入势函数进行计算，简称 M_5 方法。

上述质量计算方法各具特色，可以实现不同类型的图像特征分析，从不同的认知侧面，发现图像中所蕴含的空间关联知识。以图 3.7（a）所示的测试硬币图像为例，设置影响因子 σ =1，距离指数 k =2，分别根据上述五种不同的质量计算方法生成了相应的数据场，并绘制等势线及等势面，结果如图 3.7 所示。

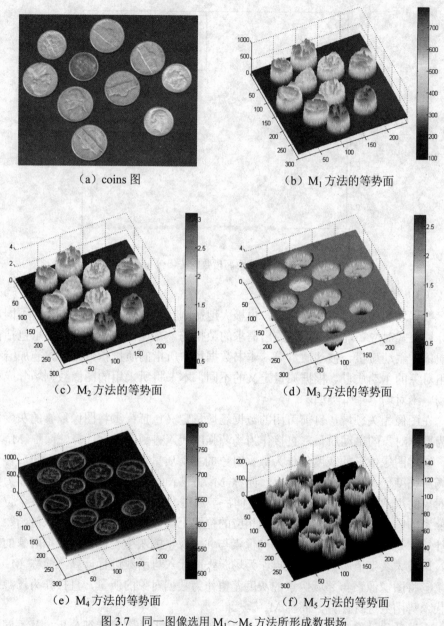

（a）coins 图　　　　　　　　　　（b）M$_1$ 方法的等势面

（c）M$_2$ 方法的等势面　　　　　　　（d）M$_3$ 方法的等势面

（e）M$_4$ 方法的等势面　　　　　　　（f）M$_5$ 方法的等势面

图 3.7　同一图像选用 M$_1$～M$_5$ 方法所形成数据场

对比图 3.7（b）（c）可以发现，M$_1$ 方法和 M$_2$ 方法都能够反映图像局部灰度特征在空间上的关联关系，在等势面的势值分布上没有本质的区别，肉眼基本无法区分。即使如此，仍然需要留意，对于图像分割而言，M$_1$ 方法相比 M$_2$ 方法有改进之处，这是因为采用归一化的方法使得势值整体水平偏低、势值论域分布比较集中，选择合适的阈值是比较困难的，但是，M_1 方法抛弃了归一化，从而使得势值整体水平偏高、势值论域范围加大，量级变大，阈值选择显然相对容易。

其次，对比图 3.7（c）（d）发现，M_3 方法和 M_2 方法本质上区别也不太大，只是势值相对变换了观察的角度。M_3 方法高势值的位置在 M_2 方法中表现为低势值，反之，M_3 方法低势值的位置在 M_2 方法中则表现成为高势值。如果图 3.7（c）是从上往下看到的结果，那么图 3.7（d）则相当于从下往上看到的结果。图 3.7（b）（c）（d）三者都是依据灰度值的大小确定势值分布。M_1、M_2 和 M_3 方法对于质量的选择，所得到的图像数据场及其势值分布本质上基本相似，其作用均在于发现像素灰度特征上的全局关联关系，根据灰度值的大小可以发现像素之间的自然抱团，实现像素的自然聚类，最终得到图像分割结果。但是，M_1、M_2 和 M_3 方法所形成的图像数据场自然抱团必定首先严格依赖于像素的灰度值，例如，M_1、M_2 方法形成的数据场自然抱团所形成的局部极大值一定是高灰度值像素集中的位置，这就导致在像素聚类时无法有效利用 0 灰度值像素所带来的影响。反之，M_3 方法形成的数据场自然抱团所形成的局部极大值一定是低灰度值像素集中的位置，同样无法充分利用 255 灰度值像素所带来的影响。

为了更合理有效地发现像素聚类结果，可以采用 M_4 方法定义质量，图 3.7（e）列出了选用 M_4 方法所生成的数据场势值分布图。当图像中区域像素灰度值相近时，区域内的像素形成自然抱团，形成高势值区；当图像中区域像素灰度值显著不同时，区域内像素形成排斥，构成低势值区，极端情况下，甚至势值为 0。因此，采用 M_4 方法可以易于发现图像中的灰度相似区域，根据势值实现像素划分，最终得到图像分割结果。

灰度图像分割的目的是发现基于灰度值的区域内部相似性和区域之间的不连续性，采用 M_1、M_2 和 M_3 方法从单个像素本身的灰度值出发建模数据场，M_4 方法从区域像素灰度值相似性出发，M_5 方法则从区域像素灰度值的灰度相异性出发。图 3.7（f）列出了选用 M_5 方法所生成的数据场势值分布图。当图像中区域像素灰度值相近时，像素之间形成吸引力，总体上势值偏低，极端情况下趋近于 0；当某区域的像素灰度值显著不同时，像素之间形成排斥，总体势值就偏高。通过图像数据场能够发现图像的不连续性，设定合适的阈值就能够获取目标的边缘，反之，也可得到图像同质区域实现图像区域分割。

3.3.2　图像特征场

图像数据场仍然仅单纯地依赖于图像灰度值，图像数据场中对象之间的相互作用力程也仅仅局限于图像粒的内部。更进一步，充分利用图像自身的特点，考虑图像粒之间的相互作用，在图像特征空间上建立数据场，实现图像特征的表达与分析。

（1）图像二维特征场

与图像数据场类似，图像粒仍然是图像中的一个区域块。设任意图像粒的中心位置为(p_i,p_j)，其图像粒对应外延像素的灰度均值为$a(p_i,p_j)$，统计图像粒对应的二元有序对$<p,a>$出现的频率$f(p,a)$，生成图像的二维直方图。二维直方图反映了图像粒的中心像素灰度值与其邻域灰度均值的关联关系[114]。实现图像分割的关键在于如何根据二维直方图从候选阈值中快速选取最优值。将序偶$<p,a>$视作笛卡尔积$[0,L-1]\times[0,L-1]$上的数据对象，如图3.8所示，以L=256为例，网格上的序偶都是候选阈值，CV(4,5)代表中心像素灰度值为4、邻域像素灰度均值为5的候选阈值。

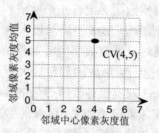

图3.8　候选阈值示意图

于是，综合考虑所有数据对象$X_i \in [0,L-1]\times[0,L-1]$产生的联合作用，叠加所形成的整个数据场，称之为图像二维特征场，其中任意一个候选阈值Y处的势值为：

$$\varphi(Y) = \sum_{X_i \in L \times L} m_{X_i} \times \exp(-(\| Y - X_i \| / \sigma)^2) \qquad （式3.2）$$

给定任意数据对象X及与其产生相互作用的候选阈值Y，当两者的位置保持不变时，X的质量m_X越大，Y的势值φ越大，也就是说，候选阈值Y的势值更大比例的贡献来自于具有较大质量的对象（即高频率的序偶$<p,a>$）；反过来，当质量m_X不变时，距离$\|X-Y\|$越小，Y的势值φ就越大，即势场在Y处的联合作用力更多的来自于其邻域。特别的，当在X处取得二维直方图的峰值时，X在候选阈值$Y(\|X-Y\|=0)$处的辐射作用极大，类似的，在$Y'(\| X - Y' \| \to 0)$处的辐射作用也较大，因此，上述图像二维特征场将更能够凸显二维直方图的峰值，且在其邻域呈现出自然抱团特性。

仍然以图3.7所示图像为例，如图3.9（a）（b）所示为该图像的二维直方图及其局部放大，在笛卡尔积上构建图像二维特征场，并生成如图3.9（c）所示的

三维数据场势值分布图，如图 3.9（d）所示为其势值分布的局部放大。建立图像
二维特征场的意义在于，构造图像的灰度空间到数据场的势空间的一种映射关系，
考虑二维直方图元素之间的相互作用和影响，通过形成的势场反映候选阈值之间
的相互作用力和空间分布，将每个等势面所包含的阈值视作一个自然类簇，使得
候选阈值形成一种自然聚类，利用这种自组织性质快速获取图像分割所需要的最
优阈值。

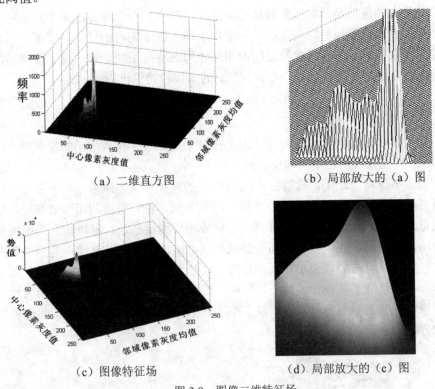

（a）二维直方图　　　　　　　　　　（b）局部放大的（a）图

（c）图像特征场　　　　　　　　　　（d）局部放大的（c）图

图 3.9　图像二维特征场

（2）图像多维特征场

更进一步，可以将上述图像数据场和图像二维特征场加以改进以便向更高维
特征扩展。对于任意给定的图像 I_{hw}（$h=1, 2, ..., H$；$w=1, 2, ..., W$），假设
I_{hw}^d（$d=1, 2, ..., N_d$）是像素的特征矩阵，其中 N_d 是特征维数目，这些特征可以
是邻域中心像素的灰度值、邻域纹理特征、邻域灰度均值、邻域灰度中值、邻域
形状特征等。所有这些特征矩阵 I_{hw}^d（$d=1, 2, ..., N_d$）就构成了对图像特征的高维
描述。在二维像素空间上，矩阵仍然是一个与图像大小相同的尺度，但是，与前
述图像数据场相比，增加了一个特征维度，或者说其特征维数不再为 1，而是 N_d。

于是，在前述图像数据场的基础上，可以扩展特征维得到高维特征场。仍然将每个像素所在位置视作一个数据对象，但是此时每个数据对象不仅具有某个单一的特征值，而是由三个及以上的特征值所构成。从这一点来看，图像多维特征场是图像二维特征场的一种自然扩展，区别在于所引入的图像特征维数的多少，显然，两者具有非常密切的关系，尽管如此，两者在于后续的层次结构实现上存在一定的区别。

假设每个图像粒是具有一定质量的质点，这些质量与图像粒的多个局部特征直接强相关，每个图像粒的周围存在一个作用场，位于场内的任何对象都受到其他对象的联合作用，所有图像粒之间的相互作用在特征空间上就形成了数据场，称之为图像多维特征场，任意中心位置(x,y)的图像粒势值可以表示为：

$$\varphi(x,y) = \sum_{\substack{1 \le p \le h \\ 1 \le q \le w}} m \times \exp(-(\|(x,y),(p,q)\|/\sigma)^k) \qquad （式3.3）$$

其中所采用的势函数数学形态为式 2.2 的拟核力场，表示位置(p,q)的像素对于中心位置(x,y)的图像粒所产生的势值贡献。

在图像多维特征场中，质量 m 与具体特征的选择有关，通常是一个多维向量（三维甚至三维以上）。仍然以图 3.7 所示图像为例，首先直接利用邻域灰度均值作为质量，视作数据场的当前场源强度，生成单一的数据场，可以称之为邻域灰度均值场，类似的，还可以分别利用邻域灰度中值、方差、LBP 纹理等生成数据场，这些场都具有与图像大小相同的尺度，将这些特征场联合起来，于是，每个数据质点在特征维上就包含了四个特征值，如图 3.10 所示，这些特征值极大地丰富了图像特征的表示与分析，可以从多个不同的侧面描述图像特征，显然能够提高图像分割的质量。

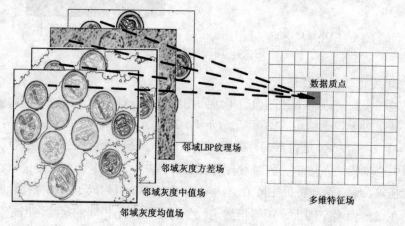

图 3.10　多维特征场

引入的特征维数越多，对应的图像分割算法耗费的时间就越长，因此，研究图像多维特征场的层次结构及其演化机理、提出科学可行的图像多维特征场的层次结构分析方法是其关键技术。除此以外，图像特征场在构建时也涉及到影响因子、距离及距离指数等关键因素，这些关键因素的选择均可以完全沿用与图像数据场类似的方法，也可参考本书第 4、5 章具体图像分割方法中关于这些因素的分析和处理，此处不再赘述。

3.4　利用可变粒度层次结构的图像粒化计算

基于粒化的计算是以粒子为基础的问题求解过程，对于图像分割问题，基于粒化的计算本质上是指在图像粒化的基础上如何完成图像像素的标记。本书在 3.3 节已经提出了利用数据场的粒化方法，通过图像粒场实现图像粒的生成和表示。与之相应，图像粒场也可以通过基于数据场的层次结构和层次演化实现图像粒化的计算。

3.4.1　图像数据场的层次结构

一旦通过粒化方法生成图像粒以后，图像就从像素灰度值空间映射到了图像粒的势值空间，图像数据场就形成了图像在新空间上的特征描述。显然图像数据场的建模空间是一个二维空间，因此，可以通过等势线或面在新空间上描述图像粒的势值分布规律。等势线的分布图可以参考图 2.12（b）等，此处不再赘述。根据等势线的势值关系，可以构建对应图像空间上的类谱系图。

为简化问题，仍然以图 2.12（b）所示的图像数据场为例，按照数据场研究的惯例可以生成如图 2.12（c）所示的类谱系图。为便于对比，图 2.12（c）可以容易地翻转并修改为图 3.11（a）所示，在这个类谱系图的支持下，根据如图 3.11（a）所示的势值阈值 $t_1 \sim t_7$ 可以构成原始图像空间上的一个层次覆盖模型，如图 3.11（b）所示。显然，势值阈值的选择不同，所生成的图像空间覆盖也不同，最终的图像分割结果也不相同。

从这个意义上说，类谱系图仅仅是一个中间过渡性结果，并不能直接生成图像分割结果，还依赖于所选择的势值阈值。为此，需要在类谱系图的基础上合理地确定势值阈值（即如图 3.11（a）所示的 $t_1 \sim t_7$）才能诱导出图像粒的划分，并最终生成图像像素的覆盖，实现图像分割，本书认为，势值阈值的选择可以采用以下方法。

（1）直方图方法

直方图是描述样本数据分布情况的一类最常见分析工具，在灰度图像处理领域被广泛使用的是灰度直方图。当图像通过粒化生成图像数据场以后，图像粒的势值就是新空间上的重要数据，同样也可建立等势关系采用直方图直观地进行势值分布规律分析。

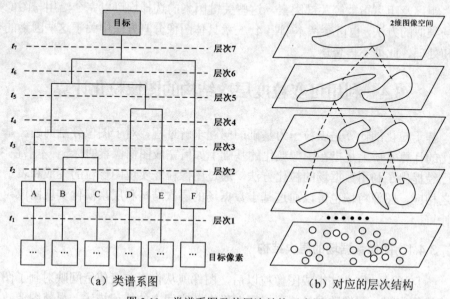

图 3.11　类谱系图及其层次结构示意图

根据图像数据场的质量不同，其势值直方图的类型也有所区别，如在式 3.1 中以 M_1、M_2、M_3 等方法为质量生成图像数据场，则其势值直方图的形状近似于原始图像的灰度直方图，一般表现为双峰；以 M_4 和 M_5 方法为质量，则生成的图像数据场势值直方图呈现尖峰长尾的趋势。对于不同的图像数据场势值直方图需要采用合适的分析方法求得势值阈值。上述采用直方图方法直接获得的势值阈值都是硬阈值，此外，还可利用逆向云方法获得软阈值，在下文 3.5.1 节将结合图像不确定性粒化计算给出更详细的讨论。

（2）自适应方法

上述直方图方法的硬阈值、逆向云方法的软阈值，虽然方式有所不同，但是本质上都属于单阈值，根据图像粒的势值实现图像粒的聚类，对于图像粒的操作在同一个粒度下展开，最终获得图像像素二值标记，仅适合于图像二值化问题（包括图像阈值分割和图像边缘检测等应用）。

如果将聚类和分类统一在粒计算的框架下，在图像粒聚类的基础上，更进一步将图像分割看成是一个多值标记问题，在不同的粒度下实施图像粒的操作，根据势值及其在空间上的关联性建立同质关系，以自适应多阈值的方法确定势值阈

值，就可以实现图像粒的分类，最终获得图像像素的多值标记，每个标号类实际
上就对应于图像中的一个同质区域块，于是从图像中提取了包含语义信息的分割
结果。

本书第 4 章将针对不同的应用需求分别采用上述处理方法，但是，理论上说，
图像数据场的势值阈值选择仍然是一个开放式的问题，还可以选择很多其他相关
的方法。例如，从图像粒聚类的角度，势值阈值的选择方法可以借鉴 K-均值聚类
方法、云变换方法[115]、模糊聚类方法[116]、二型模糊聚类[106]等；从图像粒分类的
角度，可选的方法有 AdaBoost 方法、基于云模型的 CBC 方法[117]等。

3.4.2　图像特征场的层次演化

与图像数据场相似，低维图像特征场也可以生成等势线或面，也能够利用其
类谱系图根据等势关系获得势值阈值，实现图像粒的聚类或分类。但是，与图像
数据场直接建立在图像采样空间不同，图像特征场建立在图像特征空间之上，其
图像粒的内涵通常是一个多维矢量，一般从多个不同的视角更全面地反映图像特
征，因此，图像特征场通常涉及多维、甚至高维数据，无法简单地利用类谱系图
提供的层次结构展开数据分布规律分析。即使如此，本书仍然充分发挥数据场的
优势，提出了可行有效的解决方案。

图像特征场的层次结构示意图如图 3.12 所示，在每一个特征维上，建立图像
粒之间的相互作用关系，在场力的联合作用下，随着迭代次数的增加，图像粒不
断层次演化，图像粒的内涵和外延发生改变，最终将达到平衡，形成相对静止的
状态，此时就可以完成多维图像特征空间划分或覆盖，实现多维图像分割。

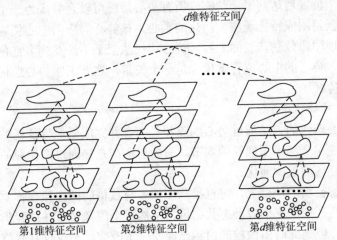

图 3.12　多视角的层次结构示意图

对于其中任意一维，图像粒在迭代演化过程中的状态都可根据势值关系在图像空间上形成层次结构，不同特征维从不同侧面构成图像的局部描述，总体来看，d 维（一般 $d \geqslant 2$）特征空间上图像粒的层次演化就形成了多视角的粒结构，d 维特征空间从多个不同的视角构成图像的整体描述。上一节中已说明，单视角层次结构也能够实现图像描述和理解，完成图像分割任务，但在某些情况下，特别是对于复杂噪声、纹理等图像，单视角就存在显著的局限性，需要从多视角全面地考察图像，才能完成有效的图像分割。

显然，对于图 3.12 而言，图像粒的演化机制不同，所生成的特征空间覆盖也不同，对应的图像分割结果显然也不相同。从这个角度说，要获得图像分割的结果，就需要合理地确定图像粒的演化机制，诱导出对应的图像粒划分，最终生成图像像素的覆盖。本书认为，图像粒的演化可以采用如下方法。

（1）势心迭代法

势心是指数据场等势线（面）的中心，其势值是数据场的局部极大值，势心所在位置是当前局部数据簇的重心，可看成局部数据簇的代表。因此，在建立图像特征场的演化机制时，一种简化方法是采用"擒贼先擒王"的策略，不拘泥于各个图像粒在特征空间上的演化，而是直接以当前特征场的势心为主要依据实施图像特征场的层次迭代。

势心迭代的方法分为两个关键步骤——势心削除和势心合并。前一个步骤找势心，从特征场中逐步迭代寻找局部极大值并削除势心。此时所有的势心就构成了描述整体数据的约简特征空间。后一个步骤是合并势心，不考虑任何外力，由于数据力场的存在，使得原势心产生相互作用力，各个势心朝着高势值的方向同步聚集到某个位置后达到平衡状态，所有势心最终可以合并成为一个新势心。显然，新势心就是图像特征场层次演化的重心，该势心对应的中心位置就可以作为最优阈值实现图像分割。表面上看，势心迭代法似乎不涉及到多视角，但是，只需要注意到，势心的中心位置本质上是一个矢量，这就表明势心迭代法完全有能力支持多维特征场。

（2）力场迭代法

上述势心迭代的方法通过势心削除和势心合并完成图像特征场的层次演化，但是仍然不能完全考虑图像粒的细节。与此对应，直接通过图像粒的迭代也能够实现图像特征场的层次演化。

在图像特征场的基础上，将直接从图像本身获得的图像粒视作质点的初始状态，在图像特征空间上形成动态数据场，虽然每个图像粒所在位置仍然被视作一个数据对象，但是此时图像粒的内涵已经发生了改变，不仅仅具有位置、质量、势值等基本属性，而且这些属性还是动态变化的，此外，还具有速度、加速度等新增的附加属性。加入时间维以后，随着时间的变化，数据场将演化成动态数据力场。根据数据场力是数据场势的梯度，在场力的作用下，数据质点的相关属性也随之发生变化，直至达到平衡，数据质点相对静止，此时，在图像特征空间上数据质点的自适应抱团就可以作为图像分割的依据，最终获得图像分割结果。

本书第 5 章将针对不同的应用需求采用上述处理机制，但是，理论上说，图像特征场的层次演化机制也是一个开放式的问题，还可以选择很多其他相关的方法。例如，势心合并规则、动态数据场分析技术、时变场的不确定性处理等都是值得研究的问题。此外，本质上说，图像特征场的层次演化遵循了与经典进化算法类似的迭代机制，因此，还可以借鉴成熟的进化算法设计图像特征场的演化策略，包括粒子群优化算法（PSO）、蚁群优化算法（ACO）、云进化[19]等。

3.4.3   图像粒的层次转换

图像粒是面向图像分割的粒子，即基本单元，从粒计算的角度看，图像分割本质上包含了如何根据图像生成图像粒以及如何利用图像粒进行图像类标号两个阶段，涉及图像粒的分解与图像粒的合成两个具体操作，其中图像粒场扮演着至关重要的作用。在上述利用数据场的图像粒化和利用层次结构的图像粒化计算的基础上，本书提出了如下图像粒的分解和合成策略。

（1）图像粒的分解

从待分割的原始图像到图像粒的过程对应着图像粒的分解，是从整体到局部的分解过程。从粒层的角度看，细粒度层比粗粒度层包含了更多的图像细节，从粗粒度到细粒度的细化过程，可以看成是粒层的 Zooming-in 运算。在图像自反近似空间的基础上，本书提出了图像粒的分解策略。

根据 3.2.1 节"认知物理学支持下的图像分割粒计算模型"可知，任意给定的图像粒都是一个三元组 $<E_{IG}, I_{IG}, F_{IG}>$，涉及内涵 I_{IG}、外延 E_{IG} 及其对应关系 F_{IG}。理论上说，图像粒的分解既可以是内涵分解，也可以是外延分解。但是，本书所指的图像粒分解主要在图像粒化阶段，是图像粒所对应的像素为基本单元的一种分解方式，侧重于构造图像粒外延的子集合，因此，从根本上说，图像粒的分解意味着图像粒的外延分解。当然，根据 $F_{IG} : E_{IG} \rightarrow I_{IG}$ 可知，图像粒的内涵也随之改变，其示意图如图 3.13 所示。

对于处于较粗粒层上的图像粒，建立其外延所对应的任意一个覆盖，都可以诱导出一种二元关系，该关系至少具有自反性，从而对应了图像粒的一种分解。如图 3.13（a）所示，图像粒 IG 被分解为 IG_1、IG_2、IG_3、IG_4 等四个子图像粒，这些子图像粒显然处于更细粒层上，描述了更精确的图像局部信息，本书将这种分解策略称为覆盖诱导的图像粒分解。在利用图像数据场进行图像粒化时，本书主要采用了这种分解策略，既能够实现图像粒的分解，也能够同时考虑图像粒内部像素在图像空间上的相互作用。

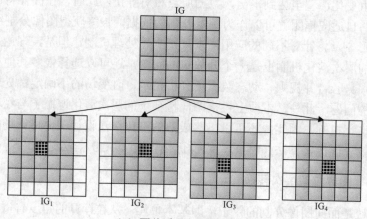

（a）覆盖诱导的图像粒分解

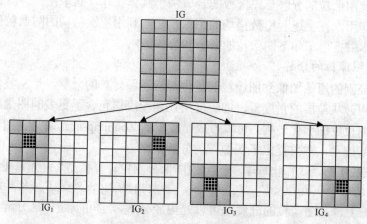

（b）划分诱导的图像粒分解

图 3.13　图像粒的分解示意图

　　在特殊情况下，假设每个子图像粒的外延互不相交，即图像粒的外延覆盖所对应的子集合互不相交，如图 3.13（b）所示，覆盖就强化成一个划分，此时，也可以诱导出一种二元关系，该关系至少具有自反性和对称性，从而也对应了图像粒的一种分解，本书将这种分解策略称为划分诱导的图像粒分解。在利用图像特征场进行图像粒化时，本书主要采用了划分诱导的图像粒分解策略，在实现图像粒分解的同时，也能够考虑图像粒之间在图像特征空间上的相互作用。

（2）图像粒的合成

从图像粒到待分割图像类标号的过程对应着图像粒的合成，是从局部到整体的合成过程。从粒层的角度看，粗粒度层的图像粒可以用细粒度层解释，从细粒度到粗粒度的粗化过程，可以看成是粒层的 Zooming-out 运算。在图像自反近似空间的基础上，本书提出图像粒的合成策略。

与图像粒的分解相似，图像粒的合成在理论上也应该包含内涵合成和外延合成两种类型。但是，由于本书所指的图像粒的合成主要在图像标号阶段，侧重于根据势值关系合并或者演化图像粒的中心位置、势心等，因此，从根本上说，图像粒的合成意味着图像粒的内涵合成，同样，根据 $F^{-1}: I_{IG} \to E_{IG}$ 可知，图像粒的外延也随之合成，图像粒的合成示意图实际上是图 3.13 所示图像粒的分解示意图的翻转，箭头方向朝上即可。

从图像粒场的角度，可以通过图像数据场和图像特征场实现图像粒的合成，标号的产生由图像粒场所确定，对应了上述图像粒场的层次结构。对于图像数据场而言，根据等势线的势值关系，构建对应图像空间上的类谱系图，更进一步获得势值阈值；对于图像特征场而言，在场力的联合作用下，随着迭代次数的增加，图像粒不断层次演化，更进一步获得特征阈值。不论如何，上述二者都能够产生一定的层次结构，并且最终都实现图像标号，区别仅在于所对应的层次结构是单视角还是多视角。

3.5 利用云模型的图像不确定性粒化计算

与人脑在推理及形成概念粒的特点相似，模拟人类视觉的图像粒化和基于粒化的计算本质上也都具有不确定性；另外，服务于低层计算机视觉的图像及其分割也体现了不确定性，并不断向高层视觉处理阶段传播。因此，在面向图像分割的粒计算模型中，有效地引入不确定性理论和方法表达、分析、降低、甚至消除上述不确定性就显得尤为重要。在认知物理学的支持下，利用云模型可以有效地支撑图像不确定性粒化计算。

3.5.1 图像数据场的不确定性分析

本书在 3.4.1 节把图像分割视作二值标记，直方图方法在最顶层用如图 3.11（a）所示的阈值 t_7 将图像目标和背景根据势值关系划分为两类，但是，除非引入不确定性的理论与方法，否则直方图方法对于不确定性就显得无能为力。认知物理学包含了云模型、数据场及可变粒度层次结构，因此，一种很自然的思路是在同一个理论体系的支持下引入云模型进行图像数据场的不确定性分析，实现图像不确定性粒化计算。

逆向云发生器是云模型的一个重要组成部分，通过样本数据估计事物的整体特征，模拟实现了从具体到抽象、部分到整体的思维过程，因此，逆向云方法也是用云模型解决实际问题时经常应用的一种具体形式。

对于图像数据场而言，其中图像粒所对应的势值也是一类定量数据，待分割图像的势值阈值将图像根据中心位置对应图像粒的势值关系划分为两类，分别是目标类和背景类，本质过程就是由定量的势值数据形成关于图像的定性概念描述，即图像目标和背景两类像素抽象所形成的对应基本概念，该过程无疑是一个定量到定性的不确定性转换，非常适合利用云模型实现其知识表示与不确定性处理。因此，图像数据场可以通过逆向云的方法实现不确定性表达与分析。

一种切实可行的具体技术流程如图 3.14 所示，这里所采用的正向、逆向云模型都是一维。根据该流程，图像数据场不确定性分析的第一步就是将图像数据场的势值转换为一维向量，然后以此作为逆向云发生器的输入，可以获得势值在数量分布上的云模型表达，表现为以期望 Ex、熵 En、超熵 He 为数字特征的定性概念。通过逆向云发生器实现图像数据场的定量势值到定性特征的不确定性转换。

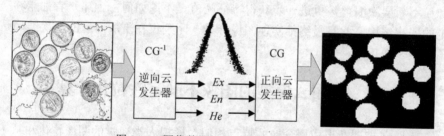

图 3.14   图像数据场的逆向云方法示意图

更进一步，也可以利用正向云发生器反过来虚拟生成定量的势值，可视化地模拟分析当前图像数据场的势值分布特征。当然，还能够利用云模型的确定度实现图像像素的不确定性判别，为图 3.11 中提供图像像素划分的势值软阈值。从这个角度上说，利用云模型的图像数据场不确定性粒化计算同时也实现了图像的不确定性表达与分析。

3.5.2   图像特征场的不确定性演化

图像特征场的层次演化是数据质点的自适应进化过程，其中涉及到如何控制质点多样性的问题。任意时刻的局部最优势值阈值受到两个主要因素的影响，即上一时刻的局部最优势值阈值和当前质点的平均势值。显然，当前局部最优势值阈值是赋予质点进化过程的一个主要的自适应压力，从而起到改变进化搜索方向的作用。

在局部最优势值阈值的上述两个因素中，如果上一时刻的局部最优势值阈值被设置较大比例，那么算法长时间在上一时刻的局部最优势值阈值附近深度探索，容易陷入局部解，且增加算法的时间复杂度，反过来，设置较小比例，则导致广度搜索，可以保证质点的多样性，但是容易造成盲目性。为了图像特征场的演化尽快达到收敛，通常期望这个自适应压力尽可能地小一些，同时适当控制质点的多样性，于是这就构成了进化算法中的一对典型矛盾[118]，即如何在搜索未知的解空间（广度探索 Exploration）和利用已知积累信息（深度开采 Exploitation）之间寻找平衡。

理论上一般认为，在质点迭代的初始阶段，可以通过加大广度搜索的力度，使得大范围的质点覆盖整个图像特征空间，随后，由于迭代的深入，可以逐渐降低广度搜索，同时增加深度开采力度，算法的迭代逐步趋于求精。当然，还可以采用其他方式将质点的演化过程划分得更加细致。然而，不管将质点的演化过程分成哪几个阶段、怎样描述，这一复杂过程都必定蕴含了丰富、多样的不确定性，任何一个简单明晰的数学函数或模型都必定无法轻易刻画该过程。

本书认为，以自然语言为切入点，遗传参数的自适应调整通过用自然语言描述的规则实现不确定性控制，显然，这种模拟人脑的处理模式具有一定的先进意义。云模型研究定性定量的不确定性转换，并形成云规则推理。在质点自适应迭代的过程中，通过云控制器自适应地调整参数。

3.6 本章小结

本章主要分析了图像分割与粒计算之间的关系，简要阐明了图像分割中所蕴涵的粒度原理，同时，针对图像分割的具体问题，提出了面向图像分割的认知物理学粒计算框架，比较了所提出的模型与传统粒计算模型的关系，详细阐述了基于认知物理学的方法，包括利用数据场的粒化、利用层次结构的粒化计算、利用云模型的不确定性粒化计算等方面。最后，在该框架下从理论层面上分析了面向不同应用需求的若干可行实施方案。

第 4 章　图像分割的多层次粒计算方法

多层次粒结构是粒计算的基本概念，是粒子构成的一种基本形态，基于多层次粒结构的粒计算也是最常见的一种粒计算模式。在图像数据场粒化的基础上，根据图像粒的势值关系，不同层次的图像粒通过粒度有序地组织并形成多层次粒结构。以多层次粒结构为分析对象，研究了图像分割的多层次粒计算方法。针对图像分割中的过渡区提取、边缘检测、区域分割等具体问题，从图像分割方法的现状出发，分析这些应用问题与图像数据场的本质关系，讨论利用图像数据场粒化的可行性与有效性，在认知物理学的支持下，提出面向具体分割应用的多层次粒计算解决方案。

4.1　图像过渡区提取与分割方法

4.1.1　图像过渡区概述

基于过渡区提取的图像阈值化方法受到了研究者的广泛关注[66,119-127]，该方法介于边缘提取与区域分割之间。过渡区是指图像中介于目标和背景之间的一个特殊区域，既有边缘的特点、能将不同的区域前景和背景分开，又有区域的特点、自身有宽度并且面积不为零[120-123]。章毓晋等人提出了基于过渡区的图像阈值化方法[126]，其基本思想是首先按照某种准则提取属于图像过渡区的像素，然后使用过渡区像素的灰度均值或者其直方图峰值位置所对应的灰度值作为最优分割阈值。刘锁兰等人对这类方法进行了综述，指出过渡区提取的好坏会直接影响到分割阈值的准确性以及最终分割结果的优劣[127]。

现有的图像过渡区提取与分割方法可以大致分为两类：一类是最经典的梯度法，如有效平均梯度[66]，目前已经成为一个历史标准；另一类是非梯度法，如局部熵（简称 LE）[120,123]、灰度差异[124]等。其中，基于灰度差异的方法是最近由 Li 提出的一种新的图像过渡区提取与分割方法（简称 GLD）[124]，该方法不仅考虑了图像过渡区的灰度变化，而且顾及这种变化的扩展所带来的影响，在一般情况下都具有较好的性能。文献[124]针对传统过渡区提取方法没有考虑局部邻域的灰度变化幅度问题，分析了灰度差异刻画过渡区的优势，并与有效平均梯度法、局部熵等方法相比较，通过实验验证了 GLD 方法的良好性能。但是，在某些情况下，GLD 方法会产生有疑问、甚至是无效的分割结果。

4.1.2　融合局部特征的图像过渡区提取方法

本书首先提出了一种自动融合局部特征的图像过渡区提取与阈值化方法。图像灰度特征的局部复杂度（Local Complexity，记 LC）指通过统计图像灰度级别数目反映局部邻域窗口内的灰度层次信息。*LC* 刻画了图像局部灰度特征的变化频率，是局部熵的一种替代形式。图像局部复杂度 *LC* 的具体计算步骤如下。

1）以像素(x,y)为中心，计算大小为 $k×k$ 的图像邻域模板中包含的灰度级数：

$$LC(x, y) = \sum_{l=0}^{L-1} s(l) \qquad （式 4.1）$$

$$s(l) = \begin{cases} 1 & \exists g(i,j) = l \\ 0 & \text{otherwise} \end{cases} \qquad （式 4.2）$$

其中 k 是模板尺寸，$g(i,j)$是位于(i,j)处的像素灰度值，$i \in [x-k, x+k]$，$j \in [y-k, y+k]$。

2）计算所有像素为中心的局部复杂度 $LC(x,y)$，构成图像的局部复杂度矩阵 *LC*：

$$\begin{bmatrix} LC(1,1) & LC(1,2) & ... & LC(1,w) \\ LC(2,1) & LC(2,2) & ... & LC(2,w) \\ ... & ... & ... & ... \\ LC(h,1) & LC(h,2) & ... & LC(h,w) \end{bmatrix} \qquad （式 4.3）$$

3）统计局部复杂度矩阵 *LC* 中的最大值和最小值：

$$LC_{min} = \min_{\substack{x \in [1,h] \\ y \in [1,w]}} LC(x,y) \qquad LC_{max} = \max_{\substack{x \in [1,h] \\ y \in [1,w]}} LC(x,y) \qquad （式 4.4）$$

4）将 *LC* 矩阵中的所有局部复杂度特征 $LC(x,y)$归一化到区间$[0, L-1]$：

$$LC(x, y) = (L-1) \frac{LC(x, y) - LC_{min}}{LC_{max} - LC_{min}} \qquad （式 4.5）$$

对于任意中心像素(x,y)，其图像邻域中包含的灰度级数越多，式 4.5 确定的局部复杂度 $LC(x,y)$越高，最大可为 $L-1$，表明该邻域由完全混乱的灰度值所构成，异质性极强，可能是潜在的过渡区，反之，最小为 0，表明该邻域由完全相同的灰度值构成，同质性最佳。以图 4.1（a）所示 potatoes 图像为例，所提取的局部复杂度特征如图 4.1（b）所示，其中接近目标的边缘附近为白色，即灰度较大，反映了原图像在该区域的局部复杂度较大，对比图 4.1（a）和（b）可发现，这与图像的客观实际基本一致。

图像灰度特征的局部差异度（Local Difference，记 LD）是指通过统计中心像素与邻域像素之间的灰度值相对差反映图像局部邻域窗口内的灰度关联信息。**LD** 刻画了图像局部灰度特征的变化幅度。图像局部差异度 **LD** 的具体计算步骤如下。

1）以像素(x,y)为中心，计算与图像邻域中 $k \times k$ 个像素灰度值的相对差：

$$LD(x,y) = \sum_{i=x-k}^{x+k} \sum_{j=y-k}^{y+k} |g(i,j) - g(x,y)| \qquad （式4.6）$$

其中 k 是邻域模板尺寸，$g(i,j)$是坐标位于(i,j)处的像素灰度值。

2）计算所有像素为中心的局部差异度 $LD(x,y)$，构成图像的局部差异度矩阵 **LD**：

$$\begin{bmatrix} LD(1,1) & LD(1,2) & ... & LD(1,w) \\ LD(2,1) & LD(2,2) & ... & LD(2,w) \\ ... & ... & ... & ... \\ LD(h,1) & LD(h,2) & ... & LD(h,w) \end{bmatrix} \qquad （式4.7）$$

3）统计局部差异度矩阵 **LD** 中的最大值和最小值：

$$LD_{min} = \min_{\substack{x \in [1,h] \\ y \in [1,w]}} LD(x,y) \qquad LD_{max} = \max_{\substack{x \in [1,h] \\ y \in [1,w]}} LD(x,y) \qquad （式4.8）$$

4）将 **LD** 矩阵中的所有局部差异度特征 $LD(x,y)$归一化到区间$[0, L-1]$：

$$LD(x,y) = (L-1)\frac{LD(x,y) - LD_{min}}{LD_{max} - LD_{min}} \qquad （式4.9）$$

对任意中心像素(x,y)，其邻域包含的灰度差异性越大，式4.9确定的局部差异度 $LD(x,y)$越高，最大可为 $L-1$，表明该中心像素的灰度值与邻域内其他像素完全不同，该中心像素极有可能位于过渡区，反之，最小为 0，表明该邻域由完全相同的灰度值构成，同质性最佳，最不可能是过渡区。所提取的 potatoes 图像局部差异度特征如图4.1（c）所示，其中接近目标的边缘附近为白色，即灰度较大，反映了原图像在该区域的局部复杂度较大，当然，对比图4.1（a）和（c）可发现，这也与图像的客观实际基本一致。此外，比较图 4.1（b）和（c）可看出，对于 potatoes 图像，局部差异度对比更显著、属于突变，局部复杂度则属于渐变。前者似乎比后者更容易设置提取过渡区的阈值，但不符合图像客观实际。这是因为，图像过渡区的灰度变化本身就是渐变，鲜有突变。为此，需在 **LC** 和 **LD** 两者之间寻找平衡点，客观有效地实现过渡区提取。

在上述图像局部灰度特征的基础上，本书采用了局部特征融合策略（Local Feature Fusion，简记为 LFF 方法），将利用式4.5获得的局部复杂度矩阵和式4.9获得的局部差异度矩阵有效地融合在一起，取两者的算术平均，建立图像的局部复杂度和差异度特征（Local Complexity and Difference，记 LCD），构造图像的 **LCD** 矩阵，形式化如下：

$$LCD(x, y) = 0.5LC(x, y) + 0.5LD(x, y) \qquad （式 4.10）$$

 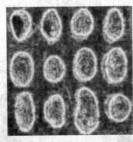 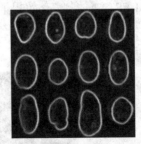

（a）原图像　　　　　　　（b）局部复杂度　　　　　　（c）局部差异度

图 4.1　potatoes 图像及其局部特征

显然，式 4.10 确定的 **LCD** 矩阵就能同时顾及图像的局部复杂度和局部差异度等特征，综合考察了图像局部灰度特征的变化幅度和频率，实现了基于局部特征平衡的图像过渡区描述。所提取的 potatoes 图像 **LCD** 特征如图 4.2（a）所示。对比可以发现，融合后的 **LCD** 特征值更平滑、无突变，更能体现过渡区的特点，符合图像客观实际。

总体上，**LCD**(x,y)值越大，中心像素(x,y)越有可能是过渡区像素，反之，属于图像同质区。理论上说，设置一个合适 **LCD** 阈值就可以容易地获得图像过渡区像素集。

一般图像过渡区所占像素的比例较小，即过渡区像素对应的 **LCD** 值对于整个图像 **LCD** 矩阵的贡献度较小。给定正态分布的均值 μ 和方差 σ^2，在该分布 $N(\mu, \sigma^2)$ 的密度函数中，论域与贡献度存在一定的关联关系，其中$[\mu - \sigma, \mu + \sigma]$的贡献度占 68.3%，$[\mu - 2\sigma, \mu + 2\sigma]$ 的贡献度占 95.5%。根据上述特点，在$[\mu_{LCD} + \sigma_{LCD}, \mu_{LCD} + 2\sigma_{LCD}]$之间设置 **LCD** 阈值是合理的，本书提出了以下原则，设置与过渡区有关的 **LCD** 阈值：

$$t_{LCD} = \mu_{LCD} + 1.5\sigma_{LCD} \qquad （式 4.11）$$

其中，μ_{LCD}、σ_{LCD} 为图像所有像素 **LCD** 值的均值和标准差。

一旦图像的 **LCD** 特征阈值确定以后，就可获得图像过渡区像素集，并用其灰度均值作为图像最优分割阈值。设图像过渡区像素集为 TR，最优阈值为 t_{opt}，形式化如下：

$$TR = \{(x, y) \mid \mathop{\forall}_{\substack{x \in [1, h] \\ y \in [1, w]}} LCD(x, y) \geqslant T_{LCD}\} \qquad （式 4.12）$$

$$t_{opt} = \sum_{(x, y) \in TR} f(x, y) / |TR| \qquad （式 4.13）$$

　　potatoes 图像的过渡区如图 4.2（b）所示，二值化结果如图 4.2（c）所示。本书 LFF 方法能够有效提取该图像的过渡区，与图 4.2（d）所示标准参考图像（ground-truth）相比，LFF 方法的阈值化结果质量较高，较接近于标准参考图像，符合人眼主观视觉效果。

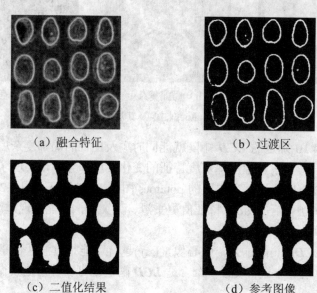

（a）融合特征　　　　　　　　　　（b）过渡区

（c）二值化结果　　　　　　　　　（d）参考图像

图 4.2　图像过渡区提取与阈值化

　　综上，本书 LFF 方法的步骤描述如下：

算法 4.1

输入：图像 I

输出：分割结果 Res

算法步骤：

Step 1　读取图像，输入邻域模板参数 k；

Step 2　根据式 4.1～4.5、式 4.6～4.9 分别计算图像的 **LC** 矩阵和 **LD** 矩阵；

Step 3　融合 **LC** 和 **LD** 矩阵，根据式 4.10 构造图像的 **LCD** 矩阵；

Step 4　根据式 4.11 计算与确定过渡区有关的特征阈值 t_{LCD}；

Step 5　根据式 4.12 生成过渡区像素集 TR，并提取图像过渡区；

Step 6　根据式 4.13 计算最优灰度阈值 t_{opt}，并用该阈值将图像二值化，输出分割结果。

　　本书方法仅涉及未定参数 k，其值越大，反映的图像局部特征越全面，但算法运行所耗时间也越多。k 的选择可采用图像处理领域的惯常做法，对不同图像

多次尝试取最优值，也可用自适应方法优选。LE 方法和 GLD 方法的过渡区提取与阈值化结果如图 4.3 所示。主观视觉上看，阈值化结果差异不太大，但与本书方法的过渡区相比，差异就较明显。LE 方法的过渡区过于粗糙，范围过大，所提取的过渡区不精确。GLD 方法的过渡区过于细腻，目标边缘存在间断，所提取的过渡区不完整。

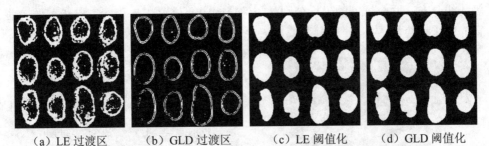

（a）LE 过渡区　　　（b）GLD 过渡区　　　（c）LE 阈值化　　　（d）GLD 阈值化

图 4.3　potatoes 过渡区提取与阈值化

4.1.3　过渡区与图像数据场

本书认为，即使图像像素之间的灰度差异相同，空间位置的不同也可能导致完全不一致的灰度变化影响。从这个角度来说，基于灰度差异的方法存在两个方面的不足：首先 GLD 方法未能全面地刻画图像空间邻域内部的灰度值相对变化，该方法只是笼统地计算邻域灰度均值，以此考察该均值与中心像素灰度值之间的差异，称为灰度差异度量，遗憾的是，GLD 方法所采用的这种度量并没有具体地反映单个邻域像素与其中心像素之间的相对灰度差异；其次，GLD 方法未能准确地刻画图像空间邻域内部的灰度值变化影响及其扩展，在图像邻域的不同位置，相同的灰度差异所导致的影响显然不应该相同，绝对的空间位置差异必须被考虑进来，即使灰度值差异相同，越远离中心像素，该灰度差异的影响越小，但是该方法忽视了这种位置差异带来的变化。

基于上述背景，为了全面地描述过渡区中子邻域的灰度变化情况，在图像分割的认知物理学粒计算框架下，本书提出了基于图像数据场的邻域灰度变化度量机制，并给出了一种基于图像数据场的过渡区提取与阈值分割方法 IDfT。

在式 3.1 中采用 M_5 方法，即将图像像素与邻域像素的灰度差值作为数据对象的质量，可在图像空间上生成图像数据场，任意中心位置对应图像粒的势值采用下式计算：

$$\varphi(x,y) = \sum_{\substack{1 \leq p \leq h \\ 1 \leq q \leq w}} |f(x,y) - f(p,q)| \times \exp(-(\max(|x-p|,|y-q|)/\sigma)^2) \qquad （式 4.14）$$

　　该图像数据场通过考虑图像粒内部像素之间的灰度值相互关系，建立了图像局部邻域的灰度差异度量，图像粒的势值越大，局部差异越大；通过图像粒内涵之间的等势关系，建立了图像全局的信息特征度量，势值阈值设定越小，全局信息越抽象。

　　以图 4.4（a）所示的 rice 图像为例，图 4.4（b）所示是所对应的图像数据场等势线分布，两个维度的坐标分别是图像粒的中心位置在 x 和 y 方向（水平、垂直）的采样值。

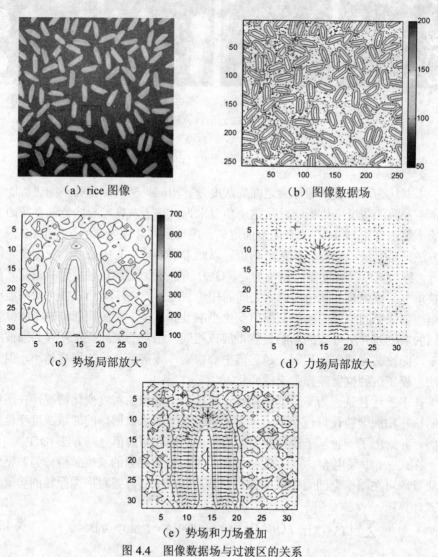

（a）rice 图像　　　　　　　　　　　（b）图像数据场

（c）势场局部放大　　　　　　　　　　（d）力场局部放大

（e）势场和力场叠加

图 4.4　图像数据场与过渡区的关系

从图 4.4（b）可以看出，米粒的内部或者背景区域呈现较低的势值、甚至为 0，米粒和背景的过渡区域呈现较高的势值。从图 4.4（b）中分离出红色矩形框所示的子块，局部放大后的等势线分布如图 4.4（c）所示，上述特征就反映得更明显，在过渡区附近，高势值对象形成自然抱团。场力线分布如图 4.4（d）所示，对象之间相互排斥，导致场力线指向图像过渡区，且越靠近过渡区，场力线越长，表明作用力越大。如图 4.4（e）所示，将等势线分布与场力线分布叠加，可以更加可视化地观察这种特点。实际上，对象之间的排斥和吸引作用力是一对概念，此消彼长。与物理场类似，在图像数据场中，图像粒的自然抱团形成同质区域，场力是均匀的，图像粒的像素之间表现为相互吸引，自然聚成一类；反过来，在过渡区内，场力是非均匀的，图像粒被同质区域排斥，有别于同质区域。从图 4.4（e）可以看出，图像粒的排斥意味着高势值，吸引表现为低势值，势值是图像粒的灰度差异度量，因此，建立等势关系、设置势值阈值实现图像像素的自然聚类。

为了从过渡区的角度更好地理解图像数据场的质量、距离、势值和场力之间的关系，通过表 4.1 分析了质量和距离对于图像粒相互关系的影响：

（a）在相同的距离内，质量越大，相互作用力越大；（b）对于同一质量的质点，距离越远，相互作用力越小；（c）质量比距离的影响更大。表 4.1 列出了四组可能的情形，即质量小时，相互作用主要表现为吸引，可以判定同质；质量大、距离近时，表现为排斥，可以判定异质。

表 4.1　距离、质量、势值和作用力的关系

可能的情形	q 对 p 的质量	p 和 q 的距离	势值	相互作用
情况 1	小	近	低	吸引
情况 2	小	远	低	吸引
情况 3	大	近	高	排斥
情况 4	大	远	有点高	排斥

上述分析表明，图像数据场能够有效地反映过渡区的特点，通过比较势值可以有效提取过渡区。理论上说，只要设置一个合适的阈值就能获得有效的候选过渡区。

4.1.4　IDfT 方法描述与分析

在本书第 3 章提出的认知物理学粒计算框架下，通过图像数据场可以完成图像粒化，并通过类谱系图建立图像空间上的覆盖。针对过渡区提取与分割，余下两个关键问题有待解决：其一是粒化问题，即在何种粒度上建立对应的图像数据

场；其二是基于粒化的计算问题，即如何设置势值阈值完成基于图像数据场的像素聚类。本书直接引入其他领域已有的相关方法解决这两个问题。

根据第 3 章的分析，图像粒化问题，对于多层次粒计算而言，即建立图像数据场，其根本是影响因子的设定，此处采用最小化势熵方法，该方法在 Shanon 熵的基础上引入势熵的概念，提出了最小化势熵的影响因子优选算法。最小化势熵方法仍然适用于图像数据，利用势熵评估图像数据场的势值分布与图像数据样本本身的拟合程度，迭代搜索具有最小势熵的影响因子，当图像尺寸较大时，采用随机采样的方式降低时间复杂度。

对于势值阈值的选取问题，采用 3.4.1 节的势值直方图分析方式，引入文献 [128] 所提出的 Rosin 方法。假设直方图中包含两类对象，其中一类呈现显著单峰、另一类相对低峰，通过几何方法设定阈值划分出这两类。本书认为，图像数据场的势值完全符合 Rosin 方法的假设，Rosin 方法也同样适用于图像数据场的势值阈值选取。Rosin 方法的原理如图 4.5 所示，显著单峰类对应于图像同质区域，低峰类对应图像的过渡区。从最高峰画一条直线到势值直方图的最后一个非零势值，计算从任意势值到这条直线的垂直距离，通过搜索最大化该距离的势值作为势值阈值 T。

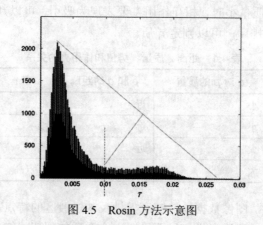

图 4.5　Rosin 方法示意图

综上，图像过渡区提取与分割的 IDfT 方法描述如算法 4.2 所示。

算法 4.2

输入：图像 I

输出：分割结果 Res

算法步骤：

Step 1　对于给定图像 I，根据前述 Li 方法计算影响因子 σ；

Step 2　生成图像数据场并计算图像粒的内涵（势值、中心位置）；

Step 3　根据前述 Rosin 方法利用等势关系计算势值阈值 T，提取过渡区；

Step 4　计算过渡区内图像粒的中心像素均值，作为最优分割阈值 g_{opt}；

Step 5　利用阈值 g_{opt} 分割图像 I，输出结果 Res。

算法 4.2 的主要时间耗费在 Step 2 至 Step 5。其中 Step 2 的时间复杂度为 $O((2\varepsilon+1)^2 hw)$，其中 $\varepsilon=[3\sigma/\sqrt{2}]$，一般 $(2\varepsilon+1)^2 << hw$，h、w 分别为图像 I 的高和宽。Step 3 和 Step 4 的时间复杂度约为 $O(N_t)$，其中 N_t 是图像过渡区像素的个数，显然一般情况下 $N_t << hw$。Step 5 扫描像素一次，耗费时间复杂度为 $O(hw)$。因此，算法 4.2 的总时间复杂度为 $O(hw)$，与图像的尺寸 (hw) 近似成线性关系，这就表明了算法 4.2 的有效性。

4.1.5　IDfT 方法实验结果与分析

为了验证上文的分析，编程实现了所提出的 IDfT 方法，同时也实现了两种同类的经典算法，即局部熵的方法（LE）[123]、灰度差异的方法（GLD）[124]。对合成图像、自然图像及含噪声的图像等展开了三类图像阈值分割实验，其中前两类实验检验算法 4.2 在一般环境下的总体分割性能，用含噪声的图像测试算法 4.2 的抗噪性能。

本节将实验共分成三组，三个算法均在 Matlab 环境下编程实现，在合成图像和激光熔覆图像的实验中，由于 LE 和 GLD 都包含两个参数，为了实验比较的公平性，所有分割方法的参数都经过多次实验，记录最佳分割结果；最后一组实验用 NDT 图像库测试 IDfT 方法的鲁棒性，与三种当前最好（state-of-the-art）的方法（Otsu[4]，Kapur[5]，MET[64]等）进行了比较，因此，所有方法的参数都是自动设置。机器配置为 AMD 64 X2 Dual Core 4400+ 2.31GHz 处理器，2.0GB 内存，Windows XP sp3 操作系统，实验中所有图像都是 256 个灰度级，即 0～255。

（1）合成图像实验

合成图像能够直接获得其理想的分割阈值，也容易得到标准的阈值化图像，因此通常被作为图像阈值分割方法的首选测试对象[129]。在第一组实验中，大小为 256×256 的 gearwheel 图像参与阈值化实验，相关实验结果如图 4.6 所示。

从灰度直方图可以看出，该图像很容易用 100 附近的最优阈值进行分割。LE、GLD 和 IDfT 三种方法都获得了较好的分割结果，但是仅 IDfT 方法能够提取精确、有效的过渡区。LE 和 GLD 方法所提取的过渡区粗糙、不连续，在某些情况下可能会影响到最终分割结果的精度。

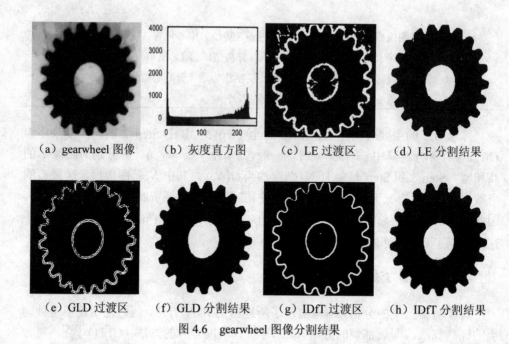

（a）gearwheel 图像　　（b）灰度直方图　　（c）LE 过渡区　　（d）LE 分割结果

（e）GLD 过渡区　　（f）GLD 分割结果　　（g）IDfT 过渡区　　（h）IDfT 分割结果

图 4.6　gearwheel 图像分割结果

　　为了进一步测试这种可能性，用 gearwheel 图像加入噪声进行了分割实验，噪声的类型是均值为 0、方差从 0.01 到 0.5 以步长为 0.01 递增的高斯噪声。实验结果采用 ME 和 BDM 进行定量评价，其中 ME 和 BDM 值由式 1.1 和式 1.3 定义。由于高斯噪声的随机性，对每个方差对应的噪声图像重复实验 10 次，记录实验结果的平均值。总体的实验结果如图 4.7 所示。

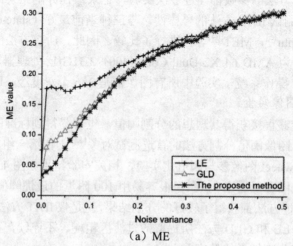

（a）ME

图 4.7　含噪声的 gearwheel 图像分割结果

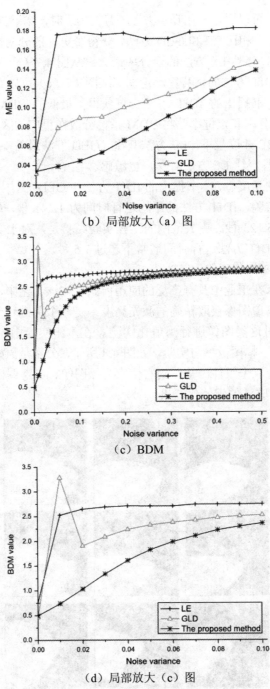

（b）局部放大（a）图

（c）BDM

（d）局部放大（c）图

图 4.7 含噪声的 gearwheel 图像分割结果（续图）

从图 4.7（b）可以看出，在噪声方差不超过 0.1 时，本书提出的 IDfT 方法取得了较低的 ME 值，相比 LE 和 GLD 方法，获得了更好的分割性能，GLD 方法其次，LE 方法最差，显然 LE 方法的误分率最大；从图 4.7（a）可以看出，随着噪声强度的增加，IDfT 方法的优势逐渐消弱。从图 4.7（c）可以看出，与图 4.7（a）存在细微差别，本书提出的 IDfT 方法一直获得了最低的 BDM 性能，这是因为 BDM 综合度量误分率和定位率，将 BDM 指标分散在更广的区间，反映更全面、对比更强烈。在 BDM 度量下，LE 方法其次，GLD 方法最差，从图 4.7（d）可以看出，GLD 方法甚至比 LE 方法对噪声更敏感。

从运行时间的角度看，本书提出的 IDfT 方法与 GLD 方法相当，远远优于 LE 方法。对于该组实验，IDfT 方法的平均运行时间为 1.241 秒，GLD 方法为 1.655 秒，LE 方法为 15.123 秒。更大范围的工程实验经验是，对于 256×256 大小的图像，本书提出的 IDfT 方法运行时间通常不超过 1.5 秒。

（2）激光熔覆图像实验

激光熔覆技术在工业中具有广泛的应用前景，在该工艺中，可靠有效的反馈（即如何从激光熔覆图像获取精确的激光高度）是一个关键环节。为此，本书用上述三种方法针对这类图像进行阈值化实验。在本组实验中，命名为 Laser1、Laser2、Laser3 的三幅图像参与实验，如图 4.8 所示，分别是原始图像及阈值化结果，每个图像包含五个组件，从左到右依次为原图像、参考图像以及 LE 方法、GLD 方法和 IDfT 方法的阈值化结果。

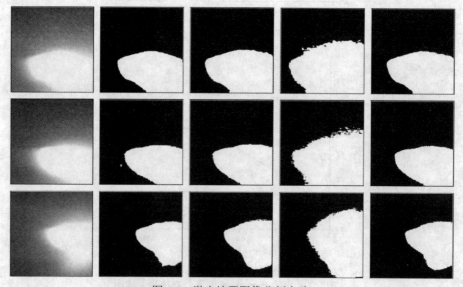

图 4.8　激光熔覆图像分割实验

　　表 4.2 中列出了本组实验的定量分析结果，包括最优分割阈值、误分像素的个数、由式 1.1 定义的误分率 ME、由式 1.3 定义的 Baddeley 距离度量值 BDM、运行时间等，本书提出的 IDfT 方法获得了最低的误分率 ME，误分像素个数也最少，即误分率度量表明 IDfT 方法取得了较优的评价结果。一方面，本书提出的 IDfT 方法获得了最小的图像距离度量 BDM，表明 IDfT 方法的分割结果最接近于人工参考图像，从图 4.8 也能够更直观地发现这种优势；此外，本书提出的 IDfT 方法运行时间也最短。换句话说，激光熔覆图像的定量实验表明 IDfT 方法更优于 LE 方法和 GLD 方法。

表 4.2　激光熔覆图像分割的定量分析

原始图像		LE	GLD	IDfT
Laser1	最优阈值	201	136	211
	误分个数	2519	10748	1769
	ME	0.0384	0.1640	0.0270
	BDM	0.854	1.984	0.672
	运行时间（单位：秒）	15.058	1.751	0.749
Laser2	最优阈值	188	107	199
	误分个数	1497	12631	806
	ME	0.0228	0.1927	0.0123
	BDM	0.607	2.189	0.372
	运行时间（单位：秒）	15.081	1.711	0.664
Laser3	最优阈值	196	124	202
	误分个数	2167	12970	1654
	ME	0.0331	0.1979	0.0252
	BDM	0.782	2.188	0.645
	运行时间（单位：秒）	15.089	1.616	0.616

（3）无损检测图像实验

　　无损检测（NonDestructive Testing，NDT），又称无损探伤，被广泛用于金属材料、非金属材料、复合材料与制品以及电子元器件的检测。对于大多数无损检测方法，其中的第一步预处理就是图像分割，当然也有少量的方法直接将图像分割用于进行无损检测。本组实验采用的 25 幅图像均来源于 Sezgin 提供的 NDT 图像库，该图像库提供了每幅无损检测图像的参考图像（http://mehmetsezgin.net/），部分示例如图 4.9 所示，每个图像的六个组件依次是原始图像、参考图像以及

Kapur 方法、Otsu 方法、MET 方法和 IDfT 方法的分割结果。图 4.9 所示的两幅示例图像分割结果表明,本书提出的 IDfT 方法能够获得比三种经典方法更好的分割性能。

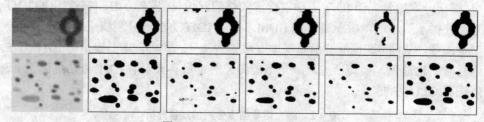

图 4.9   NDT 示例图像分割实验

各种方法在 NDT 图像库上的总体分割性能利用三个综合评价指标 BDM、FEM 和 AVE 进行定量分析,其中 FEM 和 AVE 由式 1.4 定义,实验结果如图 4.10 所示。从 FEM 指标看,IDfT 方法性能最佳;从 AVE 指标看,IDfT 方法稍落后于 Kapur 方法和 MET 方法。但是,需要特别留意到三者之间的 AVE 差异并不太大,几乎可以忽略不计。从 BDM 指标看,IDfT 方法排名第二,并且非常接近于最优的 MET 方法,远远优于 Kapur 方法和 Otsu 方法。因此,本组实验结果也表明,相比三种经典的优秀方法而言,本书提出的 IDfT 方法是有效的。

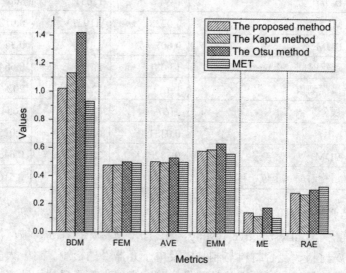

图 4.10   NDT 图像库分割实验定量分析

(4)讨论

总体来看,不管是否加入噪声,LE 方法都能够获得基本合理的图像分割结果,但是，LE 方法非常耗时，而且在某些情况下所提取的过渡区精确度有待提高。另一方面，对于一般图像，GLD 方法获得了比较好的分割结果，但是在某些特殊情况下（如激光熔覆图像），分割效果极差；对于噪声图像，GLD 方法也不能提供有意义的阈值化结果，这是因为 GLD 方法在计算邻域灰度变化时片面强调灰度差值，没有考虑到像素之间的空间相互关系，也必然导致噪声 GLD 方法对噪声极度敏感。

对于一般图像而言，本书提出的 IDfT 方法性能与 GLD 方法类似，对于激光熔覆图像，IDfT 方法取得了非常好的结果，即使是含噪声的图像，IDfT 方法也具有一定的鲁棒性，特别是与三种当前最好的阈值分割方法相比，IDfT 方法仍然展示了良好的性能，因此，IDfT 方法可以作为这些经典方法的有效补充。

4.2　图像同质区域分割方法

4.2.1　同质区域与图像数据场

在光照不均匀的情况下，图像阈值化方法一般很难获得有效的分割结果，上一节提出的 IDfT 方法也不例外。在大多数情况下，图像分割问题需要充分考虑潜在的语义信息，才能真正提取出有意义的同质区域。区域增长的方法引入了图像空间信息，通常能够获得比阈值化方法更高的分割质量，特别是种子区域增长方法具有快速、鲁棒、无需参数等优点，且都能够获得具有语义意义的分割结果，因此也受到了研究者们的广泛重视[130]。然而，这类方法却严格依赖于种子像素的选择[131]。在此背景下，为了提高同质区域分割结果的语义质量、改进算法性能，在图像分割的认知物理学粒计算框架下，本书针对光照不均匀的图像，提出了基于图像数据场的同质区域分割方法 IDfH。

采用前述类似的方法，仍然将图像像素与邻域像素的灰度差值作为数据对象的质量，生成对应的图像数据场。将图像粒 $\xi(p,\varepsilon)=\{q\,|\,q\in I\wedge\|\,p-q\,\|\leq\varepsilon\}$ 记为以 p 为中心像素的邻域像素集合。当且仅当 σ 确定时 $\varepsilon=[3\sigma/\sqrt{2}]$ 是常数，其中 σ 为图像数据场的影响因子，其选择方法将在下文的参数分析部分讨论。

从同质区域的角度看，该图像数据场的势值特征如下：（a）对于任意图像粒，若其对应于某个同质邻域，则该图像粒的中心位置对应像素的势值会很小，极端情况下甚至为 0；（b）如果任意一个图像粒是由多个同质区域构成的邻域像素集合，那么该图像粒的中心位置对应像素的势值就较高；（c）任意图像粒的中心位置对应像素的势值具有上下限，如 $\varepsilon=1$ 时，势值位于区间 $[0,8(L-1)\mathrm{e}^{-1/\sigma^{2}}]$ 内，当

势值为 $8(L-1)\mathrm{e}^{-1/\sigma^2}$ 时，表示图像粒对应邻域的中心像素与其邻域像素在灰度值上完全不同；（d）若任意图像粒的中心位置对应像素的势值较低，则意味着该图像粒可能对应于某个同质区域，即该图像粒为潜在的同质区域。

　　图像数据场关于图像粒的这些特征很容易验证，本书仅以如图 4.11 所示的子图像块 $P_{5\times5}$ 为例进行简要说明，其他情况可以进行类似的分析和讨论。在图 4.11 中，用黑点表示灰度为 0 的像素，用白圈表示灰度为 255 的像素，用实线段表示图像粒的中心像素与其邻域像素相似（完全相同），反之，用虚线段表示相异（完全不同）。

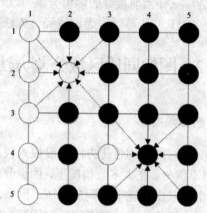

图 4.11　同质区域分析示例

　　首先以 2 行 2 列的像素为中心的图像粒和以 4 行 4 列的像素为中心的图像粒为分析对象，这两个中心像素分别记为 p_{22} 和 p_{44}（本节下文延续这种记法）。直观地看，图像粒 $\xi(p_{44},\varepsilon)$ 是同质区域，而图像粒 $\xi(p_{22},\varepsilon)$ 不是。假设 $\sigma=\sqrt{2}/3$，则可得 $\varepsilon=1$，于是，在计算场相互作用时受影响的邻域大小为 3×3，图像粒的粒度为 9；根据式 3.1 及 M_5 方法定义的质量，可以产生对应的图像数据场，并分别计算出这两个图像粒的中心像素对应势值 $\varphi(p_{22})=5\times255\times\mathrm{e}^{-9/2}\approx14.2$，$\varphi(p_{44})=255\times\mathrm{e}^{-9/2}\approx2.8$。

　　显然，如果某个图像粒为潜在的同质区域，则其所对应的中心像素（如 p_{44}）势值必定要小于非同质区域的中心像素（如 p_{22}）势值。在图 4.11 中，任意像素 $p\in P_{5\times5}$ 的势值都在区间 $[0,8(L-1)\mathrm{e}^{-1/\sigma^2}]$ 内。如果某个图像粒的中心像素与其邻域像素的灰度值完全相同，则中心位置的像素对应的势值一定为 0（如 p_{24}），在这种情况下，灰度差异性最小，图像粒 $\xi(p,\varepsilon)$ 是理想的同质区域。反之，如果灰度差均为 $L-1$，则图像粒的中心像素势值达到最大值 $8(L-1)\mathrm{e}^{-1/\sigma^2}$，此时，中心像素更有可能是噪声或者离群点，因为该像素自身构成一个独立的特殊同质区域。

任意图像粒的中心位置对应像素的势值与邻域的灰度变化相关，变化越剧烈，势值越大。当像素位于同质区域的内部，灰度改变极其微弱，势值也就相对较低。反之，位于非同质区域的中心像素，邻域灰度变化强烈，对应的势值也就较高。也就是说，可以根据图像粒的中心位置对应像素的势值来判断该图像粒是否位于同质区域，理论上说，设置一个合适的势值阈值就能够利用图像数据场的势值检测到潜在的同质区域，但是，显然该势值阈值不是固定的，否则获得的同质区域就并不具有语义意义，因此，该势值阈值的选取依赖于图像邻域的具体特征，称为自适应多阈值。

4.2.2 图像同质吸引关系

在本书第 3 章介绍的认知物理学粒计算框架下，通过图像数据场可以完成图像粒化，并通过类谱系图建立图像空间上的覆盖。针对同质区域提取与分割，仅余下一个关键问题有待解决，即经过图像数据场粒化以后，基于粒化的计算问题。本书首先定义与同质吸引相关的概念，在此基础上提出同质关系与同质分割准则。

给定二维像素空间 P，$p^* \in P$ 是任意图像粒的中心像素，$\varphi_\varepsilon(p^*) \leqslant \alpha$ 表示其势值，α 为预先定义的势值阈值，则 p^* 有可能成为潜在的同质区域的中心像素，称为同质吸引子，图像粒的其他像素被 p^* 吸引构成一个同质区域。

给定二维像素空间 P，$p^* \in P$ 是一个同质吸引子，对于 $\forall q \in \xi(p^*, \varepsilon)$，存在一个有限的同质吸引子序列 p_1^*，p_2^*，...，$p_k^*(k \geqslant 1)$，$p_k^* = p^*$，满足以下条件：(a) $q \in \xi(p_1^*, \varepsilon) \wedge \varphi_q(p_1^*) \leqslant \beta$；(b) 当 $k > 1$ 时，$\forall i \in [1, k-1]$，$p_i^* \in \xi(p_{i+1}^*, \varepsilon) \wedge \varphi_{p_i^*}(p_{i+1}^*) \leqslant \beta$，则称 q 和 p^* 构成同质吸引，其中 β 是一个预定义的势值阈值。

给定 $H = \{p^* | p^* \in P \wedge \varphi(p^*) \leqslant \alpha\}$ 为二维像素空间 P 上的同质吸引子的集合，如果对于子集 $Q \subseteq P$，存在一个同质吸引子 $p^* \in H$，使得 $\forall q \in Q$ 都与 p^* 构成同质吸引，则称 Q 是以 p^* 为代表像素的同质区域，即 p^*-同质区域，记做 $Q(p^*)$。

在上述定义的基础上，可以得到关于同质吸引的如下两个定理。

定理 4.1：给定二维图像空间 P，关系 $\{<s, t> | \exists p^*(p^* \in H \wedge s, t \in Q(p^*))\}$，记作 $\simeq$，则 $\simeq$ 是一个相容关系。

证明：数学上，具有自反性、对称性的二元关系称为相容关系[132]。

自反性：对于 $\forall a \in P$，根据图像的特性可知 a 一定属于某个同质区域，假设为 p_a^*-同质区域，记作 $Q(p_a^*)$，于是 $p_a^* \in H$ 且 $a \in Q(p_a^*)$，也就是

$\exists p_a^*(p_a^* \in H \wedge a, a \in Q(p_a^*))$，因此 $a \simeq a$。

对称性：对于 $\forall a, b \in P$，假设 $a \simeq b$，根据 $\simeq$ 的定义，$\exists p_{ab}^*(p_{ab}^* \in H \wedge a, b \in Q(p_{ab}^*))$，于是 $\exists p_{ab}^*(p_{ab}^* \in H \wedge b, a \in Q(p_{ab}^*))$，因此 $b \simeq a$，也就是 $a \simeq b$ 蕴含 $b \simeq a$。根据定义，$\simeq$ 是自反、对称的，因此是一个相容关系。证毕。

定理 4.2：给定二维像素空间 P，任意一个 p^*-同质区域 $Q(p^*)$ 构成一个相容类。

证明：假设 $Q(p^*)$ 是任意的一个 p^*-同质区域，且 $Q(p^*) \subseteq P$，对于 $\forall q_1, q_2 \in Q(p^*)$，$p^* \in H \wedge q_1, q_2 \in Q(p^*)$，$q_1 \simeq q_2$，于是根据定义可知，$Q(p^*)$ 是 $P \times P$ 上的相容关系 $\simeq$ 所诱导的一个相容类。证毕。

根据相容关系的覆盖理论，像素空间 P 上的最大相容类 $Q(p_n^*)$（$\forall n = 1, 2, ..., N$）（即 p_n^*-同质区域）的集合构成了 P 的一个完全覆盖 $\{Q(p_1^*), Q(p_2^*), ... Q(p_N^*)\}$，于是这些 p_n^*-同质区域将图像 $I = <P, f>$ 分成了若干独立的同质区域，每个最大相容类对应一个同质区域，N 是区域的个数。

4.2.3　IDfH 方法描述与分析

本节首先给出基于堆栈的最大相容类搜索算法。在计算机领域，堆栈是一种后进先出（Last-In/First-Out）的数据结构，其数据项按序排列，只能在一端（称为栈顶）对数据项进行插入和删除。进栈、出栈是堆栈的两个基本操作。

选择任意一个同质吸引子 p^* 进栈，如果 p^* 未被标记，则标记为一个新的类，然后搜索 p^* 的 ε-邻域内 $q \in \xi(p^*, \varepsilon)$，将符合条件的 q 标记为该类区域的像素，p^* 出栈，将这些新的像素 q 依次进栈，继续上述堆栈操作与标记过程，直至栈为空。循环选择同质吸引子，执行上述进栈、出栈的过程，直至没有同质吸引子为止。该过程的伪代码如算法 4.3 所示。

算法 4.3

输入：同质吸引子 H，图像 I

输出：最大相容类集合 $MTCs$

算法步骤：

While H 非空

　　从 H 中选择任意的 p^*；

　　初始化堆栈 S；

　　p^* 进栈 S；

设置标号为 l；

While S 非空

    S 执行出栈，记作 *temp*；

    If *temp* ∈ H

    $H = H - \{temp\}$

    用 l 标记 *temp*；

    对于 *temp* 的所有邻域 q，即 $q \in \xi(temp,\varepsilon)$ 循环执行以下操作；

        If q 未标记并且 $\varphi_q(temp) \leqslant \beta$

        q 进栈 S。

综上，IDfH 方法的完整描述如算法 4.3 所示，其中涉及到的参数有与势值阈值相关的 α 和 β，以及与图像数据场定义相关的 ε, σ。

算法 4.4

输入：图像 I

输出：分割结果 *Res*

算法步骤：

Step 1　对于给定图像 I，设置影响因子 σ；

Step 2　生成图像数据场并计算图像粒的内涵（势值、中心位置）；

Step 3　获取阈值 β，计算局部同质吸引子集合；

Step 4　利用堆栈寻找最大相容类；

Step 5　将图像分割成若干个区域；

Step 6　如果需要，将每个区域赋予一种颜色（或灰度），获得最终结果 *Res*。

图像分割是一个全局与局部的两难问题[133]，一个区域在分析了其若干个小的局部特性之后被认为是同质的，显然，当局部窗口越大时，所获得的全局结果越可靠，另一方面，如果该窗口越大，那么对应算法的性能也通常会越低。因此，一种相对折中的办法是把上述全局和局部特性结合起来考虑。虽然在算法 4.3 中，表面上看，α 和 β 是与局部有关的阈值，但是本质上也反映了图像中的一种全局趋势。事实上，势值的均值反映了所有图像粒的中心位置对应像素的势值变化趋势，对应着一个图像的灰度变化及其扩展影响。于是，上述算法中的两个参数可以设置为：

$$\alpha = \sum_{p \in P} \varphi_\varepsilon(p)/h*w, \quad \beta = \alpha/|\xi(p,\varepsilon)| \qquad （式 4.15）$$

与图像数据场相关的 ε、σ 是两个相互制约的参数，即 $\varepsilon = [3\sigma/\sqrt{2}]$。在实际应用中只需要调整其中之一即可，鉴于图像的像素位置均为整数，与其他方法类似[134]，为便于参数调整，在下文将只通过不断尝试（从 1 到 5 变化）的方式寻求最优的 ε，而 σ 随之变化，即 $\sigma = \sqrt{2}\varepsilon/3$。需要指出的是，虽然也可以采用文献 [14,33]提出的最小化势熵方法自动设置，但是下文考虑到算法比较的公平性，本书 IDfH 方法使用了人工尝试的方式设置这两个参数。

从时间复杂度来看，算法 4.3 的主要时间耗费在 Step 2、Step 4、Step 5。其中 Step 2 的时间复杂度为 $O((2\varepsilon+1)^2 hw)$，Step 4 和 Step 5 均为 $O(hw)$。一般 $(2\varepsilon+1)^2 << hw$，根据上节的讨论，本书在实验中，从 3×3 到 11×11 进行尝试，因此算法的时间复杂度与图像的尺寸 (hw) 近似成线性关系，这就表明了算法的有效性。

4.2.4　IDfH 方法与相关传统方法的关系

针对图像同质区域提取及分割问题，本书 IDfH 方法在认知物理学的粒计算框架下提出了基于图像数据场的解决方案，在研究过程中受到了现有传统方法的一些启发，如超像素方法、区域增长方法等，因此，IDfH 方法与这些相关方法既有联系，也有区别，其相互关系说明如下。

（1）与超像素方法的关系

超像素是指图像中具有局部同质性的一个小区域[72]，已有的很多经典方法中应用超像素作为图像分割的预处理步骤。一般通过某种过分割方法产生超像素，最著名的有 Normalized Cuts 方法（NC）[135]和 Mean-Shift 方法（MS）[136]。

从这个意义上说，本书的图像数据场方法同样也可以被视作一个预处理过程。对象类分割的一个关键问题是如何建模图像像素之间的相互依赖关系，本书 IDfH 方法利用图像数据场获得图像粒内部像素之间的局部灰度特征关联，并进一步通过等势关系发现图像区域灰度特征空间上的全局认知，并以此作为像素空间依赖关系的建模手段。同质吸引子可以看成是超像素的中心，p^*-同质区域就被视作超像素。

本书所提出的 IDfH 方法与其他超像素方法（如 NC、MS 方法等）相比，区别在于：经典方法的超像素互不相交，超像素构成整幅图像的划分；而 p^*-同质区域之间存在包含或者扩展关系，如图 4.11 所示，以 p_{24} 为中心的 3×3 邻域构成一个 p^*-同质区域，$\{p_{14}, p_{24}, p_{34}, p_{44}\}$ 和 $\{p_{34}, p_{44}, p_{54}\}$ 也构成 p^*-同质区域，显然这些区域之间存在相交区域，p^*-同质区域构成了图像空间上的一个覆盖。每个 p^*-同质区确定一个同质相容关系，并进一步诱导一个同质相容类。在此基础上，IDfH 方法借

助 p^*-同质区的相交性提出无参数的最大相容类搜索策略，每个最大相容类对应一个独立的同质区域。

（2）与区域种子填充方法的关系

本书 IDfH 方法的研究起源于种子区域增长方法，因此，也与一类区域种子填充的方法存在着密切的联系。实际上，本书算法 4.2 的作用也相当于种子区域增长的过程，同质吸引子可以理解为种子像素，同质吸引可以看成是像素之间的相似性准则。低势值的同质吸引子更像是潜在同质区域所对应图像粒的中心像素，其邻域像素属于该同质区域的概率更大。于是，利用相容关系对这些邻域像素进行标记可以视作区域增长的过程。但是，与一般区域增长方法不同，本书 IDfH 方法的同质吸引依据图像本身的信息，通过建立图像数据场实现全局和局部特征之间有效的自适应平衡。

4.2.5　IDfH 方法实验结果与分析

为了验证本书 IDfH 方法的有效性，采用 256 级灰度图像进行了两组实验，并与相关方法如 GLD、NC、Quick-Shift（QS）[137]等进行比较。其中选择 QS 方法的原因是，该方法属于基于超像素的分割方法，利用 MS 方法对图像进行预分割产生超像素，同时比 MS 方法快速高效。上述比较算法的选择在一定程度上就足以反映当前最经典的相关技术。

所有方法均采用 Matlab 实现，QS 和 NC 方法的实现代码都可以在公开的网站下载（其中 NC 方法来源于 http://www.seas.upenn.edu/~timothee/software/ncut/，QS 方法来源于 http://www.vlfeat.org），GLD 方法的代码由原作者李佐勇博士通过邮件提供。鉴于比较的公平性，每种方法的每个参数都尽可能多次地仔细尝试，取其中最好的分割结果。

（1）可视化的比较

本组实验共包含八幅图像，图 4.12 提供了一个可视化的分割比较结果。其中，前四幅图像是被其他方法所广泛采用的常见合成图像，另外四幅图像来自 Weizmann 图像库（关于该图像库的具体介绍参看下一节）。在图 4.12 中，每个图像包含五个组件，分别是原始图像，以及本书提出的 IDfH 方法、GLD 方法、NS 方法和 QS 方法的分割结果。对于 IDfH 方法和 QS 方法，其分割结果采用不同的颜色标记不同的图像同质区域。

图 4.12 的第一幅图像和第三幅图像在不均匀光照情况下分别包含矩形、多边形等几何形状，一般方法都可以很容易地获得较好的分割结果。本组实验所用的每种方法都获得了基本有效的区域分割结果，但是只有 IDfH 方法和 NC 方法完美地分割出每个图像块，每个图像同质区域对应于一类目标，即一类语义信息，这

对于后续图像处理（如图像检索、目标识别等）是非常有意义的。

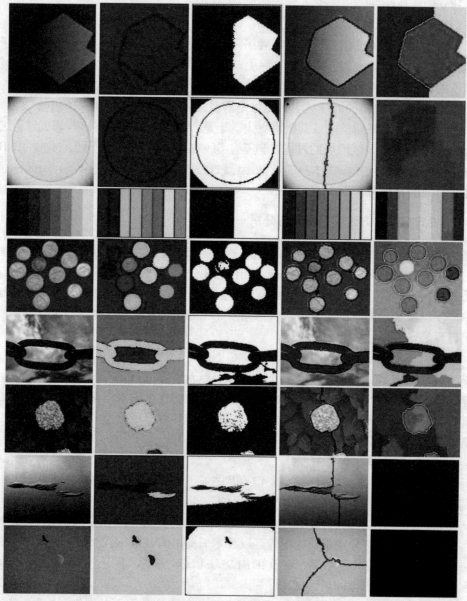

图 4.12　IDfH 方法可视化分割结果

　　图 4.12 的第二幅图像虽然结构比较简单，但是由于光照条件极度不均匀，在缺乏足够先验知识的情况下，一般方法很难获得较好的分割结果，即使如此，本

书提出的 IDfH 方法仍然给出了很好的分割效果。对于第四幅图像 cions 而言，一般非监督方法很难检测到真正包含有意义的语义信息，但是 IDfH 方法也提供了较好的分割结果，每个硬币对应一种颜色标记的区域，表示一种语义信息，实际上对应了上文提及的一个最大同质相容类。与 IDfH 方法类似，QS 方法也生成了较好的图像分割结果，但是注意到该结果中很多硬币区域是同一种颜色，这就意味着 QS 方法误将这些不同的硬币划分成相同的类别。NC 方法能够基本找到每个硬币，但是所提取的区域边界粗糙、不连贯。GLD 方法也获得了差强人意的分割结果，但是 GLD 方法属于阈值法，本质上无法获得有意义的语义信息，同时，其中一个小硬币被基本完全误分为背景，这仍然是因为 GLD 方法狭义地考察灰度绝对差异，忽略了空间相对位置权重的影响。

对图 4.12 中的余下四幅图像，直观地观察比较后可以发现，本书提出的 IDfH 方法优于 GLD 方法、NS 方法和 QS 方法。由于 QS 方法需要调整太多的参数，在很多情况下，参数的选择存在困难，当无法获得合适的参数时，QS 方法理所当然地产生了最差的分割结果。特别是对于最后两幅图像，即使尝试了多组实验参数，在有限次的参数组合中，QS 方法都把所有目标完全误分为背景。

当然，对于图 4.12 中的后四幅图像，GLD 方法在某些情况下也误分了部分区域，原因仍然是 GLD 方法仅仅片面考虑了像素之间的绝对灰度差异，同时仅仅用一个全局阈值生成图像分割结果。例如，一旦面对单峰灰度直方图、目标存在严重不均匀光照或者背景存在大范围缓慢灰度渐变等特殊图像，忽略空间位置关系的 GLD 方法就必然导致严重的像素误分。相比之下，NC 方法排名第二，中规中矩，但是部分不太复杂的图像（例如最后两幅图像）不能得到有效的分割结果。

（2）定量的比较

更进一步，本书采用公开的 Weizmann 图像库进行了图像分割实验，定量分析了本书 IDfH 方法的鲁棒性。Weizmann 图像库网址为 http://www.wisdom.weizmann.ac.il/~vision/，提供了一种定量比较的评估方式，包含了 100 幅灰度图像及其参考图像，主要评价图像分割方法对于目标区域覆盖的完整程度、精确程度。由于 NC 方法要求的时间、空间复杂度都较高，在完整的图像库上进行 NC 方法的分割实验极其费时，因此所有图像都利用最小邻近插值方法将原始尺寸减半。本书定量比较了 IDfH 方法与 NC、GLD、QS 等方法。实验的评价指标采用 Weizmann 图像库定义的 F 度量，其中 $F=2PR/(P+R)$，P 和 R 分别是指分割结果相对于参考图像的精确度和准确度。定量的实验结果如表 4.3 所示，表 4.3 中列出了各种方法在 Weizmann 图像库上的平均 F 度量值，本书 IDfH 方法取得了最大的 F 值，从这个角度说，IDfH 方法在 Weizmann 图像库上的总体鲁棒性能最佳。

表 4.3　Weizmann 图像库分割实验的定量分析

方法	平均 F 度量值
IDfH	0.81 ± 0.012
GLD	0.75 ± 0.025
NC	0.72 ± 0.018
QS	0.63 ± 0.039

（3）讨论

总体来看，对于大多数简单的双峰图像，GLD 方法用一个单一的全局阈值分割图像并能够生成较好的图像阈值化结果，但是，GLD 方法无法有效分割几乎所有包含不均匀光照的单峰图像。QS 方法通常都能提供比 GLD 方法更好的图像分割结果，但是其参数选择存在困难，在某些特殊情况下，该方法生成的图像分割效果最差。NC 方法的分割效果较好，但是需要指定分割区域的数目，此外，较高的算法时间复杂度也是 NC 方法在实际工程应用中的瓶颈。本书提出的 IDfH 方法针对光照不均匀情形下能够有效地提取出具有语义信息的同质区域。因此，从一定程度上说，IDfH 方法优于这些传统的方法，应该客观指出的是 IDfH 方法需要额外计算图像数据场，时间复杂度必定高于 GLD 方法，然而，在特殊情况下，适当牺牲算法的时间耗费换取高效的分割质量是值得的。

4.3　图像不确定性分析的粗糙熵方法

4.3.1　粗糙集图像分析概述

近年来，利用粗糙集的图像阈值化方法受到了学者们的关注。粗糙集由波兰学者 Pawlak 首先提出[138]，是一种刻画不完整性和不确定性的数学工具理论。最近，Hassanien 等人提供了关于粗糙集图像处理方法的全面综述[139]，Sankar 等人认为图像的背景和目标之间存在一类渐变灰度的不易区分像素集，可通过目标或背景的粗糙集上下近似描述，在此基础上建立一个基于粗糙集的图像分割框架[140]。在该框架下，Pattaraintakorn 等人提出了医学图像分割的应用[141]，Mayszko 等人提出了利用粗糙集的多阈值图像分割方法[142,143]，类似的，邓廷权等人侧重于利用变精度粗糙集的模型扩展和利用群进化算法的性能改善等[144]，提出了结合粗糙集和群进化算法的改进方法。

本书认为，利用粗糙集的图像阈值化方法尚存在以下两个关键问题有待解决：一是人为指定图像初始划分的子块大小，缺乏以图像特征为基础的自适应方法，不利于在最佳粒度下发现像素分类；二是直接采用最大粗糙熵对应的灰度阈值进行最终图像二值化，缺乏以过渡区为基础的有效方法，不利于过渡区像素的不确定性划分。这两个问题都将不利于图像不确定性处理，并可能导致有疑问的阈值化结果，甚至无效分割。

在上述背景下，本节分析了图像粗糙集表示的理论基础，建立了图像粗糙粒度及其自适应优选准则，针对单阈值图像分割问题，更遵循图像的客观实际，提出了基于自适应粗糙熵的图像阈值化算法（Adaptive Rough Entropy-based method for Image Thresholding，简称 AREbIT 方法）。

4.3.2 图像不确定性表示的粗糙集方法

给定图像像素集合 U，用大小为 $m×n$ 的不重叠窗口将 U 划分成若干互不相交的子集，其中 m 和 n 是水平、垂直的窗宽[140]。该窗口操作建立了 U 上的等价关系 R_{mn}，由此诱导出对应的 N 个等价类 $[P_i]_{R_{mn}} = \{P_j \mid P_i R_{mn} P_j\}$。实际上就是通过上述不重叠窗口操作所获得的 N 个不相交图像子区域，其中 $N=(hw)/(mn)$。根据粗糙集的定义，给定近似空间 $<U, R_{mn}>$，目标 O 和背景 B 对应的像素集不可能直接表示为等价类（也称基本粒或范畴）的并，本质上就构成了目标 O 和背景 B 的 R_{mn} 粗糙集。每个等价类就是图像粗糙集的粒，记为 G_i（$i = 1, 2, ..., N$）。

以如图 4.13（a）所示的图像为例，浅灰色背景上包含一个深灰色圆形目标，理想的二值化如图 4.13（b）所示，除非邻域窗口为 1 个像素（此时使用粗糙集就失去意义），否则理想的目标圆形边界根本无法直接用多个子区域的并集表示。即在关系 R_{mn} 的支持下，理想的目标和背景无法简单地使用等价类的并集表示，可称 R_{mn} 不可定义。由此诱导图像目标 O 和背景 B 的粗糙集，上下近似集如图 4.13（c）所示。

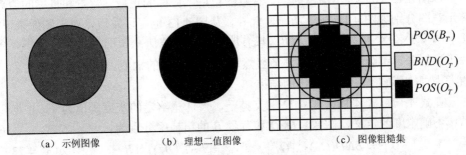

（a）示例图像　　　　（b）理想二值图像　　　　（c）图像粗糙集

图 4.13　示例图像及其粗糙集近似

对于任意给定的灰度阈值 T，设像素 P_j 处的灰度值用 $g(P_j)$ 表示，图像目标和背景的上下近似集可形式化记作[140]：

$$\underline{O}_T = \bigcup_{i=1}^{N} \{G_i \mid \mathop{\forall}_{P_j \in G_i} g(P_j) > T\} \qquad （式4.16）$$

$$\overline{O}_T = \bigcup_{i=1}^{N} \{G_i \mid \mathop{\exists}_{P_j \in G_i} g(P_j) > T\} \qquad （式4.17）$$

$$\underline{B}_T = \bigcup_{i=1}^{N} \{G_i \mid \mathop{\forall}_{P_j \in G_i} g(P_j) \leqslant T\} \qquad （式4.18）$$

$$\overline{B}_T = \bigcup_{i=1}^{N} \{G_i \mid \mathop{\exists}_{P_j \in G_i} g(P_j) \leqslant T\} \qquad （式4.19）$$

根据式 4.16～4.19 的上、下近似集合中图像目标和背景的关系，图像论域空间 U 被划分成互不相交的三个部分，即正域、负域、边界，可分别形式化为：

$$POS(O_T) = \underline{O}_T, \quad POS(B_T) = \underline{B}_T \qquad （式4.20）$$

$$NEG(O_T) = U - \overline{O}_T, \quad NEG(B_T) = U - \overline{B}_T \qquad （式4.21）$$

$$BND(O_T) = \overline{O}_T - \underline{O}_T, \quad BND(B_T) = \overline{B}_T - \underline{B}_T \qquad （式4.22）$$

其中，$POS(.)$ 表示正域，$NEG(.)$ 表示负域，$BND(.)$ 表示边界。

事实上，任意图像的边界具有一致性，即在式 4.22 中有 $BND(O_T) = BND(B_T)$。本书仅关注图像目标和背景分割问题，式 4.20 对于解决该问题更有意义，式中 $POS(O_T) = \underline{O}_T$ 表示肯定属于目标 O 的像素，$POS(B_T) = \underline{B}_T$ 表示肯定属于背景 B 的像素，一旦能够获得合适的灰度阈值 T，这两部分就容易区分。

虽然式 4.22 中的边界能够直接求得对应的结果，但是由于图像近似空间的粗糙不确定性，这部分像素的归属本质上最不易划分，也不宜直接采用灰度阈值 T 获得这部分像素。这是因为，通常图像边界或过渡区的灰度变化本身就是渐变，鲜有突变，直接鲁棒地使用硬阈值将图像边界划分成背景和目标可能导致不符客观实际的二值化结果。

以图 4.13（a）所示图像为例，背景的正域、目标的正域、背景和目标的边界等示意图分别如图 4.13（c）所示。此外，从图 4.13 也可以发现，对于图像来说，m 和 n 的大小不同，等价关系 R_{mn} 也有所不同，导致所获得的等价类、熵集、图像子块划分等都会不同，后续环节显然可能产生不同的阈值。换句话说，m 和 n 的大小直接影响到图像阈值化的结果。

在式 4.17、式 4.19、式 4.22 的支持下，设任意给定的灰度阈值为 T，根据粗糙集不确定度的定义，图像目标 O 和背景 B 的粗糙度分别为：

$$r_{O_T} = |BND(O_T)| / |\overline{O}_T| \qquad r_{B_T} = |BND(B_T)| / |\overline{B}_T| \qquad （式4.23）$$

在式 4.23 基础上可定义图像近似系统 $<U, R_{mn}>$ 的不确定性度量，即粗糙熵，可选的熵原型包括 Shanon 熵、Tsallis-Havrda-Charvat 熵、Renyi 熵等形式[145]，本

书采用为:

$$E_{R_{mn}}(T) = -(r_{O_T} \log r_{O_T} + r_{B_T} \log r_{B_T})/2 \qquad (式 4.24)$$

物理学中粒度是指对物体对象划分的细致程度,借鉴这种思路,本书定义了图像近似系统的粗糙粒度考察图像处理的细致程度。给定图像近似空间$<U, R_{mn}>$, $U/R_{mn} = \{G_i \mid i = 1, 2, ..., N\}$, U 上等价关系 R_{mn} 的粗糙粒度为:

$$\rho(R_{mn}) = \frac{1}{|U|^2} \sum_{i=1}^{N} |G_i|^2 = (mn)/(hw) \qquad (式 4.25)$$

式中 $\sum_{i=1}^{N} |G_i|^2$ 表示 $\bigcup_{i=1}^{N}(G_i \times G_i)$ 上的等价关系中所有元素的个数。

粗糙粒度 $\rho(R_{mn}) \in [1/(hw), 1]$ 与指定阈值 T 无关,仅确定图像粒 G_i($i = 1, 2, ..., N$),刻画了图像近似空间的粗糙程度。粗糙程度越低,图像处理越精细,时间复杂度也越高,反之亦然。对于相同的窗宽 mn,图像尺寸 hw 越大,粗糙粒度越小;对于同一幅图像,窗宽 mn 越大,粗糙粒度越大。

图 4.14 是不同粗糙粒度下的像素划分情况,对比图 4.13 和图 4.14,m 和 n 不同,粗糙粒度也不同,所导致的等价类不同,由此诱导了不同的像素划分方式,当然,可以粗略看出图 4.13 的粗糙粒度更合适。结合式 4.25 也可以看出,图像近似空间上粗糙粒度随着图像子块划分的细致程度单调减少,即图像划分越细,粗糙粒度越小。

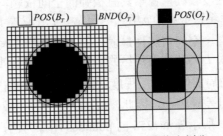

图 4.14   不同粗糙粒度下的像素划分

当 $m=n=1$ 时,粗糙粒度 $\rho(R_{mn}) = 1/(hw)$,此时粒度最小,粗糙集的粒是一个像素,目标和背景的上近似集与下近似集分别相等、边界为空,粗糙集退化为精确集;另一方面,当 $m=h$、$n=w$ 时,粗糙粒度 $\rho(R_{mn}) = 1$,此时粒度最大,粗糙集的粒是整个图像,目标和背景的边界均为整个图像。在上述极端情况下,利用粗糙集的图像阈值化都将失去意义。因此,如何选择粗糙粒度是关键问题之一。目前主要采用人工指定的方法,但在缺乏图像先验知识的情况下,即使仔细挑选,也必然存在疑问和弊端。

4.3.3 自适应的粗糙粒度

局部灰度标准差（Local Grayscale Standard Deviation，LGSD）是指任意图像粒 G_i 的内部所有像素灰度值的标准差，其形式化如下：

$$LGSD(G_i) = (\frac{1}{|G_i|} \sum_{P_j \in G_i} (g(P_j) - \overline{g_{G_i}}))^{\frac{1}{2}} \qquad （式 4.26）$$

式中 $\overline{g_{G_i}} = \sum_{P_j \in G_i} g(P_j) / |G_i|$ 是 G_i 的灰度均值。

$LGSD$ 值反映了图像局部子区域（图像粒 G_i）的灰度同质程度。同质程度越高，$LGSD$ 越小。本书认为，局部灰度标准差 $LGSD$ 与粗糙粒度 ρ 存在如下重要关联：

（a）局部灰度标准差 $LGSD$ 和粗糙粒度 ρ 都与图像粒直接相关、由等价关系 R_{mn} 确定。

（b）$LGSD$ 均值随着 ρ 的增大而单调增加。这是因为，粗糙粒度增大意味着邻域窗宽变大，局部像素同质的可能性越小，导致灰度值分散程度增大。

（c）$LGSD$ 标准差随着 ρ 的增大近似呈现的趋势为：先单调递增、达到极值后再单调递减。

对同一图像，当 ρ 较小时，划分窗宽 mn 也较小，在尺寸小于目标时，图像邻域的局部像素同质程度较高，像素具有极强的空间依赖，总体上 $LGSD$ 较小且差异不大，$LGSD$ 标准差较小。当 ρ 增大至窗宽 mn 近似等于目标时，图像邻域的局部像素同质程度较高、空间依赖性最弱，但由于目标不同而存在同质差异，不同目标对应的邻域之间 $LGSD$ 也有所区别，此时 $LGSD$ 标准差可达极值。当 ρ 继续增大时，图像邻域的局部像素同质程度均较低，像素之间空间依赖性逐渐增加，总体上 $LGSD$ 都较大且差异较小，因此，$LGSD$ 标准差也较小。

这里以图 4.15（a）所示 $h=w=256$ 的 potatoes 图像为例，下文实验 1 将进一步验证，图 4.15（b）为人工参考图像（Ground-truth Image）。本书统计了不同粗糙粒度下的局部灰度标准差分布情况，为便于描述，仅列出了 $m=n$ 时，$LGSD$ 均值和标准差变化曲线，如图 4.15（c）所示，上述关于 $LGSD$ 与 ρ 的分析具有合理性，随着 mn 的增大，ρ 单调递增，$LGSD$ 均值也单调递增，$LGSD$ 标准差则呈现先增后减的趋势。为便于比较，本书将 $LGSD$ 的均值和标准差归一化。

当 $LGSD$ 均值越小，同时 $LGSD$ 标准差越大时，ρ 具备达到极优值的趋势。即对给定图像，在尺寸 hw 确定的情况下，邻域窗宽 mn 最佳。设图像 $LGSD$ 均值为 μ，标准差为 σ，本书定义如下自适应准则：

$$V(R_{mn}) = \exp(-\sigma / (1 + \mu))$$

（式 4.27）

式中 $\mu = \sum_{i=1}^{N} \dfrac{LGSD(G_i)}{hw}$, $\sigma = (\sum_{i=1}^{N} \dfrac{LGSD(G_i) - \mu}{hw})^{\frac{1}{2}}$ 是 $LGSD$ 的均值和标准差。

（a）potatoes 原始图像　　　（b）potatoes 参考图像

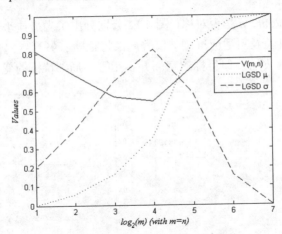

（c）$LGSD$ 均值、标准差及 V 值曲线

图 4.15　不同粗糙粒度下的局部灰度统计特征

在不同粗糙粒度下，图像粒 G_i 划分方式不同导致自适应准则 $V(R_{mn})$ 值不同。前述分析表明，当 $V(R_{mn})$ 取得最小值时，ρ 可达到极优值，此时对应的窗宽 m^* 和 n^* 可作为自适应划分的最佳值，即：

$$(m^*, n^*) = \arg \min V(R_{mn})$$

（式 4.28）

图 4.16（a）列出了单对数坐标下式 4.27 准则 $V(R_{mn})$ 值随着式 4.25 粗糙粒度 $\rho(R_{mn})$ 的变化关系。不合适的 $\rho(R_{mn})$ 均会导致较大的准则值 $V(R_{mn})$。对于同一图像，两者均与等价关系 R_{mn} 相关，仅由划分窗宽 mn 直接确定。图 4.16（b）展示了不同 m 和 n 所对应的准则值变化曲面，其中存在明显的极小值，容易通过式 4.28 最小化，获得最佳图像粗糙粒度。

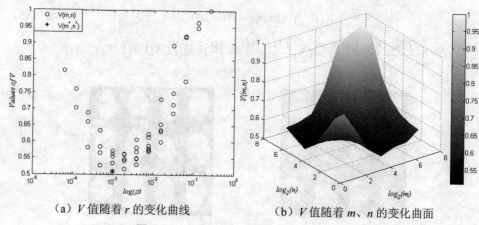

（a）V 值随着 r 的变化曲线　　　　（b）V 值随着 m、n 的变化曲面

图 4.16　不同粗糙粒度下的自适应准则值

　　为了验证窗宽 m、n 是否对称，图 4.17 分别列出了当最佳水平、垂直窗宽时，$LGSD$ 均值和标准差及自适应准则 V 值等局部特征随着另一方向窗宽的变化情况。即使 potatoes 图像 $h=w$，但目标的宽高并不相等，局部特征的变化也完全不同。

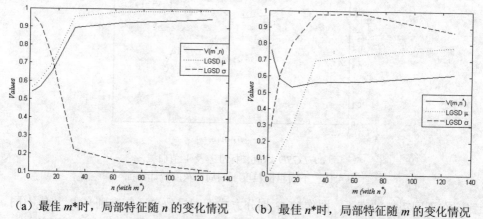

（a）最佳 $m*$ 时，局部特征随 n 的变化情况　　（b）最佳 $n*$ 时，局部特征随 m 的变化情况

图 4.17　最优粗糙粒度下的局部灰度标准差和自适应准则值

　　当窗口取最优值 $m*$ 时，随着 n 增加，$LGSD$ 均值增大、标准差减小，V 值变化趋势与 $LGSD$ 均值近似。反之，当窗口取最优值 $n*$ 时，随着 m 增加，$LGSD$ 均值增大、标准差先增大后减小，V 值变化趋势与 $LGSD$ 均值和标准差都不同。相比而言，取最优值 $n*$ 时，$LGSD$ 和 V 值更接近最佳情形，表明该图像水平方向对于二值化更重要，这与该图像目标在水平方向上灰度变化更复杂相符合。因此，图 4.17 从一定程度表明，目标非近似方形时，传统基于粗糙集的方法采用等距离窗宽是不合理的。

4.3.4 AREbIT 方法描述与分析

一旦利用式 4.28 自适应获得图像最优粗糙粒度及其对应的最优窗宽 m^* 和 n^*，等价关系 R_{mn} 就诱导出相应的等价类，即图像粒 G_i（$i=1, 2, ..., N$），于是式 4.24 的粗糙熵中仅剩一个待定量 T。根据式 4.23，图像粗糙不确定度越小，图像目标和背景的粗糙程度越小，所提取的目标和背景像素越精确。式 4.24 表明，图像粗糙不确定度越小，粗糙熵越大。最优灰度阈值 T^* 可通过最大化图像粗糙熵实现，即：

$$T^* = \arg\max E_{R_{m^*n^*}}(T) \qquad\qquad (\text{式 4.29})$$

此时可利用式 4.29 确定图像分割的最优阈值，现有文献大多数也均采用这种方法。但是，本书认为，传统方法没有考虑到图像过渡区的粗糙不确定性，强制利用最大化粗糙熵的阈值获得分割结果，未能准确把握图像过渡区的实际情况，在过渡区像素划分为目标和背景时存在疑问。本书引入过渡区阈值化的思想，将图像目标和背景上下近似集的边界视作过渡区，提出了以下最优分割阈值确定方法：

$$T_{opt} = \sum_{P \in BND(O_{T^*})} g(P) / |BND(O_{T^*})| \qquad\qquad (\text{式 4.30})$$

图 4.18（a）是 potatoes 图像的最大化粗糙熵曲线，总体上，低灰度背景的粗糙度随着灰度级的增加而增大，高灰度目标的粗糙度则随着灰度级的增加而减小，这符合该图像客观实际。为平衡式 4.23 中目标和背景的粗糙不确定度对于边界区域的影响，最大化粗糙熵获得对应的灰度阈值 T^*，确定过渡区。如图 4.18（b）所示，给出了本书方法利用阈值 T_{opt} 对 potatoes 图像的最终二值化结果。与图 4.15（b）的参考图像对比，本书方法的结果在主观视觉上是可接受的。

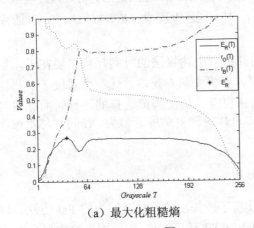

（a）最大化粗糙熵　　　　　　　　　（b）阈值 T_{opt}=93 的结果

图 4.18　potatoes 图像阈值化

综上，本书提出的算法描述如下。

算法 4.5

输入：图像 I

输出：二值图像

算法步骤：

Step 1 读取图像及其相关信息，包括 U, g, h, w, L 等。初始化 $m \in [2, h-1]$ 和 $n \in [2, w-1]$；

Step 2 对满足 $h \equiv 0(\bmod m)$ 和 $w \equiv 0(\bmod n)$ 的候选窗宽 m、n，划分图像并建立 U 上的关系 R_{mn}，产生等价类，即图像粒 G_i（$i = 1, 2, ..., N$）；

Step 3 对所有粒度下的图像粒，根据式 4.26 计算局部灰度标准差 $LGSD$，利用式 4.27 计算自适应准则值，通过式 4.28 最小化并确定最优粗糙粒度及其窗宽 m^* 和 n^*；

Step 4 获得 U 上的等价关系 $R_{m^* n^*}$ 及其等价类 G_i（$i = 1, 2, ..., N$）；

Step 5 对于所有候选灰度 $T \in [0, L-1]$，根据式 4.16～4.19 建立图像目标和背景的上下近似集；

Step 6 根据式 4.23 和式 4.24 计算图像目标和背景的粗糙不确定度及粗糙熵，通过式 4.29 最大化粗糙熵获得阈值 T^*；

Step 7 根据式 4.30 获得最终的最优分割阈值 T_{opt}，并将图像二值化。

步骤 1 扫描图像一次，时间复杂度为 $O(hw)$，这是所有方法都必要的耗费。步骤 2 和 3 多次扫描图像，时间耗费主要依赖于候选窗宽 m 和 n 的个数，记作 N_{mn}，时间复杂度为 $O(N_{mn}hw)$，对于大多数图像 $N_{mn} \ll hw$。步骤 4 作为过渡性输出，与给定图像尺寸有关，时间复杂度为 $O(hw)$。步骤 5 和 6 搜索候选灰度级，时间复杂度为 $O(L)$。步骤 7 一次扫描图像目标和背景上下近似集的边界，该过程取决于边界集的元素个数 $|BND(O_{T^*})|$，时间复杂度为 $O(|BND(O_{T^*})|)$，通常 $|BND(O_{T^*})| \ll hw$。

除开所有阈值化方法必须的时间开销，上述算法的时间耗费主要在于，步骤 2 和 3 获得自适应最优窗宽 m^* 和 n^*，步骤 5 和 6 获得最优灰度阈值 T^*。相比而言，利用粗糙集的传统算法人工选择窗宽、最优阈值选择的运行时间耗费与本书相同。本书自适应搜索最优窗宽，总体时间复杂度近似为 $O(hw)$，与图像尺寸成线性关系。

4.3.5 AREbIT 方法实验结果与分析

为了验证上文的相关分析，编程实现了所提出的算法及同类的 Pal 方法，该方法是本书的研究基础。算法均在 Matlab 2007b 环境实现，实验图像参数为 $L=256$，

$h=w=256$。限于篇幅，本书仅选取部分代表性结果。为了量化评估与比较相关实验结果，文中采用了误分率 ME、平均结构相似性 MSSIM、假阴率 FNR 和假阳率 FPR 等指标衡量算法分割质量的差异。

实验 1：用本书方法对四幅代表性图像进行了实验，除了 potatoes 图像外，其他分别命名为 cell、ndt9、ndt15。其中前两幅被广泛用于分割性能评价，后两幅主要用于无损检测。图 4.19（a）列出了后三幅图像的可视化结果，从定性主观视觉效果上看，本书方法阈值化的结果较好，接近参考图像。

为了验证本书第 3 节的分析，统计了 cell、ndt9、ndt15 的 *LGSD* 均值和标准差随窗宽 *mn* 的变化曲线，也标出了自适应准则 *V* 值的变化情况。如图 4.19（b）、（c）（d）所示，随着窗宽的变化，粗糙粒度 ρ 单调递增，图像粒的大小逐渐递增，图像处理的细致程度递减，*LGSD* 均值单调递增，*LGSD* 标准差先增后减、具有极大值，自适应准则 *V* 值先减后增、具有极小值。

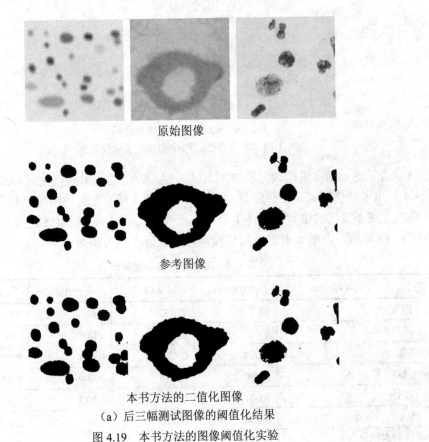

原始图像

参考图像

本书方法的二值化图像

（a）后三幅测试图像的阈值化结果

图 4.19　本书方法的图像阈值化实验

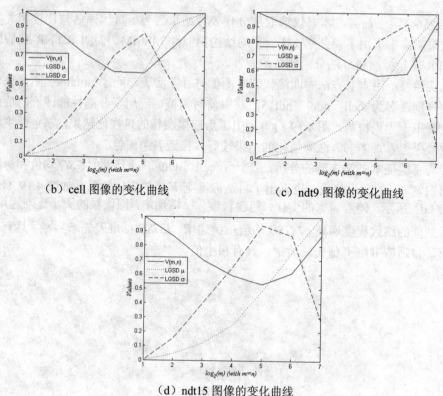

（b）cell 图像的变化曲线　　　　　　（c）ndt9 图像的变化曲线

（d）ndt15 图像的变化曲线

图 4.19　本书方法的图像阈值化实验（续图）

为了进一步定量比较分析本书方法与相关方法的图像阈值化过程及质量，表 4.4 列出了最优窗宽及各种定量指标评价的结果。对等宽高的图像，本书方法能自适应生成不等比的窗宽，总体上获得较低 ME 值、较高 MSSIM 值以及较小 FPR 值和 FNR 值，表明本书方法质量较高，较接近于参考图像。

表 4.4　本书方法的定量评价

比较项	potatoes	cell	ndt9	ndt15
窗宽 $m \times n$	32×2	2×32	64×2	64×2
阈值	93	230	178	213
ME	0.014	0.050	0.011	0.004
MSSIM	0.999	0.997	0.999	0.971
FPR	0.001	0.000	0.033	0.029
FNR	0.036	0.062	0.001	0.000
运行时间（秒）	4.353	4.336	4.314	4.285

此外，本书方法平均约 4 秒的时间耗费基本能满足实时需要，也验证了前述算法时间复杂度分析。总体上，本书方法在不明显增加时间耗费的情况下，自适应地获得了更优的阈值化结果，表明了本书方法的有效性。

实验 2：用 Pal 方法对上述四幅图像进行实验，该方法将图像灰度直方图中峰值宽度最小值的一半作为子块划分的窗宽。所获得的窗宽分别为 4×4、16×16、4×4、32×32，对应的阈值为 59、230、192、153。Pal 方法的二值化结果如图 4.20 所示，与图 4.18（b）及图 4.19（a）相比，Pal 方法生成的二值化图像在主观视觉上已经明显劣于本书方法。有鉴于此，本书不再列出其定量指标的评价结果。

图 4.20　Pal 方法的图像阈值化实验

针对目前利用粗糙集的图像阈值化所存在的问题，包括未能阐明粗糙集的理论基础、无法有效确定子区域划分窗宽、未能顾及过渡区像素的不确定性等，提出了一种用于单阈值问题的自适应粗糙熵解决方案，分析了图像局部灰度标准差、粗糙粒度及窗宽之间的相互关系，建立了基于 LGSD 均值和标准差的最小化自适应粗糙粒度准则，在图像最优粗糙粒度下通过最大化粗糙熵获得图像目标和背景的边界，将边界的像素灰度均值作为最优阈值完成最终图像二值化。理论分析和定性定量的实验表明，本书方法在不明显增加时间耗费的前提下，能够更客观地把握图像的实际特征，取得较满意的分割结果，是经典方法的有效补充。

4.4　图像不确定性边缘提取方法

4.4.1　图像边缘提取概述

目前，已有大量的边缘表示与提取方法通过参数条件能够获得较好的实验结果，同时，经典的方法如 Canny、Sobel、LoG 等，被作为历史标准用来比较和检验新方法的有效性。但是，这些方法大多数时间复杂度高，而且在缺乏物理意义的情况下算法的参数选择非常困难。近年来，借鉴物理学思想的边缘表示与提取逐渐引起了研究者们的广泛关注，这类方法受到物理学的启发进行相应的模拟，能够快速高效地完成边缘提取任务。Sun 等人提出了基于万有引力的边缘检测方法[70]，Lopez-Molina 等人对此用 *t*-模方法进行了改进[146]，并展开了进一步的扩展[147]，类似的，Wang 等人提出了模拟电场的边缘检测方法[148]，Bouda 等人提出了彩色图像边缘检测方法[94]，Wu 等人提出了基于数据场的边缘检测方法[149]。此外，还有研究者提出了基于水流和热流的方法[150]等。

　　另一方面，严格理想的图像边缘并不存在，由于测量误差、光照条件、噪声污染等原因，实际的边缘总是在某种程度上呈现出不确定性。常见的模糊边缘表示与提取方法包括模糊算子或者模糊系统的方法[151,152]等，将图像边缘提取流程看成是一个模糊系统，利用模糊集合表示边缘特征，采用模糊逻辑的方法处理边缘的模糊性。考虑到模糊集合隶属函数确定的困难，研究者提出了相应的改进方法[153,154]。

　　在认知物理学理论的支撑下，本书揭示了物理启发的图像边缘提取机制，以更统一的方式解释了现有借鉴物理学思想的图像边缘分割方法，利用数据场建立了关于物理启发下图像边缘提取的普适性模型，同时研究了云模型确定度的变化幅度与边缘像素表示与判定的关联关系，并利用半升云模型研究了不确定性边缘表示与提取问题，在图像分割的认知物理学粒计算框架下，提出了基于云模型和数据场的边缘提取的 CDbE 方法。

4.4.2　边缘与图像数据场

　　受到物理学思想的启发，现有模拟力的边缘特征提取方法主要包括以下三类：

　　（a）模拟牛顿万有引力的方法：牛顿万有引力定律认为，任意两个天体都会存在相互吸引作用力。假设其质量为 m_1、m_2，两者之间的距离向量为 $\vec{r}_{2,1}$，那么如图 4.21（a）所示的吸引作用力为 $\vec{f}_{12}$，计算公式如式 4.31 所示，其中 G 是引力常量。

$$\vec{f}_{12} = G \cdot \frac{m_1 \cdot m_2}{\| \vec{r}_{2,1} \|^2} \cdot \frac{\vec{r}_{2,1}}{\| \vec{r}_{2,1} \|}　　　\text{（式 4.31）}$$

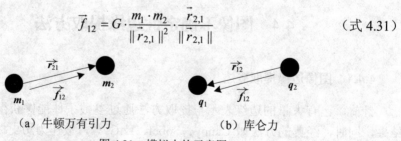

（a）牛顿万有引力　　　　　　　（b）库仑力

图 4.21　模拟力的示意图

　　Sun 等人[70]将图像的每个像素看成是一个天体，将任意位置(x,y)像素的灰度值 $g(x,y)$视作天体的质量，每个天体受到周围天体的吸引作用力，根据合力的叠加原理，可以计算得到位置(x,y)处天体的合力为：

$$\vec{F}(x,y) = \sum_{\substack{-1 \leqslant i \leqslant 1 \\ -1 \leqslant j \leqslant 1}} \frac{G \cdot g(x,y) \cdot g(x+i, y+j)}{\parallel \vec{r}_{(x,y),(x+i,y+j)} \parallel^2} \cdot \frac{\vec{r}_{(x,y),(x+i,y+j)}}{\parallel \vec{r}_{(x,y),(x+i,y+j)} \parallel} \qquad (式 4.32)$$

（b）扩展万有引力的方法：在 Sun 等人的基础上，Lopez-Molina 等人[146]扩展了万有引力方法，将 $g(x,y) \cdot g(x+i, y+j)$ 乘法抽象为三角模（t 模）$T(g(x,y), g(x+i, y+j))$，可以是最小模、乘积模、幂零最小模等，由此可扩展基于万有引力的边缘特征提取方法。

$$\vec{F}(x,y) = \sum_{\substack{-1 \leqslant i \leqslant 1 \\ -1 \leqslant j \leqslant 1}} \frac{\Theta \cdot T(g(x,y), g(x+i, y+j))}{\parallel \vec{r}_{(x,y),(x+i,y+j)} \parallel^2} \cdot \frac{\vec{r}_{(x,y),(x+i,y+j)}}{\parallel \vec{r}_{(x,y),(x+i,y+j)} \parallel} \qquad (式 4.33)$$

其中 Θ 是自定义的引力常量。

（c）模拟库仑力的方法：库仑定律是电学发展史上的第一个定量规律，在真空中两个静止的同种点电荷 q_1、q_2 之间存在相互排斥作用力，两者之间的距离向量为 $\vec{r}_{2,1}$，那么如图 4.21（b）所示的排斥作用力为 $\vec{f}_{12}$，计算公式如下：

$$\vec{f}_{12} = \frac{1}{4\pi\varepsilon_0} \cdot \frac{q_1 \cdot q_2}{\parallel \vec{r}_{2,1} \parallel^2} \cdot \frac{\vec{r}_{1,2}}{\parallel \vec{r}_{2,1} \parallel} \qquad (式 4.34)$$

其中 $K_e = \dfrac{1}{4\pi\varepsilon_0}$ 是库仑常数。

Wang 等人[148]将图像的每个像素看成是一个点电荷，将任意位置 (x,y) 像素的灰度值 $g(x,y)$ 视作点电荷的电量，每个电荷受到周围电荷的排斥作用力，根据合力的叠加原理，可以计算得到位置 (x,y) 处天体的合力为：

$$\vec{F}(x,y) = \sum_{\substack{-1 \leqslant i \leqslant 1 \\ -1 \leqslant j \leqslant 1}} \frac{g(x,y) \cdot g(x+i, y+j)}{4\pi\varepsilon_0 \cdot \parallel \vec{r}_{(x,y),(x+i,y+j)} \parallel^2} \cdot \frac{\vec{r}_{(x,y),(x+i,y+j)}}{\parallel \vec{r}_{(x,y),(x+i,y+j)} \parallel} \qquad (式 4.35)$$

于是可以构建由图像边缘特征到力的映射关系，在此基础上进一步完成边缘表示与提取，但是上述文献中均未涉及边缘的不确定性表示问题。更进一步，上述不同的方法模拟了不同的物理量。从形式上看，各种方法之间的相互关系非常紧密。但从内在本质上看，万有引力与库仑排斥力的物理含义上存在着重要的区别。在力的体系下，显然无法将上述方法有效统一。另一方面，上述方法在图像边缘特征提取时都存在一种假设，即像素之间超过一定的有限距离，相互作用力非常小，可以忽略。事实上，这种假设在物理学中是根本不合理的，万有引力和库仑力在距离无穷远处才为 0，任意有限的距离其相互作用力的大小都不可能为 0。在数学意义上说，任意空间上的点对应于某个物理量的确定值，由此构成场，势是场中移动单位质点所做的功，是势能的差值。因此，数据场为这种物理启发的边缘提取机制提供了统一的可能，可以建立图像数据场提取图像特征，从能量的角度用势值统一地表达上述模拟力的各种方法。

在式 3.1 中图像数据场的势函数有众多选择，势函数形态 $\varphi^1_{(p,q)}(x,y)$，$\varphi^2_{(p,q)}(x,y)$，$\varphi^3_{(p,q)}(x,y)$ 分别模拟了万有引力场、核力场、静电场，于是，通过图像数据场也就使得上述众多模拟物理力的边缘特征提取方法具备了理论体系的完整性和一致性。数据场的提出者已经分析了上述势函数的特点[14]，他们认为拟核力场的势函数形态数学性质更好，物理意义更合理，因此，本书选用拟核力场的势函数建立图像数据场。

理论上说，图像边缘通常表现为灰度值的变化，映射到数据场就是势值的变化，但是在实际图像中这种变化通常是渐进的，而不是阶跃的，如图 4.22 所示，从势值直方图可以明显看出，势值本身没有呈现出突变的趋势。任意像素的势值一定是有限的非负值，势值越大越可能是边缘，势值越小越不可能是边缘，即确定为边缘的程度理应随着势值的递增而单调递增。当势值为 0 时，图像像素完全位于同质区域，肯定不属于边缘，反之，势值为最大值 φ_{max} 时，像素肯定属于边缘，此外，更大部分势值位于 $(0, \varphi_{max})$ 区间内的像素是否属于边缘存在不确定性。因此，边缘的表示本质上具有不确定性。虽然模糊集合被广泛用来处理其中的模糊性[153,154]，但是考虑到云模型的特点[155]及其在图像不确定性分析中的优势，本书采用正态云模型实现边缘的不确定性表达。

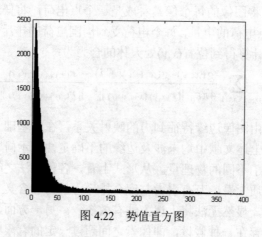

图 4.22　势值直方图

4.4.3　图像边缘的不确定性分析

在本书第 3 章介绍的认知物理学粒计算框架下，通过图像数据场可以完成图像粒化，并通过类谱系图建立图像空间上的覆盖。针对图像边缘提取，尚剩余一个关键问题有待于解决，即图像数据场粒化以后，基于粒化的计算问题。本书引入云模型实现图像不确定性粒化的计算，构造半云设置势值软阈值完成图像边缘不确定性提取。

利用正态云可以表达边缘的不确定性，一种最直接、也是目前最常用的方法是利用逆向云发生器算法根据数据场的势值得到云模型的三个数字特征，所得到的边缘确定度图像如图 4.23（a）所示。但是，在某些情况下，特别是已经雾化时，逆向云发生器算法会产生虚数的情形[18]。另一方面，从图 4.23（a）可以看出根据该边缘确定度图像能够很容易地提取图像边缘，但是靠近边缘附近的像素较暗，即确定度较小，似乎不符合"边缘附近像素属于边缘的确定度大"的实际情况，这是因为，根据图 4.22 所示的势值直方图，大部分势值较小，直接采用逆向云发生器算法，所得到的云模型本质上应该是图像非边缘区域特征的不确定性表示，所以看到的边缘确定度图像与实际情况正好相反。

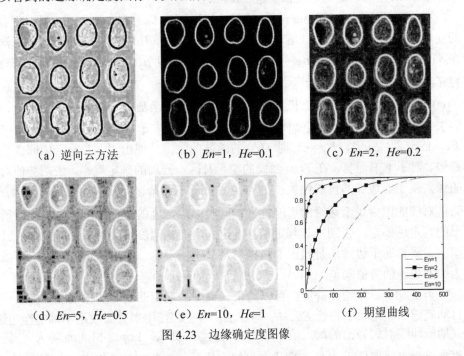

（a）逆向云方法   （b）En=1，He=0.1   （c）En=2，He=0.2

（d）En=5，He=0.5   （e）En=10，He=1   （f）期望曲线

图 4.23   边缘确定度图像

为了使云模型表示方法更鲁棒，同时，尽量使其与实际更相符，需要提出改进的方法。注意到，通常原始定义中 φ 的取值范围是 $(-\infty,+\infty)$，$\mu(\varphi)$ 在 $(-\infty, Ex)$ 内单调递增，在 $(Ex,+\infty)$ 内单调递减。于是，该定义中的确定度并不适合直接作为边缘确定度，本书对此做出了两点改进。首先，在论域中只考虑其不大于期望值的部分，即半升云；其次，构造自然对数 $\ln\varphi$ 使其映射新论域为有限区间 $[0,\varphi_{max}]$，由此改进的确定度为 $\mu(\varphi) = \exp(-(\ln\varphi - Ex)^2 /(2En'^2))$。

假设 $Ex = \ln \varphi_{max}$，$En \in \{1, 2, 5, 10\}$，$He \in \{0.1, 0.2, 0.5, 1\}$，分别根据上述确定度的定义建立势值分布的不确定性映射，所得到的边缘确定度图像如图 4.23 所示。从图 4.23（b）（c）可以看出，当 En 和 He 较小时，边缘确定度图像与实际情况比较一致，越靠近目标边缘的像素越亮，即确定度越大；反之，像素越暗，确定度越小，所得到的边缘确定度图像极易提取边缘。当 En 和 He 较大时，图 4.23（d）（e）虽然保持了图 4.23（b）（c）所反映出的基本特点，但是边缘附近像素与其他区域像素的亮度差异已经减小，确定度差值也减小，显然这将不利于后续边缘的提取。这种变化也可以从如图 4.23（f）所示的云模型期望曲线 $\mu_e(\varphi) = \exp(-(\ln \varphi - Ex)^2 / (2En^2))$ 中近似观察，En 较小时的期望曲线不同势值对应的确定度具有较好的区分度，但是当 En 增大时，这种区分度变得比较微弱，在 En 达到 10 时，大部分像素的确定度都接近于 1。

由于高斯函数的 3Sigma 性质，$P\{En-3He<En'<En+3He\}=0.9973$，根据正态云的实现算法可知，云模型非雾化状态 $En-3He>0$ 时（$He<En/3$），99.73%的云滴落在曲线 $\mu_1(\varphi) = \exp(-0.5(\ln \varphi - Ex)^2 / (En+3He)^2)$ 和 $\mu_2(\varphi) = \exp(-0.5(\ln \varphi - Ex)^2 / (En-3He)^2)$ 所围的区域[18]，如图 4.24（a）所示。对于任意给定的势值 φ，$f(\varphi) = \mu_1(\varphi) - \mu_2(\varphi)$ 称为云模型的确定度变化幅度函数，不是一个单调函数，不同云滴的确定度，其变化幅度有大小之分。如图 4.24（b）所示，绘制了当 $Ex = \ln \varphi_{max}$，$En=1$，$He=0.1$ 时 $f(\varphi)$ 的函数曲线，呈现出"两头小、中间大"的趋势。对于本书而言，在 $f(\varphi)$ 曲线的左半升区，云滴的确定度小，表明势值对应的像素属于非边缘的可能性大；在 $f(\varphi)$ 曲线的右半降区，云滴的确定度大，表明势值对应的像素属于边缘的可能性大；同时，确定度的变化幅度越小，表明所做出的判定越确定；否则，其判定越不确定。当变化幅度最大时，此时判定"云模型的云滴是属于边缘还是属于非边缘"是最不确定的，对应的势值实际上可以作为提取边缘的势值阈值。

为了利于后续边缘提取，可以约束云模型的期望曲线、变化幅度等构造一种自动确定云模型数字特征 En、He 的方法。首先，使用半升云表达不确定性边缘，其期望即映射到势值的最大值，即 $Ex = \ln \varphi_{max}$。其次，Lopez-Molina 等人[154]提出模糊集合隶属度位于 0.5 的图像灰度梯度值是直接分割的关键点，并利用 Rosin 的单峰阈值方法[128]获取该关键点。类似地，本书利用 Rosin 的方法获得数据场的势值关键点 φ_R，为了使云模型所得到的边缘确定度分布尽可能均匀，令云模型的期望曲线经过 $(\varphi_R, 0.5)$，即满足公式 $\mu_e(\varphi_R) = 0.5$；最后，将 φ_R 作为云模型变化幅度最大的位置，即函数 $f(\varphi) = \mu_1(\varphi) - \mu_2(\varphi)$ 在 $\varphi = \varphi_R$ 时取最大值。虽然直接求取最大值存在困难，但可采用数值计算的方法近似。

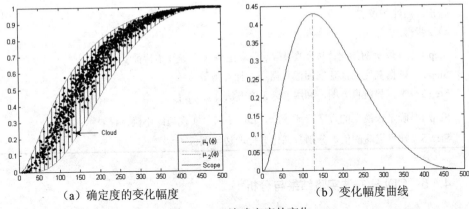

（a）确定度的变化幅度　　　　　　（b）变化幅度曲线

图 4.24　云滴确定度的变化

4.4.4　CDbE 方法描述与分析

通过云模型表示边缘并获得确定度的处理过程包含了对不确定性信息的处理，但是由于通常边缘分割结果需要确定地提取边缘并生成二值化图像，于是本质上边缘提取阶段就可以类比为一个去模糊化的过程，不妨称之为确定度的确定化。

一旦边缘通过云模型方法映射为确定度，边缘提取就可以转换为确定合适的阈值获取边缘像素集，该阈值可以是确定的单阈值，也可以是不确定的双阈值，即 Canny 算子所引入的迟滞阈值。其确定度阈值的设定方法分别为：

（a）直接用势值关键点对应于云模型期望曲线的确定度，即 $\mu_e(\varphi_R) = 0.5$ 作为单阈值，将图像像素分为边缘像素集合和同质区域像素集合两个部分。

（b）用势值关键点在云模型中确定度所对应的上下界，即 $\mu_1(\varphi_R)$、$\mu_2(\varphi_R)$ 作为迟滞阈值，将图像像素分割成两个部分。

为了更能体现云模型的特点，同时提高边缘提取效果，在本书后续的实验中采用了第二种方法。需要特别指出的是，由于云模型方法具有随机性，具有相同势值的不同像素在计算确定度时可能出现归属于边缘或非边缘的不同情况，此时，需要额外引入 Canny 算子所提出的非极大值抑制方法。另一方面，为了增强边缘的效果，需要增加一些辅助性的后续操作，如利用数学形态学的方法将边缘图像细化等。

综上所述，CDbE 方法的详细描述如算法 4.6 所示。

算法 4.6

输入：待分割图像 I，影响因子 σ

输出：边缘图像 E

算法步骤：

Step 1　参数 σ 初始化，读入图像 I，获取图像灰度等基本特征 g；

Step 2　根据灰度图像建立图像数据场，计算势值 φ；

Step 3　生成势值直方图，利用 Rosin 的方法计算 φ_R；

Step 4　确定云模型的数字特征（Ex，En，He），实现边缘不确定性表示；

Step 5　计算迟滞阈值，分割、细化并提取边缘图像 E。

4.4.5　CDbE 方法实验结果与分析

（1）参数优选实验

算法 4.6 仅涉及一个待定参数，即影响因子 σ。虽然其设置也可采用上述最小化势熵的方法，但是 CDbE 方法包含了不确定性处理，另一方面，对于边缘的提取与过渡区也存在不同，因此，本书通过实验研究了针对边缘处理的影响因子设定问题。

注意到，影响范围 ε 是由 $[3\sigma/\sqrt{2}]$ 所确定的一个整数，其选择要比 σ 更容易，因此，本书仅研究影响范围 ε，σ 随之变化。本节设置不同的 ε 进行实验以分析参数的影响。

本组实验建立图像数据场势值直方图的熵，通过最大化熵可实现参数的自动选择。熵的概念最早源自热物理学，其中 Shannon 熵是信息论中用于度量信息量的一个概念，被广泛应用于图像分割，最大化图像中目标与背景分布的信息量，利用图像灰度直方图的熵搜索最佳灰度阈值。借鉴这种思路，本书定义了与 ε 有关的势值直方图熵。

$$H(\varepsilon) = -\sum_{l=1}^{N_{bins}} p_l \log p_l \qquad （式 4.36）$$

其中 N_{bins} 表示离散划分势值直方图的子区间个数，根据图像灰度级的特点可设置为 $N_{bins} = L$。p_l 表示在当前 ε 所建立的图像数据场中像素的势值落入第 l 个子区间的概率。

于是，在 $\varepsilon \in [1, \max\{\lceil h/2 \rceil, \lceil w/2 \rceil\}]$ 范围内，可建立不同的图像数据场。通过搜索最大化的熵自动获得适用于给定图像的最优参数 ε^*，形式化如下：

$$\varepsilon^* = \underset{\varepsilon \in [1, \max\{\lceil h/2 \rceil, \lceil w/2 \rceil\}]}{\arg\max} H(\varepsilon) \qquad （式 4.37）$$

以 potatoes 图像为例，图 4.25（a）列出了熵值与 ε 的关系曲线，从中可以宏观地发现，当 $\varepsilon = 1$ 时熵 $H(\varepsilon)$ 较小，随着 ε 的增大，熵突然增大，在接近最大熵的一定范围内，熵的变化幅度较小，在 ε 继续增大时，熵开始出现突然减小，并基本维持稳定的量级，但仍然表现为缓慢地减小。

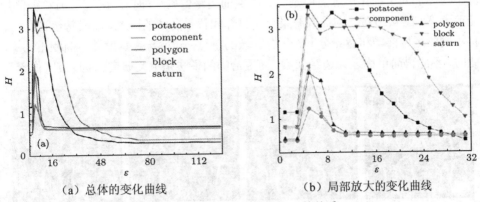

（a）总体的变化曲线　　　　　　　　　（b）局部放大的变化曲线

图 4.25　不同图像的熵值与 ε 的关系

为了从微观上进一步观察，图 4.25（b）列出了放大后的局部变化曲线，熵在 $\varepsilon = 5$ 时取得最大值，在 $\varepsilon \in [5,11]$ 时相差不大，随后突然变小。此外，图 4.25 中还列出了后文实验的四幅图像关于熵的变化曲线，也反映出了基本相似的变化趋势，注意到，五条曲线均在 $\varepsilon = 5$ 时获得最大熵，与下文的经验值符合。总体上说，本组实验结果表明，过小的 ε 发挥不了图像数据场的空间关联作用，但过大也失去了意义，特别在极端情况下会使图像数据场中所有像素的势值相等，不具有可分性，因此，图像数据场选择一个大小适中的 ε 是有益的，在侧重于要求高精度的分割质量时，使用上述方法自动地优选确定相关参数。

（2）参数设置实验

尽管在实验 1 中提出了自动化优选参数的方法，但多次建立图像数据场搜索最大化熵仍然将不同程度上额外增加图像处理的时间复杂度，在某些极端情况下可能会降低本书方法的实时性能。在实际应用的大多数情况下，需要在分割质量和速度之间选择一个平衡。为了给实验 1 的自动参数设置法提供一个备选的经验方案，本组实验采用业内惯常的做法，对图像进行多次实验，研究了不同参数对实际分割效果的影响，同时反复尝试不同的参数（trial and error）确定较优的经验值。对图 4.25（a）所示的原始图像，分别用 $\varepsilon \in \{3,5,9,23\}$ 进行实验，结果如图 4.26 所示。

从不同 ε 对应的不确定性表示可以看出，影响因子越小，不确定性表示对比度越低，局部区域呈现不均匀，即影响因子越大，边缘像素全面率越高。对比图 4.26（a）和（d）可发现，后者的白色区域明显要比前者宽，一定程度上就保证了提取结果不遗漏边缘像素。但是，影响因子也不宜过大，否则，所得边缘像素定位不精确，导致准确率偏低。对比图 4.26（e）和（h）可发现，即使在边缘图像中已经加入了细化过程，但是后者提取的边缘像素（即白色区域）仍然明显要比前者宽，图 4.26（h）的提取结果介于目标和背景之间的区域，既有边缘的特点，将不同的区域前景和背景分开，又有区域的特点，其自身有宽度并且面积不为零，此时，不能再简单称之为边缘像素，而更恰当的说法是上文研究的"过渡区像素"。

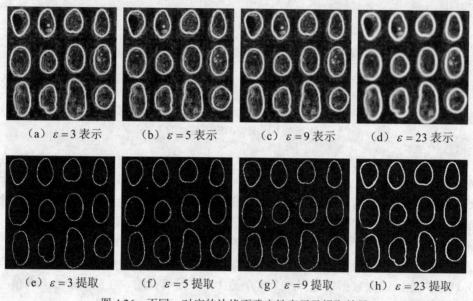

（a）$\varepsilon=3$ 表示　　（b）$\varepsilon=5$ 表示　　（c）$\varepsilon=9$ 表示　　（d）$\varepsilon=23$ 表示

（e）$\varepsilon=3$ 提取　　（f）$\varepsilon=5$ 提取　　（g）$\varepsilon=9$ 提取　　（h）$\varepsilon=23$ 提取

图 4.26　不同 ε 对应的边缘不确定性表示及提取结果

为了进一步定量分析由参数带来的分割质量差异，采用基于距离的度量 BDM 指标衡量算法分割质量。对于图 4.26 所示的不同 ε 对应的边缘提取结果，利用 BDM 定量评价了其分割质量，其中参考图像如图 4.27（a）所示，为了从一个侧面比较本书的方法以及参数的影响，也与经典的边缘算子，如 Canny、Sobel、LoG 等进行对比，这些算子均利用 Matlab 自带的函数实现，其边缘分割结果如图 4.27 所示。

定量评估结果如表 4.5 所示，对于不同 ε 对应的边缘提取结果，当 ε 较小时 BDM 值差异并不大，甚至是没有差异，但是当参数增大到一定程度时，随着参数的增大，BDM 值越来越大，表明边缘提取效果越来越差。另一方面，不管参数如何选取，本书的方法大致上都优于传统的边缘检测算子，特别是 Canny、LoG。上述理论分析和工程实践表明，总体上说，选择一个大小适中的 ε 是有益的，对于 256×256 的图像，ε 可取 5 或 7。

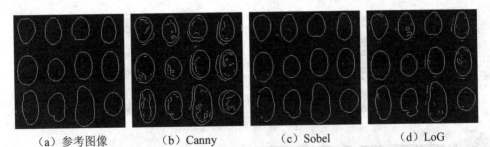

| （a）参考图像 | （b）Canny | （c）Sobel | （d）LoG |

图 4.27 参考图像及传统算子的分割结果

表 4.5 不同 ε 对应的边缘提取结果定量评价

	$\varepsilon=3$	$\varepsilon=5$	$\varepsilon=9$	$\varepsilon=23$	Canny	Sobel	LoG
BDM	0.5288	0.5288	0.6024	1.2308	4.0253	1.0575	2.6066

（3）一般图像边缘检测实验

为了验证所提出的 CDbE 方法，进行了边缘提取实验，并与相关方法进行了比较，包括文献[146]的 t 模引力方法，文献[149]的图像数据场方法，文献[154]的模糊边缘方法。也与经典的边缘算子如 Canny、Sobel、LoG 等进行对比。算法均在 Matlab 环境下实现，仍然采用 BDM 作为质量评价指标。考虑到不确定性方法具有随机性，为保证评价的客观性，每个图像进行 10 次实验，并记录 BDM 的平均值。

对四幅合成图像进行了实验，原始图像如图 4.28（a）所示，依次命名为 component、polygon、block、saturn 等，人工勾画了参考边缘图像如图 4.28（b）所示。文献[146]的方法选用的是最小 t 模，可视化的边缘提取结果如图 4.28 所示。

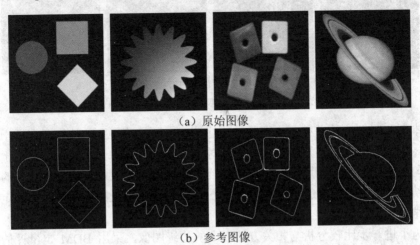

（a）原始图像

（b）参考图像

图 4.28 与相关方法提取边缘图像比较

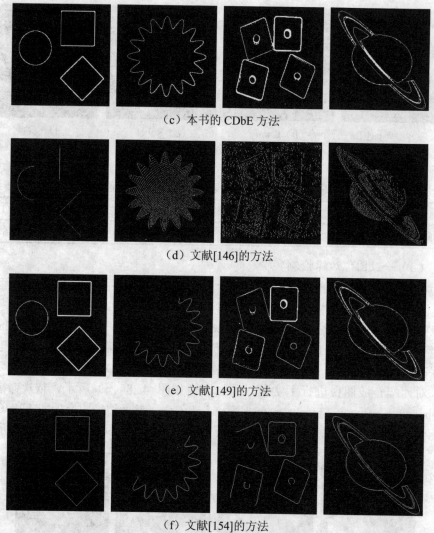

（c）本书的 CDbE 方法

（d）文献[146]的方法

（e）文献[149]的方法

（f）文献[154]的方法

图 4.28　与相关方法提取边缘图像比较（续图）

　　本书 CDbE 方法获得了更有效的边缘图像，所检测得到的边缘更接近于参考图像，也与实际视觉感知相符合。特别对于 polygon 图像，齿轮状边缘由于光照不均匀的影响，仅仅利用图像全局认知或者模糊检测，很难直接获得有效的边缘检测结果，本书的 CDbE 方法综合考虑图像全局认知以及图像灰度的不确定性，检测结果明显优于同类方法。

　　为了进一步比较分析与相关方法提取的边缘图像，采用 BDM 定量评估的比较结果如表 4.6 所示。表 4.6 的结果表明，定量比较结果与可视化分析结果基本吻合，本书的 CDbE 方法获得了更好的边缘图像。

表 4.6   与相关方法的定量比较

图像名	本书方法	文献[146]方法	文献[149]方法	文献[154]方法
component	0.7146	15.7852	0.7605	36.0135
polygon	1.5001	13.6162	35.9936	43.2105
block	1.1732	17.6745	2.1196	5.0505
saturn	5.9946	9.7341	6.6853	1.2481

另一方面，从表 4.6 的定量分析结果可看出，CDbE 方法对于 saturn 图像仅获得了次优，并且与获得最优的文献[154]的方法 BDM 值相差比较大，同时，对比图 4.29 也能够发现这种不足，原因正是由于在 saturn 原始图像中，目标本身过于细小，特别是土星的运行轨道相距也很近，此时仅仅考察其中的灰度不确定性就能足够精确地定位边缘，文献[154]的方法也因此提取了最优的边缘图像，但是 CDbE 方法综合了全局灰度认知和灰度不确定性，在考察全局灰度认知时，计算了邻域像素之间的相互作用力，反而导致相距较近的若干条轨道及其相夹的区域都被笼统地认定为边缘，导致 saturn 图像的边缘比文献[154]方法所得到边缘的粗糙。更进一步，由于同样的原因，对于包含复杂纹理的图像，本书 CDbE 方法也无法获得非常有效的边缘图像。

（4）图像库鲁棒性实验

为了验证本书 CDbE 方法的鲁棒性，随机选取了 20 幅复杂自然图像进行实验，图像来源于 Berkeley 公开图像库，其中还包含参考边缘图像。用本书 CDbE 方法进行边缘提取实验，并与经典的边缘算子如 Canny、Sobel、LoG 等进行对比，定量的比较结果如图 4.29 所示。

对于随机选取的大多数图像，本书的 CDbE 方法能够获得较低的 BDM 值，意味着 CDbE 方法所检测到的边缘图像与参考图像最接近。数据统计也表明 CDbE 方法获得了较低的 BDM 平均值和标准差。特别是与经典的 Canny、LoG 算子相比，一定程度上表明 CDbE 方法具有鲁棒性。注意到，CDbE 方法虽然从 BDM 值上看并不绝对优于 Sobel 算子，甚至前者的平均值略高于后者，但是差异并不大，同时也不意味着本书的方法劣于 Sobel 算子。实际上，在文献[70]中，采用最简单直观的例子已经分析了模拟万有引力的方法与 Sobel 算子的关系，并指出了按照 Canny 提出的"每个边缘有唯一的响应"原则，万有引力的方法优于 Sobel 算子[70]。本书 CDbE 方法可以认为是文献[70]方法的扩展与改进，理应具有同样的优势。BDM 值的差异一定程度上由于图像数量的原因，并非有合适的图像能够发挥

CDbE 方法的优势。即便如此，与经典的优秀 Canny、LoG 算子相比，仍然能够验证本书 CDbE 方法的鲁棒性。

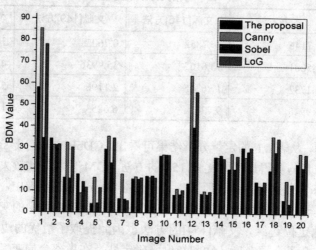

图 4.29　与经典方法的定量比较

4.5　本章小结

本章针对具体的图像分割需求，主要以图像数据场为基础，在多层次粒化计算的框架下，详细分析了面向不同应用需求的若干可行图像分割方案，包括面向图像过渡区提取与分割的 IDfT 方法、面向图像同质区域分割的 IDfH 方法、面向不确定性边缘提取的 CDbE 方法、以及基于自适应粗糙熵的图像阈值化 ARebIT 方法，对于每种方法都从研究动机到算法描述，再从算法实现从到实验比较等全面、充分地论证了所提出方法的可行性和有效性。

第 5 章　图像分割的多视角粒计算方法

多层次粒结构从单一的视角描述和理解待求解问题的一个局部侧面，多视角是多个单一视角的组合和优化，更全面、完整地描述和理解待求解问题。为了充分发掘图像所蕴含的丰富信息量，提高特定条件下图像分割问题的精确度和准确度，通过图像特征场粒化，诱导出多视角粒结构。以多视角粒结构作为分析对象，研究面向图像分割的多视角粒计算方法。针对图像分割中的多维阈值化、纹理划分等具体问题，从图像分割方法的现状出发，分析这些应用问题与图像特征场的关系，讨论利用图像特征场粒化的可行性和有效性，在认知物理学的支持下，提出面向具体分割应用的多视角粒计算解决方案。

5.1　不确定性的图像一维阈值分割方法

5.1.1　多视角的图像数据场

根据上文的分析，按照其质量定义方式的不同可以产生多种不同类型的图像数据场。不同的图像数据场在势值的分布规律上也各不相同。也就是说，对于同一幅图像而言，不同质量的图像数据场从不同的侧面反映了图像的某个局部特征。如果要从多个侧面全面理解图像本身的信息特征，就可以联合多个不同质量的图像数据场。

基于多视角粒计算的考虑，在图像分割的认知物理学粒计算框架下，本书提出了一种新的图像一维阈值分割方法，即基于云模型和数据场的一维阈值化方法CDbT，该方法通过多个图像数据场共同联合反映图像特征的相互作用关系，这种方式源于图像数据场，但又高于图像数据场，介于图像数据场和图像特征场之间，虽然使用了与多层次粒计算的图像分割方法相似的图像数据场，但是并没有直接利用类谱系图根据势值关系生成图像像素的硬划分，本质上具有多视角粒化计算的特性，且其阈值具有不确定性。

对于图像分割而言，在图像数据场中，质量定义导致同一图像的数据场出现势值分布上的显著差异性，另一方面，不同质量的图像数据场在势值分布上呈现强相关性，本书从粒计算的角度将这些特性综合起来称之为图像数据场的多视角性。以下仅以 M_1 方法和 M_5 方法所定义的质量为例，探讨基于多视角图像数据场的图像分割方法。

仍然仅考察图像粒内部的相互作用，在图像数据场中，将图像粒的对应像素灰度值作为数据对象的质量，即在 3.3.1 节中定义的 M_1 方法，所采用的质量称为绝对质量，任意中心位置的势值采用下式计算，称为图像数据场的绝对视角。

$$\varphi_a(x,y) = \sum_{\substack{1 \leqslant p \leqslant h \\ 1 \leqslant q \leqslant w}} f(p,q) \times \exp(-(\max(|x-p|,|y-q|)/\sigma)^2) \qquad (\text{式} 5.1)$$

在图像数据场中，将图像粒的中心像素与邻域像素的灰度差值作为数据对象的质量，即在 3.3.1 节中定义的 M_5 方法，所采用的质量称为相对质量，任意中心位置的势值采用下式计算，称为图像数据场的相对视角。

$$\varphi_r(x,y) = \sum_{\substack{1 \leqslant p \leqslant h \\ 1 \leqslant q \leqslant w}} |f(x,y) - f(p,q)| \times \exp(-(\max(|x-p|,|y-q|)/\sigma)^2) \qquad (\text{式} 5.2)$$

总体来看，任意中心位置的图像粒在绝对视角和相对视角的势值存在关系 $\varphi_a(x,y) + \varphi_r(x,y) = \sum f(x,y)$ 或 $\varphi_a(x,y) - \varphi_r(x,y) = \sum f(x,y)$。显然，这种关系完全依赖于图像本身所反映的信息，因此，对于同一幅图像来说，图像数据场的绝对视角和相对视角是强相关的。至于图像数据场的绝对视角和相对视角之间的显著差异性，根据式 5.1 和式 5.2 形式上的简单比较，就可以很容易地判定，也就是说，只要不是 $f(x,y) \equiv 0$，这种差异就必然存在，差异量的大小取决于图像本身。

以图 5.1 所示的简单合成图像为例，原图像如图 5.1（a）所示，由矩形目标（灰度 150）和暗背景（灰度 50）构成，按式 5.1、5.2 生成图像数据场的绝对视角、相对视角分别如图 5.1（b）、（c）所示，绝对视角能呈现亮目标，相对视角能反映边缘或噪声。

（a）原始图像

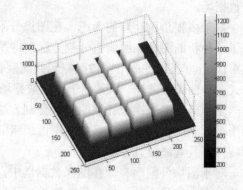

（b）图像数据场的绝对视角

图 5.1 多视角图像数据场示例

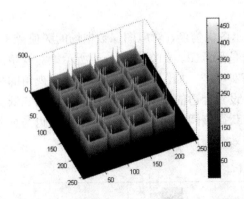

（c）图像数据场的相对视角

图 5.1　多视角图像数据场示例（续图）

5.1.2　图像数据场在不同视角所反映的特征

在多视角图像数据场中，作用像素与被作用像素（下文简称为邻域像素、中心像素）构成一个局部区域，反映了图像粒的局部信息。按照中心像素划分，式 5.1、5.2 确定的多视角图像数据场具有以下性质：

（a）在绝对视角中，一部分位于图像同质区域内部的中心像素和邻域像素都是低灰度值，称为低灰度区，由式 5.1 可知其中心像素和邻域像素的势值都较低。从统计特性看，低灰度区表现为势值均值小、标准差小。一部分位于图像同质区域内部的中心像素和邻域像素都是高灰度值，称为高灰度区，其中心像素和邻域像素的势值较高，总体呈现势值均值大、标准差小。余下的部分是包含边缘或噪声的过渡灰度区，表现为灰度值上的不连续，势值呈现不稳定，总体上势值的均值中等（介于低灰度区和高灰度区之间）、标准差相对较大。

（b）在相对视角中，图像区域内部的像素呈现相似性，称为同质区，由式 5.2 可知中心像素的势值较小，邻域像素的势值总体上较小，势值均值较小，标准差较小，且越远离该区域的中心，势值越大。图像区域之间的边界像素在局部邻域表现出渐进状的不连续性，中心像素的势值较大，邻域像素的势值总体上较大，势值均值较大，标准差也较大。图像区域中的噪声像素在局部邻域表现出阶跃状的不连续性，中心像素的势值较大，邻域像素的势值都不大，势值均值不大，标准差也不大。

（c）图像像素集合根据绝对视角的势值划分为低灰度区、过渡灰度区、高灰度区，根据相对视角的势值划分为同质区、过渡。绝对视角中的过渡灰度区对应相对视角中的过渡区；绝对视角中的低灰度区和高灰度区共同构成相对视角中的同质区。

　　以图 5.1（a）所示图像为例，对应图像数据场的势值频率分布直方图如图 5.2 所示，其中势值划分是示意图。如图 5.2（a）所示绝对视角的势值划分为低灰度区、过渡灰度区、高灰度区，如图 5.2（b）所示相对视角的势值划分为同质区、过渡区。理论上说，设置合适的阈值 T_1、T_2 就能提取高、低灰度区，对应图像目标或背景，但要精确获得该阈值几乎不可能，阈值 T_3 也是如此。本书综合图像数据场的这两个视角有效分离出相应的像素区域。

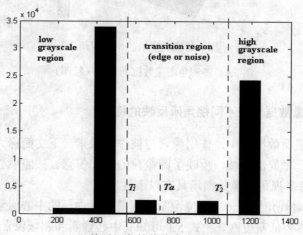

（a）绝对视角的势值直方图及分布

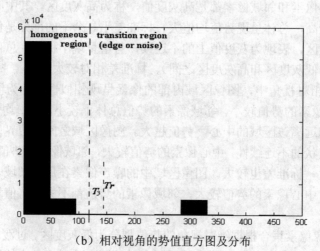

（b）相对视角的势值直方图及分布

图 5.2　图像数据场的势值直方图及分布示意图

5.1.3　CDbT 方法描述与分析

在相对视角中设置接近 T_3 的阈值 T_r，在绝对视角中设置接近 T_1 的阈值 T_a，于是潜在的同质区像素集合、低灰度区像素集合分别为

$$HR = \{p \mid \varphi_r(p) \leqslant T_r\} \quad LR = \{p \mid \varphi_a(p) \leqslant T_a\} \qquad （式 5.3）$$

根据式 5.3，就可以相对精确地确定低灰度区、高灰度区像素集合 R_l, R_h：

$$R_l = LR \bigcap HR \quad R_h = (P - LR) \bigcap HR \qquad （式 5.4）$$

其中 P 表示图像所有像素的集合，即图像原始采样空间。

显然，阈值 T_a、T_r 的选择要比最优阈值容易得多，但仍然是影响分割质量的重要环节，为此，本书根据图像数据场的性质，确定了自适应准则。在绝对视角中，设图像像素的势值均值为 μ_a、标准差为 σ_a，设任意像素 p 的邻域势值均值为 μ_a^p、标准差为 σ_a^p，类似的，在相对视角中，设总体势值均值为 μ_r，标准差为 σ_r，p 的邻域势值均值为 μ_r^p、标准差为 σ_r^p，令

$$T_a = \min(\max(\mu_a^p - 0.5\sigma_a^p, \mu_a - 0.5\sigma_a), \mu_a + 0.5\sigma_a) \qquad （式 5.5）$$

$$T_r = \min(\max(\mu_r^p - 0.5\sigma_r^p, \mu_r - 0.5\sigma_r), \mu_r + 0.5\sigma_r) \qquad （式 5.6）$$

自适应阈值 T_a、T_r 的意义在于使式 5.4 尽可能精确地确定低灰度区像素。根据图像数据场的性质，这部分像素的特点是：在绝对视角和相对视角中，全局和局部范围内的势值均值和标准差都较小。式 5.5 和 5.6 中的 max 函数在一定程度上表明势值的标准差较小；min 函数也说明势值的均值较小，同时保证局部特征符合图像数据场的全局趋势。

通过式 5.4 确定的灰度区像素集合 R_l 和 R_h 的并集必然是图像像素集合的子集，即

$$R_l \bigcup R_h \subset P \qquad （式 5.7）$$

在图像中一定存在一些边缘或者噪声像素；此外，所确定的像素集合 R_l、R_h 也并不可能保证百分之百的精确，因此，剩下的问题是如何根据像素集合 R_l、R_h 的特征得到最终分割结果。在 R_l、R_h 中，大部分像素实质上分别对应图像的背景或目标，其灰度分别描述了图像的背景或目标的特征，其他不确定的像素就可分别划分到这两类。于是图像分割问题转化为知识表示问题。云模型实现定性定量不确定性转换，优势恰恰在于定性知识表示。直接把 R_l、R_h 看成是两类样本，像素灰度值作为云滴，用逆向云发生器得到云模型 $C_l(Ex_l, En_l, He_l)$ 和 $C_h(Ex_h, En_h, He_h)$，完成图像特征的不确定性表示。

为简化描述，设图像是由较暗的背景（灰度值较小）和较亮的目标（灰度值较大）构成，云模型 C_l、C_h 分别对应图像的背景和目标，于是像素属于背景

或目标就能利用极大判定法实现，即像素灰度值对于云模型 C_l 的确定度大于云模型 C_h 的确定度，像素就被划分为背景，反之划分为目标。以图 5.1（a）所示的图像为例，图 5.3（a）、(b)是对应于背景和目标的云模型云滴及其确定度的联合分布图。

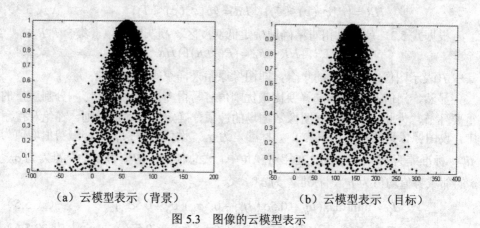

（a）云模型表示（背景）　　　　　　（b）云模型表示（目标）

图 5.3　图像的云模型表示

从图 5.3（a）可以看出，图像的背景云模型期望接近于 50，与实际图像特征吻合；图 5.3（b）也与实际情况吻合。与理想化的正态分布建模不同，云模型的特点在于放松了正态分布的条件，是一种泛正态分布，对于实际图像建模更加有效。

图 5.4（a）列出了图 5.1（a）所示的图像经过分割以后的最终二值化结果，图 5.4（b）用白色（灰度值为 255）列出了图像低灰度区和高灰度区的像素，黑色（灰度值为 0）表示的像素就属于不易分割的过渡灰度区，显然其中大部分都是图像的边缘像素。

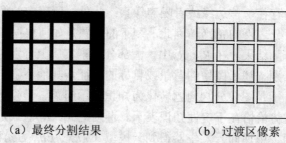

（a）最终分割结果　　　　　　（b）过渡区像素

图 5.4　图像分割结果及过渡区像素

从时间耗费的角度来说，在算法 5.1 中，Step 2 生成图像数据场，其时间复杂度为 $O((2\varepsilon+1)^2 hw)$，一般 $(2\varepsilon+1)^2 << hw$。Step 3、4、6 都相当于对图像进行一

次扫描，因此，时间复杂度均为 $O(hw)$。Step 5 计算云模型的数字特征，时间复杂度为 $O(hw)$。总体上，算法 5.1 的主要时间与图像规模（hw）近似成线性关系，表明算法 5.1 的有效性。实际图像分割实验表明，对于一幅 256×256 的图像，本书 CDbT 方法所需分割时间通常不超过 5 秒，基本能够满足工程实时分割的需要。

综上所述，本书提出的 CDbT 方法详细描述如算法 5.1 所示。

算法 5.1

输入：图像 I

输出：分割结果 Res

算法步骤：

Step 1　对于给定图像 I，根据前述 Li 方法计算影响因子 $\sigma = \sqrt{2}\varepsilon/3$；

Step 2　生成图像相对、绝对数据场并计算图像粒的内涵（势值、中心位置）；

Step 3　利用等势关系计算自适应势值阈值 T_a、T_r；

Step 4　确定低灰度区、高灰度区像素集合 R_l、R_h；

Step 5　输入像素集合 R_l、R_h，用逆向云算法计算云模型 $C_l(Ex_l, En_l, He_l)$ 和 $C_h(Ex_h, En_h, He_h)$；

Step 6　利用极大判定法实现图像分割，标记分割结果，输出二值化图像 Res。

5.1.4　CDbT 方法实验结果与分析

为了验证上述分析，编程实现了所提出的 CDbT 方法，也实现了与此相关的同类算法，即文献[10]提出的基于二型模糊集合的阈值分割方法、文献[39]提出的基于云模型和数据场的阈值分割方法、文献[21]提出的基于云模型的区域分割方法，同时也与经典 Otsu 算法[4]进行比较。算法均在 Matlab 环境下实现，为量化评估分割质量，采用误分率 ME[97]、平均结构相似性 MSSIM[98]等指标衡量算法分割质量的差异。

对六幅经典图像进行实验，原始图像如图 5.5（a）所示，依次命名为 block、gearwheel、potatoes、fluocel、rice、pcb，人工所勾画的对应参考图像如图 5.5（b）所示。图 5.5（c）（d）（e）（f）分别给出了文献[4]、文献[10]、文献[39]的方法以及本书方法的分割结果。

从图 5.5 可看出，文献[39]对大部分图像都获得了有效的分割结果，但对部分简单图像得到不太理想的结果，这是因为其中采用了云变换自适应聚类导致了云模型过度综合。本书方法不仅继承了文献[39]的优点，还改善了图像分割效果（如 block、gearwheel、fluocel、pcb 等），一定程度上表明新方法的改进是有效的。文献[10]利用二型模糊集合处理不确定性，分割结果有效，但是与本书的 CDbT 方法相比，文献[10]的方法缺乏随机性的考虑，导致部分图像过渡边缘像素扩张，如 gearwheel 和 rice 图像。Otsu 方法与本书方法获得了较好的分割结果，但是，Otsu 方法缺乏不确定性的考虑，导致 block 分割结果不好。

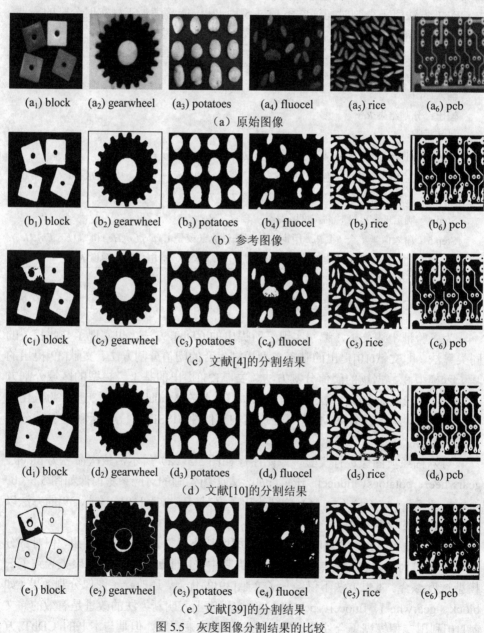

(a_1) block　　(a_2) gearwheel　　(a_3) potatoes　　(a_4) fluocel　　(a_5) rice　　(a_6) pcb

（a）原始图像

(b_1) block　　(b_2) gearwheel　　(b_3) potatoes　　(b_4) fluocel　　(b_5) rice　　(b_6) pcb

（b）参考图像

(c_1) block　　(c_2) gearwheel　　(c_3) potatoes　　(c_4) fluocel　　(c_5) rice　　(c_6) pcb

（c）文献[4]的分割结果

(d_1) block　　(d_2) gearwheel　　(d_3) potatoes　　(d_4) fluocel　　(d_5) rice　　(d_6) pcb

（d）文献[10]的分割结果

(e_1) block　　(e_2) gearwheel　　(e_3) potatoes　　(e_4) fluocel　　(e_5) rice　　(e_6) pcb

（e）文献[39]的分割结果

图 5.5　灰度图像分割结果的比较

(f_1) block　　(f_2) gearwheel　　(f_3) potatoes　　(f_4) fluocel　　(f_5) rice　　(f_6) pcb

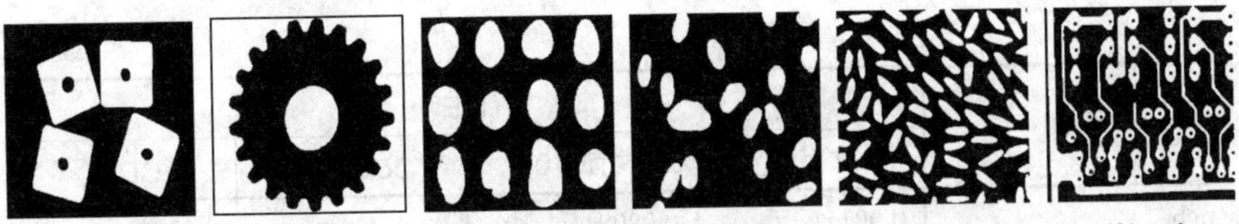

（f）本书 CDbT 方法的分割结果

图 5.5　灰度图像分割结果的比较（续图）

　　采用误分率（ME）、平均结构相似度（MSSIM）的分割评价结果如表 5.1 所示，本书 CDbT 方法即使未能获得最佳的分割结果，也会最接近最佳，获得次最佳分割。从 ME、MSSIM 评价指标的均值看，本书 CDbT 方法能够对大多数图像获得最优的分割效果，从 ME、MSSIM 评价指标的方差看，Otsu 不失为一种稳定通用的传统分割方法，不同的图像分割效果从评价指标上看都相对较为接近，但是注意到，本书 CDbT 方法与 Otsu 相比，误分率、平均结构相似度的方差差异均不超过 1%，表明本书 CDbT 方法也具有较好的稳定性、通用性。

表 5.1　图像阈值化的定量比较

图像	ME			
	文献[4]	文献[10]	文献[39]	CDbT
block	0.0683	0.0417	0.6526	0.0265
gearwheel	0.0393	0.0517	0.3907	0.0189
potatoes	0.0347	0.0073	0.0131	0.0189
fluocel	0.0106	0.0493	0.1327	0.0416
rice	0.1456	0.1366	0.1162	0.1306
pcb	0.1549	0.1694	0.1570	0.1584
均值	0.07557	0.07600	0.24372	0.06582
标准差	0.06076	0.06260	0.23583	0.06213
图像	MSSIM			
	文献[4]	文献[10]	文献[39]	CDbT
block	0.9938	0.9977	0.9212	0.9991
gearwheel	0.9976	0.9958	0.9567	0.9992
potatoes	0.9980	0.9997	0.9994	0.9992
fluocel	0.9996	0.9969	0.9844	0.9976
rice	0.9920	0.9929	0.9950	0.9935

续表

图像	ME			
	文献[4]	文献[10]	文献[39]	CDbT
pcb	0.9911	0.9898	0.9891	0.9909
均值	0.99535	0.99547	0.97430	0.99658
标准差	0.00352	0.00357	0.03003	0.00355

　　文献[21]属于区域分割方法，无法直接采用上述指标比较，但可以直接从人眼视觉的角度比较分析分割结果，如图 5.6 所示，该方法仅获得了三幅有效的分割结果，主要原因是该方法涉及过多人为设置的参数，即使仔细挑选，在毫无先验信息的情况下，仍然由于阈值设置不当导致欠分割。

 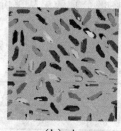 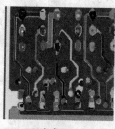

（a）block　　　　　　　　（b）rice　　　　　　　　（c）pcb

图 5.6　文献[21]方法的图像分割结果

　　综上，本书 CDbT 方法除了满足一般双峰图像分割以外，还特别适合于直方图双峰不明显的图像，是对经典 Otsu 算法的有效补充。当然，需要客观指出的是，该方法对单峰图像或目标纹理比较复杂的图像仍然不能得到较好的分割结果，主要原因是该方法仍然属于一维单阈值分割，缺乏对图像的复杂纹理、形状、先验知识等方面的考虑。对多目标图像，如果符合近似双峰，如表现为一个显著高峰（对应背景）和若干个低峰（对应于多个目标），本书方法也能将所有目标作为一类提取，但是无法将各类目标分割，这是因为该方法不涉及多阈值，不具备提取目标类别数的机制。

5.2　快速的图像二维阈值分割方法

5.2.1　图像二维阈值分割概述

　　一维最大类间方差法（Otsu）是基于灰度直方图的阈值法中最为常用的方法

之一[4]，因其简单高效而获得广泛应用。在理想情况下，图像的灰度直方图通常呈现双峰，其峰值分别对应了图像的目标和背景，该图像的最优分割阈值也就在灰度直方图的谷值处取得。但是，在实际工程应用中，待处理图像的灰度直方图往往不是明显双峰，而是单峰或多峰，传统基于一维灰度直方图的阈值选取方法就会存在一定的困难。与之相对的是，二维灰度直方图能够更充分地顾及邻域像素统计信息[141,156]。目前已提出了若干方法利用二维灰度直方图选取图像的最优分割阈值[157,158]，其中的大多数方法虽然改善了图像的分割效果，但是，也额外增加了大量时间复杂度，甚至有些方法的时间耗费高到完全不可接受，这就在一定程度上影响了这些方法在工程上的普及。因此，有针对性的改进大都是既要改善或保证分割效果，也要降低算法时间复杂度、提高算法效率。

本书也是从这一改进点出发，在认知物理学粒计算框架下提出了一种新的二维图像阈值分割方法：2DDF。该方法具有以下特点：一是保证顾及到传统的图像像素灰度信息及其邻域灰度信息，保证能获得不劣于传统方法的分割质量；二是将二维灰度直方图的频率作为数据场质点的质量，在图像二维灰度特征空间上建立相应的图像特征场，将图像从原始的灰度特征采样空间映射到图像特征场的势空间，从一个新的角度认识图像分割的阈值优化选择问题，同时，也使得其具有获得优于传统方法分割质量的潜力；三是模拟重力确定的方法，利用图像特征场的势心迭代快速搜索最优二维阈值，保证了数据特征空间的简化，使得其具有有效减少算法时间耗费的可能性。本书将首先介绍该方法所涉及的基本概念与原理，然后通过实验与结果分析验证上述特点。

5.2.2 图像二维特征场及其势心

在本书第 3 章介绍的认知物理学粒计算框架下，通过图像特征场可以完成图像粒化，并通过特征场的层次演化建立特征空间上的特征类划分，根据这些特征类最终建立图像空间上的划分或覆盖实现图像多维分割。针对二维阈值分割，余下两个关键问题有待解决：其一是粒化问题，即在何种粒度上建立对应的图像数据场；其二是基于粒化的计算问题，即如何设计特征场的层次演化策略。

采用 3.3.2 节的方法建立图像二维特征场，包括图像粒的中心位置对应灰度、图像粒对应外延像素的灰度均值。该图像特征场将更能够凸显二维直方图的峰值，且在其邻域呈现出自然抱团特性。根据第 3 章的分析，对于多视角粒化计算来说，即建立图像特征场，一旦选定了多个具体的图像特征以后，其根本也是影响因子的设定，此处仍然采用最小化势熵方法，当图像尺寸较大时，采用随机采样的方式降低时间复杂度。对于图像特征场的层次演化问题，基于降低时间复杂度的考虑，本书提出忽略图像粒的具体细节，直接以图像特征场的势心进行层次演化。

势心是数据场对应等势线的中心，也可以看成是其重心，在数据场中，越远离势心，等势线越稀疏，相关质点的对应势值也越小。例如，在影响因子 $\sigma=10$、40 时，给定两个质量不同的二维数据质点 P 和 Q，其坐标分别为(30,40)、(80,60)，以此为虚拟场源叠加形成的数据场等势线分布如图 5.7 所示，显然该图正好反映了上述势值的变换趋势。

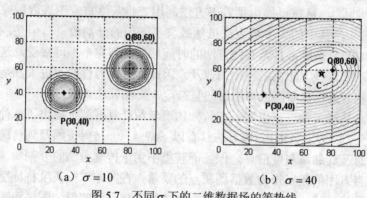

(a) $\sigma=10$ 　　　　　(b) $\sigma=40$

图 5.7　不同 σ 下的二维数据场的等势线

文献[20]提出了一种基于势心削除的数据聚类方法，在此基础上，本书针对图像数据的特点，按照第三章的总体框架，提出了图像特征场的势心削除策略。

若 $\exists S=\{X_0,X_1,...,X_j,...,X_k \,|\, 0<j<k\} \subseteq L \times L$ 满足 $\|X_j - X^*\| \leqslant 3\sigma/\sqrt{2}$，且 $X_0=X$，$X_k=X^*$，X_j 位于 X_{j-1} 的势值的梯度上升方向，X^* 为势心，则称 X 被 X^* 吸引。

从图像特征场中逐步迭代寻找局部极大值并删除势心，所有的势心集合就构成了描述整体数据的特征空间，实现了数据特征的约简。因此，图像特征场的势分布是候选阈值的一种简化估计，可以认为这些势心就是有利于图像分割的次优阈值。

在迭代过程中，删除当前的势心后，图像特征场相关位置的势值就需要更新，共分为三种情况：（a）势心 X^* 所在位置的阈值，直接更新其势值为 0；（b）被 X^* 吸引的所有质点 P_{X^*}，为了简化迭代，也可以直接更新这类质点的势值为 0。因为即使不这样更新，假设 P_{X^*} 仍然被后续过程选中作为势心，根据势心吸引原则，它们也会被直接剔除；（c）不被势心吸引的阈值 Y，用式 5.8 更新削除第 k 个势心后的势值。

$$\varphi_k(Y)=\begin{cases} \varphi(Y) & k=0 \\ \varphi_{k-1}(Y)-\sum\limits_{X_k \in P_{X^*}} \varphi_{k-1}(X_k) \times \mathrm{e}^{-\frac{\|Y-X_k\|^2}{\sigma^2}} & k>0 \end{cases}$$　　（式 5.8）

在势心削除完成后，图像特征场中就只保留了极少数的势心，实现了原始数据空间的特征约简。在不考虑任何外力的情况下，任意两个势心之间的距离都大于 $3\sigma/\sqrt{2}$，势心之间的相互作用力极小，小到可以直接忽略不计的程度。但是，如果这个时候将 σ 增加不可忽略的极小量 $\Delta\sigma$ 使其达到 σ'，换句话说，在新的影响因子下，当前距离最近的两个势心将产生足够大的作用力，即两者之间的距离在 $3\sigma'/\sqrt{2}$ 以内，其相互作用的影响力无法忽略；随着 σ' 的不断增加，由于数据力场的存在，使得原势心产生相互作用力，两者向着高势值一起聚集，直到在某个位置达到平衡状态，两者最后合并成新势心。

如图 5.7 所示，当 $\sigma=10$ 时，P 和 Q 之间的相互作用力程极短，两个数据对象周围的势值也极小，在等势线上就表现为 P 和 Q 各为势心，没有两者共同产生相互作用力的区域。随着影响因子的逐步增大，当 $\sigma=40$ 时，P 和 Q 的相互作用力及其范围都已经足够大，两者产生了共同作用的交叠区域，这就使得势心的位置发生显著变化，显然，在极端情况下，P 和 Q 叠加产生的势值可能为两个单场源之和。

借鉴物理学中物体重心的确定方法，本书刻画了势心动态合并过程的起止状态。任意给定两个势心 A 和 B，设其起始位置分别为 X_1、X_2，对应势值分别为 φ_1、φ_2，根据重心法，合并后新势心的位置为 $X_{new}=(\varphi_1 X_1+\varphi_2 X_2)/(\varphi_1+\varphi_2)$，势值为 $\varphi_{new}=\varphi_1+\varphi_2$。这种合并的物理解释和依据为：当 φ_1/φ_2 越大时，对应的 $\varphi_1/\varphi_{new}=1/(1+\varphi_2/\varphi_1)$ 也越大，表示原势心 A 对叠加在新势心处的势值贡献更大；依据等势线的生成原理，离势心越近的位置势值越大，因此，原势心 A 的位置就离新势心应该更近。多次执行上述步骤，将势心削除阶段提取到的若干势心依次合并，所得到的势心对应位置就可以作为最优阈值实现图像分割。

5.2.3　2DDF 方法描述与分析

综上所述，本书提出的 2DDF 方法详细描述如下。

算法 5.2

输入：图像 I，影响因子 σ，分割精度 ε，分类数 c

输出：分割结果 Res

算法步骤：

Step 1　$2D\_Hist = Generating\_Histogram(I,\varepsilon)$;

//以邻域模板的尺寸为 $\varepsilon=[3\sigma/\sqrt{2}]$ 生成图像 I 的二维灰度直方图 $2D\_Hist$。

Step 2　$3D\_field = Creating\_Datafield(2D\_Hist,\sigma)$;

//将二维灰度直方图的频率作为数据场的"质量"，计算二维直方图元素之间的相互作用和影响，根据影响因子 σ，采用 3.2 节中的式 3.2 计算网格点的势值，生成二维灰度直方图的三维数据场。

    Step 3 Set = Searching_MaxPotential($3D\_field,e$);

    //用上述方法逐步迭代，寻找局部极大值并进行势心删除，相关信息记录到势心集合 Set，直到满足用户设置的精度 e（默认值为 0）。

    Step 4 T = Mergering_PotentialCenter(Set,c);

    //根据用户设置分类数 c（默认值为 2），取势值最小的一个势心，找到与其距离最近的势心，进行势心合并，直至所有势心合并为 $c-1$ 个，合并得到的势心所在位置即对应最优分割阈值。

    Step 5 Res= ImageSegmentation(I,T);

    //利用阈值 T 对图像 I 进行分割，输出分割结果 Res。

    算法 5.2 涉及了四个主要参数：邻域模板的参数 ε、影响因子 σ、精度 e、分类数 c，其中邻域模板的参数与影响因子之间存在约束关系 $\varepsilon = [3\sigma / \sqrt{2}]$，后两个参数 e 和 c 都属于可选参数，由用户自行选择是否设置。影响因子 σ 对分割结果产生一定的影响，其优选可以参考文献[14,33]提出的最小化势熵算法，根据实验经验，当 $l = 256$ 时 σ 一般可取 3～5。

    算法 5.2 在 Step 1 中时间复杂度为 $O(hw)$，这是每个基于二维直方图的算法都必须的时间耗费。Step 2 的时间复杂度为 $O(l^2\sigma^2)$，一般 $\sigma \ll l$。如果有 n 个势心，通常 $n \ll l^2$，Step 3 的时间复杂度为 $O(9\sigma^2 n/2)$。Step 4 的时间复杂度为 $O(n^2)$。Step 5 的时间复杂度为 $O(hw)$，也是每个图像分割算法必须的开销。因此，除了传统算法都必须的 Step 1 和 Step 5 时间开销，算法 5.2 的时间复杂度为 $O(l^2\sigma^2)$，远远优于文献[114]提出的经典二维 Otsu 算法，略优于文献[156]提出的快速二维 Otsu 算法。以经典的 coins 图像为例说明上述算法的分割过程，实验结果如图 5.8 所示。参数分别设置 $\sigma = 3$，ε 和 c 取默认值。

    由图 5.8 可见，该图像的一维灰度直方图明显呈现多峰，而且相互重叠的程度比较大；一维 Otsu 方法只是考虑到了像素的灰度值，因此，对于该图像无法获得较好的分割结果，从图中可以观察到，一维 Otsu 方法生成的结果中一些大硬币包含了明显的黑点，同时，将其中最小的硬币近似作为了背景、基本没有划分到目标集合。势心删除阶段的迭代次数基本上严格依赖于数据场的分布特征，通常二维直方图会明显存在一定意义上的峰值，势心删除也就能够在极少次迭代后完成。图 5.8（d）是一个俯视的视角，其中依次迭代所寻找到的势心在数据场中用"+"标示出来，即离散的局部极大值，从数量上看，满足上文提及的 $n \ll l^2$。

图 5.8（e）是势心合并后的俯视图，标注在相交位置的"○"即为最优阈值。图 5.8（f）中 2DDF 方法能够很好地将图像中的硬币与背景区分开来。

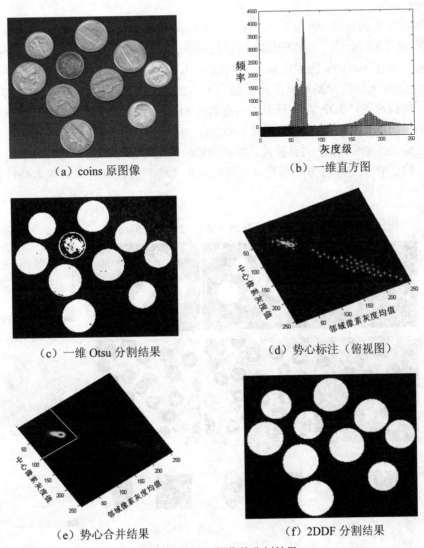

（a）coins 原图像　　　　　　　　（b）一维直方图

（c）一维 Otsu 分割结果　　　　　（d）势心标注（俯视图）

（e）势心合并结果　　　　　　　　（f）2DDF 分割结果

图 5.8　coins 图像的分割效果

5.2.4　2DDF 方法实验结果与分析

（1）鲁棒性

为了验证本书 2DDF 方法的鲁棒性，针对两个图像集进行了分割实验，即美国伯克利（Berkeley）大学数据集（http://www.eecs.berkeley.edu/Research/Projects/CS/vision/）和西班牙格兰塔（Granada）大学数据集（http://decsai.ugr.es/cvg/dbimagenes/）。

　　本组实验共包含 256 幅图像，按照 5.2.3 节进行参数设置，实验中部分效果好的图像如图 5.9 所示。在图 5.9 中，被分割的三幅图像分别命名为 fruits、blood、mixture，其中 mixture 图像中加入了均值为 0、方差为 0.01 的高斯白噪声。以经典一维 Otsu 方法的分割结果作为参照，本书 2DDF 方法的定性评价效果如表 5.2 所示，所提出的 2DDF 方法对于约占图像库的 82.1%图像都获得可接受的结果，表明所提出的 2DDF 方法能适应大多数图像的分割，且具有一定的抗噪性能。考虑到经典一维 Otsu 方法的鲁棒性，本书 2DDF 方法可以作为这种经典方法的有效补充，将适合于一维直方图不具有双峰性质但二维直方图具有双峰或多峰性质的图像。

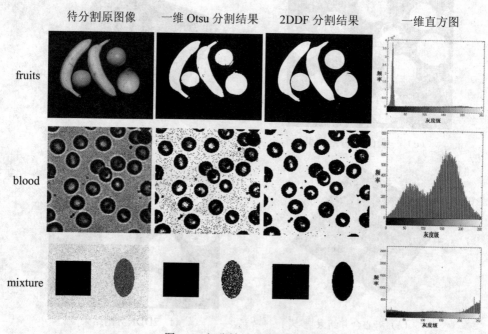

图 5.9　部分效果好的分割结果

（2）时间效率

　　为了验证本书提出的 2DDF 方法的时间效率，在本组实验中，从上一组实验选取了三幅分割效果好的图像（如图 5.9 所示），分别利用一维 Otsu[4]、经典二维 Otsu[114]、快速二维 Otsu[156]以及本书提出的 2DDF 等四种方法进行阈值分割实验。

依次记录这些方法处理图像直方图并获得最佳阈值的时间（对于 2DDF，即指 Step 2 至 Step 4 的算法执行时间）。用 Matlab 开发，在 CPU 为 Core2 2GHz，内存为 1GB 的实验环境下，对每幅图像分别进行十次独立的分割实验并取其平均值，实验结果如表 5.3 所示。

表 5.2　以 Otsu 方法为参照的分割结果比较

分割结果	图像个数	所占比例
效果好	78	30.1%
效果一般	132	51.6%
效果差	46	17.9%
总计	256	100%

表 5.3　算法时间效率的比较（单位：秒）

算法	执行时间		
	fruits	blood	mixture
一维 Otsu	0.0069	0.0027	0.0029
经典二维 Otsu	>3600	>3600	>3600
快速二维 Otsu	0.0965	0.1634	0.0508
本书 2DDF 方法	0.0627	0.1173	0.0251

结果表明，5.2.3 节中关于 2DDF 方法时间复杂度的分析具有合理性，2DDF 方法比一维 Otsu 能获得更好的分割效果，但其执行时间并没有明显呈指数级增长。

5.3　无显式准则的图像三维阈值分割方法

5.3.1　图像阈值分割的视觉特性

现有的大多数方法均属于一维图像阈值分割方法，仅仅利用图像像素的当前灰度信息将图像分成背景和目标，并未考虑图像像素之间丰富的空间相关性。本书第 4 章 4.1 节介绍的 IDfT 方法和本章 5.1 节介绍的 CDbT 方法，虽然建立图像数据场利用了一定的空间信息，但是仍然不够充分。

作为一种广泛使用的空间信息，图像局部邻域灰度均值提供了中心像素和相邻像素之间在空间上的灰度关联关系。于是，综合利用图像像素的当前灰度值和局部邻域灰度均值的二维图像阈值分割方法被广泛提出，包括本章 5.2 节介绍的 2DDF 方法，此外，更多的其他信息也被作为确定阈值的第二维要素加入到图像分割中，提出了更高效的图像阈值分割方法[69,156,159-162]。

然而，仅仅利用这些信息仍然还是不够的，特别是在图像包含混合噪声、低分辨率、低对比度等情形下，二维阈值分割方法效果通常不够好。理论上说，引入更多维度的要素将能够提高图像分割的性能。近年来，三维阈值分割引起了研究者们的关注。Jing 提出了三维 Otsu 方法，将局部邻域的灰度中值作为第三维要素进行图像分割[163]。与二维 Otsu 相比，三维 Otsu 能够有效地抑制混合噪声，但是，引入额外的信息也导致了处理时间上令人不可接受的高耗费。为了降低时间复杂度，许多快速算法被提出[6,164]。

尽管如此，研究者们一直以来不得不思考：为什么人眼无需任何显式的准则就能够快速地从背景中提取感兴趣的目标？其中是否包含一个自适应地启发式简化归纳的隐式过程？Lin 和 Zhao 的前期工作无疑支持了上述思考，二者初步探索了无显式准则的图像阈值分割方法，这类方法在粒子群优化算法 PSO 或蚁群优化算法 ACO 的基础上，无需任何显式的准则函数，通过粒子（或蚂蚁）的自适应移动获得最优分割阈值[165-167]。然而，这些方法大部分仅仅使用了图像像素的当前灰度信息，仍然属于一维图像阈值分割方法，未能注意到这类方法具有高维扩展性，可以充分利用图像的其他信息，另一方面，PSO 和 ACO 等均属于一类生物启发的最优化算法，从解决实际工程问题的角度出发，探索新的最优化启发机制，提出新的高性能优化方法，寻求更快速有效的、自适应的、无显式准则的简化归纳演化机理，仍然是一个值得深入研究的开放式问题。

事实上，一般图像都包含了大量丰富的直接或间接信息，这些信息都会有助于提高分割效果，特别是在一定程度上能够有助于抑制噪声。因此，理应提出新的方法引入尽可能多的图像信息，根据图像本身的特点自适应地快速获得分割阈值。基于上述背景，在图像分割的认知物理学粒计算框架下，本书提出了一种利用图像特征场的三维阈值分割方法 3DDF，该方法通过图像特征场探索了物理启发的质点自适应迁移机制和简化归纳机理，在无需任何显式准则的约束下，通过数据场中质点的动态演化，启发式地自适应搜索最优阈值。

5.3.2 图像三维特征场

假设待分割的图像 I_{hw}，其灰度矩阵为 G_{hw}，灰度级为 L，h、w 分别为图像的高和宽，即图像的空间分辨率为 hw，灰度级分辨率为 L。G_{hw} 所表示的灰度信息作为最优阈值的第一个维度。第二个维度是局部邻域的灰度均值，均值也就是算术平均值，设邻域窗宽为 w_l，一般为奇数，A_{hw} 就构成了局部邻域灰度均值矩

阵，其中

$$A_{hw} = \sum_{I \in D_{hw}} I / |D_{hw}| \qquad D_{hw} = \{I \mid if \parallel I - I_{hw} \parallel \leqslant w_l\} \qquad (式 5.9)$$

是邻域像素灰度值构成的有序集合，$|D_{hw}|$ 表示集合的元素个数。第三个维度是局部邻域的灰度中值，中值也称中位数，是一组排序数据中间的值，M_{hw} 就构成了局部邻域灰度中值矩阵。如果 $|D_{hw}|$ 是奇数，M_{hw} 是第 $(|D_{hw}|+1)/2$ 个灰度值，否则是第 $|D_{hw}|/2$ 个灰度值和第 $|D_{hw}|/2+1$ 个灰度值的平均值，D_{hw} 含义同上。上述 3 维信息构成了对图像的基本特征表达，记做 $I_{hw}^3 = (G_{hw}, A_{hw}, M_{hw})$。

图像本身过于复杂，为了提高后续分割算法的效率，可以对图像 I 进行一定形式的取样，取样方法很多，如随机取样、均匀取样、非均匀取样等，本书选用均匀取样。设取样窗宽为 w_s，均匀取样是指从图像 I 中每隔 w_s 行或 w_s 列产生新的取样图像 S。显然，S 中将仅包含 $N_x = (hw)/w_s^2$ 个像素的信息，即取样以后，图像的空间分辨率降低，但是灰度级分辨率保持不变，实质上是在图像压缩的同时，引入了更多的局部信息量，分别加入了邻域灰度均值、邻域灰度中值等信息。

将取样得到的结果分别作为动态数据场中数据质点的初始值，假设在 t 时刻第 i 个数据质点的位置矢量为 $p_i(t) = (p_i^1(t), p_i^2(t), p_i^3(t))$，于是，位置矢量的任意 d 维信息 $p_i^d(t)$（$d = 1, 2, 3$）都属于集合 $[0, L-1]$，分别对应中心像素灰度、灰度均值、灰度中值。数据质点的初始状态为 $p_i(0) = (S_i^1, S_i^2, S_i^3)$，$i = 1, 2, ..., N_x$，其中 S^d（$d = 1, 2, 3$）为上述采样得到的图像信息。此外，第 i 个质点的第 d 维速度矢量记作 $v_i^d(t)$，设置初始速度 $v_i^d(t)$ 为 0。因此该初始化过程就能够在压缩图像冗余信息的同时，引入更多的图像局部细节信息。

在无准则指引的情况下，图像特征场由于质点的不断迭代而趋于稳定。对于图像分割而言，质点的移动指向最优分割阈值。在每一次迭代中，局部最优阈值都尽可能靠近全局最优阈值。假设 $T(t)$ 是在 t 时刻的局部最优阈值，对于 $t=0$，设置 $T(0)=(L/2, L/2, L/2)$。在下文中，本书将通过理论证明和实验验证全局最优阈值 $T(t)$ 与初始值 $T(0)$ 无关。在任意一次迭代，与当前局部最优阈值相比，任意质点都具有一定的适应度，可以定义如下。

$$fit_i(t) = \frac{1}{1 + \parallel p_i(t) - T(t) \parallel} \qquad (式 5.10)$$

式 5.10 的定义就保证了接近当前局部最优阈值的质点具有较大的适应度值。图像特征场中质点的质量也应该反映了质点的这种适应性。质量较大表明该质点较高效，更接近当前最优阈值，在质点的层次迭代演化过程中，质量随着时间变化而不断改变，改变的依据正是质点的适应度在整个图像特征场中所占的比例。

于是，在 t 时刻第 i 个数据质点的质量 $m_i(t)$ 和适应度比例 $f_i(t)$ 由下式确定。

$$m_i(t) = f_i(t) / \sum_{j=1}^{N_x} f_j(t)$$

（式 5.11）

$$f_i(t) = \frac{fit_i(t) - fit_{worst}(t)}{fit_{best}(t) - fit_{worst}(t)}$$

其中 $fit_{worst}(t) = \max_{j=1}^{N_x} fit_j(t)$、$fit_{best}(t) = \min_{j=1}^{N_x} fit_j(t)$ 代表当前图像特征场中所有质点最优和最差的适应度值。

但是，需要说明的是，质量的定义方式仍然是一个开放式的问题，式 5.11 仅仅是一种可行的方法，本书后续实验将验证式 5.11 中质量定义的有效性。

在图像特征空间上，具有质量的任意两个质点之间产生相互作用，任意质点受到其他质点的合力作用，在 t 时刻第 i 个质点的势值 $\varphi_i(t)$ 由下式确定。

$$\varphi_i(t) = \sum_{j=1}^{N_x} m_j(t) e^{-\frac{\|p_i(t) - p_j(t)\|^2}{\sigma^2}}$$

（式 5.12）

根据势函数的梯度是相应力场的场强函数，从场力的角度说，在 t 时刻第 i 个质点所受到的场力的第 d 个分量 $F_i^d(t)$ 由下式确定。

$$F_i^d(t) = \frac{2}{\sigma^2} \sum_{j=1}^{N_x} (p_j^d(t) - p_i^d(t)) m_j(t) e^{-\frac{\|p_i(t) - p_j(t)\|^2}{\sigma^2}}$$

（式 5.13）

从式 5.13 可以看出，在 t 时刻第 i 个质点所受到的场力与对其产生相互作用的质点质量 $m_j(t)$ 成正比。于是，较大的质量意味着较好的适应度值，同时能够产生较大的吸引作用力，任意质点将更趋向于朝着较好适应度值的质点移动，而与较小质量的质点更容易产生排斥作用力。

牛顿第二运动定律表明，物体的加速度跟物体所受的合外力成正比，跟物体的质量成反比，加速度的方向跟合外力的方向相同，因此，在 t 时刻第 i 个质点所受到的加速度的第 d 个分量 $a_i^d(t)$ 由下式确定。

$$a_i^d(t) = F_i^d(t) / m_i(t)$$

（式 5.14）

5.3.3 图像三维特征场的演化

在物理学中，加速度是速度变化量与发生这一变化所用时间的比值，匀加速度是其中的一种特例，加速度不变，即在相同的时间间隔内物体的速率改变相同。本书假设在 t 和 $t+1$ 两次相邻的时刻，即迭代间隔 $\Delta t = 1$ 内，任意质点的运动近似看成是匀加速运动。于是，根据牛顿运动定律，质点的位置和速度更新如下。

$$v_i^d(t+1) = v_i^d(t) + a_i^d(t)$$
$$p_i^d(t+1) = p_i^d(t) + v_i^d(t)$$

（式 5.15）

对于图像分割问题，在图像特征空间上所建立的数据场，对应质点的任意维都要受到灰度分辨率的约束，但是，显然式 5.15 的位置更新并不能保证这一点，因此，在图像特征场演化导致的质点运动过程中，需要采用下式矫正运动偏离的质点。

$$p_i^d(t+1) = \begin{cases} 0.5 p_i^d(t) & \text{if } p_i^d(t+1) < 0 \\ 0.5(p_i^d(t) + L) & \text{if } p_i^d(t+1) \geqslant L \end{cases}$$

（式 5.16）

换句话说，在式 5.15 和 5.16 的作用下，图像特征场随着时间的增长完成逐步层次演化，任意质点的速度和位置更新都受到其他质点的影响，适应度较好的质点具有较大的质量，更能吸引其他质点朝着较好的方向运动，实现广度搜索，该质点自身则运动缓慢，实现深度探索。

对于 $t+1$ 时刻局部最优阈值 $T(t+1)$ 的更新，则受到两个主要因素的影响，上一时刻的局部最优阈值 $T(t)$ 和当前质点的平均阈值 $p_{avg}(t+1)$，其中 $p_{avg}(t+1)$ 的定义如下。

$$p_{avg}(t+1) = \frac{1}{N_x} \sum_{i=1}^{N_x} p_i(t+1)$$

（式 5.17）

在 $T(t+1)$ 的更新中，如果将 $T(t)$ 设置较大比例，那么算法长时间在 $T(t)$ 附近深度探索，容易陷入局部解，且增加算法的时间复杂度，反过来，设置较小比例，就导致广度搜索，可以保证质点的多样性，但是容易造成盲目性。为了能够很好地平衡上述两个因素的影响，提出如下策略：在迭代的初始阶段，加大广度搜索的力度，大范围的质点覆盖整个图像特征空间，随着迭代的深入，逐渐降低广度搜索，增加深度探索力度，算法趋于求精。基于上述分析，局部最优阈值的更新方式如式 5.18 所示。在该策略下，本书的图像特征场能快速顺利地完成迭代，并且在演化的开始、中间和结束阶段都能较好地控制广度搜索和深度探索的力度。

$$T(t+1) = \frac{T(t) * t + p_{avg}(t+1)}{t+1}$$

（式 5.18）

本书后续实验也验证了式 5.18 的更新策略是可行和有效的，但是，局部最优阈值 $T(t+1)$ 的更新仍然是一个开放式的问题，可以有更多更好的更新策略，如本书 3.5.2 节提到通过云模型自适应控制参数的更新，实现质点演化的不确定性控制。

5.3.4 3DDF 方法描述与分析

一般来说，演化的停止条件可以设置最大演化代数或者当前最优阈值的收敛

性。但是由于图像的多样性，3DDF 方法很难在图像未知时设置一个通用的固定迭代代数。本书认为，收敛性的条件比较容易判定，因此，可以在此处作为演化的停止条件。显然图像的灰度值一般均为整数，因此，可以设置收敛性误差阈值为 $\eta = (1, 1, 1)$。即只要任意一个维度上符合 $|T^d(t+1) - T^d(t)| < \eta^d$（$d = 1, 2, 3$）时，可以认为最优阈值满足收敛性，算法停止，此时的当前最优阈值作为最优阈值输出，即 $T_{opt} = T(t^* + 1)$。

一旦最优阈值确定以后，余下的任务就是将图像二值化。将 I_{hw}^3 的每个分量依次与最优阈值 T_{opt} 相比较，根据比较的结果确定图像像素的二值化，可以形式化如下。

$$B_{hw} = \begin{cases} 0 & \text{if } I_{hw}^3 < T_{opt} \\ 1 & \text{otherwise} \end{cases} \qquad （式 5.19）$$

综上所述，本书 3DDF 方法的详细步骤描述如下。

算法 5.3

输入：图像 I，影响因子 σ

输出：分割结果 Res

算法步骤：

Step 1   初始化：

根据给定图像 I，初始化参数，初始化动态数据场的质点；

While 不满足式的终止条件：

    Step 2   评估：

    根据式 5.10 和式 5.11 评估所有质点，根据式 5.12～5.14 生成数据场；

    Step 3   更新：

    根据式 5.15 和式 5.16 更新质点的位置和速度，根据式 5.17 更新局部最优阈值；

Step 4   分割：

利用式 5.18 返回全局最优阈值 T，根据式 5.19 输出分割结果 Res。

5.3.5   3DDF 方法的收敛性分析

在动态数据场中，每个质点有势值、质量、位置、速度四个属性，在力场的吸引和排斥作用下，根据势值和质量，质点的位置、速度获得更新。虽然上述动态场的自适应演化过程遵循了与一般演化算法（如遗传算法 GA、微粒群算法 PSO 等）类似的流程。但是，单纯质点的位置和速度并不能构成马尔科夫链，由式 5.10

和 5.11 可知，t 时刻质点的质量与局部最优阈值 $T(t)$ 有关。此外，一旦 $T(0)$ 指定，动态数据场的演化就是一个确定的过程，不具有随机性。因此，无法直接采用现有的收敛性分析方法对质点的演化规律进行分析。但是，仍然可以借助 $T(t+1)$ 的更新机制从理论上阐明动态数据场对于阈值优化的收敛性。

事实上，根据式 5.18 可得，阈值的优化过程并不是直接与单个质点的演化轨迹相关，而是与 $t+1$ 时刻数据场中所有质点的均值，即数据场质点的聚集中心 $p_{avg}(t+1)$ 有关。假定图像分割的最优阈值 T^* 存在。总体来看，在数据场的演化过程中，质点聚集的中心仅受到两个因素的影响，即：（a）t 时刻质点的状态，此处无需关注单个质点的状态，于是，可以简化为聚集中心 $p_{avg}(t)$，代表了 t 时刻质点的演化方向；（b）t 时刻的局部最优阈值 $T(t)$，代表了全局最优的演化方向 T^*。直接利用式 5.10～5.19 分析质点的聚集中心存在困难，笼统地考虑质点聚集中心的影响因素，建立如下简化的演化模型。

$$p_{avg}(t+1) = \alpha_{t+1} p_{avg}(t) + \beta_{t+1} T(t) + \gamma_{t+1} \qquad \text{（式 5.20）}$$

其中，α_{t+1}、β_{t+1}、γ_{t+1} 是非负常数，在任意 t 时刻，可以通过式 5.10～5.19 确定。

为不失一般性，在本书下述分析中忽略维度。如图 5.10（a）、（b）所示，列出了两个质点的聚集中心演化的可能情况，图 5.10（c）给出了更加可视化的多质点二维演化模型。本书以图 5.10（a）为例，分析式 5.20 中三个参数的相互关系，其他情形可以进行类似的分析。

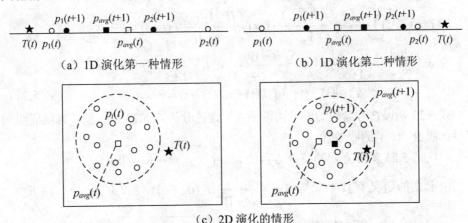

（a）1D 演化第一种情形 （b）1D 演化第二种情形

（c）2D 演化的情形

图 5.10 质点聚集中心的演化示意图

对于图像分割问题，由于质点表达含义的特殊性（图像灰度特征），可以容易得到 $p_{avg}(t+1)$、$p_{avg}(t)$、$T(t) \in [0, L-1]$，α_{t+1}、β_{t+1} 代表了两个影响因素的影响程度大小，另一方面，主要是考虑到最终的最优阈值 $T(t+1)$ 是整型量，γ_{t+1} 表示额外的补偿量。于是可得：

$$\alpha_{t+1}, \beta_{t+1} \in [0,1], \quad \gamma_{t+1} \in [0,1) \tag{式 5.21}$$

如图 5.10 所示，在任意 t 时刻，质点 p_1 比质点 p_2 更加靠近局部最优阈值 $T(t)$。根据式 5.10 可知，质点 p_1 的适应度大于质点 p_2，进一步，由式 5.11 得到，质点 p_1 的质量也大于质点 p_2。在由两个质点所确定的数据力场中，观察式 5.14 和 5.15 可以发现，质点 p_1 的加速度和速度必然小于质点 p_2。在这种情形下，新的质点聚集中心 $p_{avg}(t+1)$ 必然比旧的聚集中心 $p_{avg}(t)$ 更加靠近当前局部最优阈值 $T(t)$。也就是说，质点的演化方向朝着当前局部最优阈值 $T(t)$，并代表着全局最优阈值方向 T^*。因此，新的质点聚集中心 $p_{avg}(t+1)$ 位于由旧的聚集中心 $p_{avg}(t)$ 和当前局部最优阈值 $T(t)$ 所确定的直线上，因此：

$$\alpha_{t+1} + \beta_{t+1} \in (0,1) \tag{式 5.22}$$

根据上述分析，可以得到下面两个收敛定理。

定理 5.1： 给定式 5.20 的简化迭代模型，局部最优阈值 $T(t+1)$ 能够收敛。

证明： 将式 5.20 代入式 5.18 得 $T(t+1) = ((t+\beta_{t+1})T(t) + \alpha_{t+1}p_{avg}(t) + \gamma_{t+1})/(t+1)$，可改写为 $T(t) = ((t-1+\beta_t)T(t-1) + \alpha_t p_{avg}(t-1) + \gamma_t)/t$，

式 5.20 也可改写为 $p_{avg}(t) = \alpha_t p_{avg}(t-1) + \beta_t T(t-1) + \gamma_t$，

于是有 $T(t+1) = \left(1 + \dfrac{t\alpha_{t+1} + \beta_{t+1} - 1}{t+1}\right)T(t) - \dfrac{(t-1)\alpha_{t+1}}{t+1}T(t-1) + \dfrac{\gamma_{t+1}}{t+1}$，

即 $T(t+1) - \left(1 + \dfrac{t\alpha_{t+1} + \beta_{t+1} - 1}{t+1}\right)T(t) + \dfrac{(t-1)\alpha_{t+1}}{t+1}T(t-1) = \dfrac{\gamma_{t+1}}{t+1}$，

令 $w_1 = \dfrac{t\alpha_{t+1} + \beta_{t+1} - 1}{t+1}$，$w_2 = \dfrac{(t-1)\alpha_{t+1}}{t+1}$，$\theta = \dfrac{\gamma_{t+1}}{t+1}$，可得：

$$T(t+1) - (1+w_1)T(t) + w_2 T(t-1) = \theta \tag{式 5.23}$$

式 5.23 是以 θ 为输入的二阶离散系统，通过分析式 5.23 的性质，可以证明局部最优阈值 $T(t+1)$ 的收敛性。

对应式 5.23 差分方程的特征方程为 $\lambda^2 - (1+w_1)\lambda + w_2 = 0$。

由上文的定义有 $(1+w_1)^2 - 4w_2 = \dfrac{1}{(t+1)^2}(t^2(\alpha_{t+1}-1)^2 + 2t\beta_{t+1}(\alpha_{t+1}+1) + \beta_{t+1}^2 +$

$4\alpha_{t+1}) > 0$。此时，两个特征根为 $\lambda_1 = (1 + w_1 + \sqrt{(1+w_1)^2 - 4w_2})/2$，$\lambda_2 = (1 + w_1 - \sqrt{(1+w_1)^2 - 4w_2})/2$。

局部最优阈值 $T(t+1)$ 能够收敛的条件是两个特征根的绝对值或复模都小于 1。

事实上，很容易得到 $0 \leqslant w_1 < 1$，$0 \leqslant w_2 < 1$，因此，$(1+w_1)^2 > (1+w_1)^2 -$

$4w_2 > 0$，开方可得，$1 + w_1 - \sqrt{(1+w_1)^2 - 4w_2} > 0$，代入两个特征根可知：

$$\lambda_1 > \lambda_2 > 0 \qquad\qquad (\text{式 }5.24)$$

进一步，据定义有 $(w_1 - w_2)(t+1) = (t\alpha_{t+1} + \beta_{t+1} - 1) - (t-1)\alpha_{t+1}$，即 $(w_1 - w_2)(t+1) = \alpha_{t+1} + \beta_{t+1} - 1$。再由式 5.22 可知 $w_1 - w_2 < 0$，改写为 $(1+w_1)^2 - 4w_2 < (1-w_1)^2$，开方可得 $\sqrt{(1+w_1)^2 - 4w_2} < 1 - w_1$，即 $1 + w_1 + \sqrt{(1+w_1)^2 - 4w_2} < 2$，代入特征根 λ_1 中，联合式 5.24 可知：

$$0 < \lambda_2 < \lambda_1 < 1 \qquad\qquad (\text{式 }5.25)$$

综上，在给定式 5.19 的条件下，式 5.22 对应差分方程的特征方程特征根满足收敛条件，局部最优阈值 $T(t+1)$ 可以收敛。证毕。

定理 5.2： 给定图像的灰度级 L，局部最优阈值 $T(t+1)$ 的收敛时间有限。

证明： 将式 5.18 代入 $|T(t+1) - T(t)|$ 可得，$|T(t+1) - T(t)| = \dfrac{|p_{avg}(t+1) - T(t)|}{t+1}$，

即 $|T(t+1) - T(t)| = \dfrac{|\alpha_{t+1}p_{avg}(t) + (\beta_{t+1} - 1)T(t) + \gamma_{t+1}|}{t+1}$。

根据式 5.21 和 5.22 对于式 5.20 的三个参数的讨论，可得 $\alpha_{t+1}p_{avg}(t) \in [0, L-1]$，$(\beta_{t+1} - 1)T(t) \in [1-L, 0]$，可改写为 $\alpha_{t+1}p_{avg}(t) + (\beta_{t+1} - 1)T(t) + \gamma_{t+1} \in [0, L]$。

计算 $|T(t+1) - T(t)|$ 的极限有 $\lim\limits_{t \to +\infty} |T(t+1) - T(t)| = 0$，这也说明了算法的可收敛性，此外，对于给定图像的灰度分辨率，可得 $\lim\limits_{t \to L} |T(t+1) - T(t)| < 1$，完全符合本书前文定义的算法停止条件，表明算法的收敛时间是有限的。除开算法的初始化过程，算法的收敛时间仅与图像的灰度分辨率近似成线性关系，这充分表明了算法的高效性。证毕。

5.3.6　3DDF 方法实验结果与分析

（1）参数分析实验

首先采用如图 5.5（a_1）所示的原始图像为例，分析本书 3DDF 的相关参数影响，该图像的直方图表明接近 50 的最优阈值能够获得较好的分割结果。3DDF 方法几组参数的分割结果如图 5.11（a）（b）（c）所示。对比参考图像，3DDF 方法都产生了基本满意的分割结果。

图 5.11（d）列出了质点演化的初始状态，大量的质点聚集在(0,0,0)附近，当然，正如本书 4.3.1 节的描述，该初始状态完全符合其直方图特性。显然，在迭代开始前，当前局部最优阈值远离最终的全局最优阈值。随着迭代的不断推进，在图像特征场的场力作用下，质点之间产生吸引和排斥作用力，质点不断演化，最

后在迭代完成时，搜索到了全局最优阈值。

（a）w_f=3，w_s=16　　　　（b）w_f=11，w_s=8　　　　（c）w_f=11，w_s=32

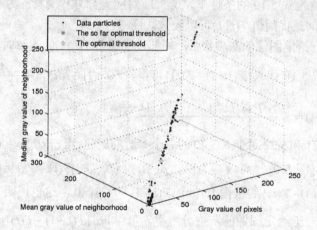

（d）初始迭代状态

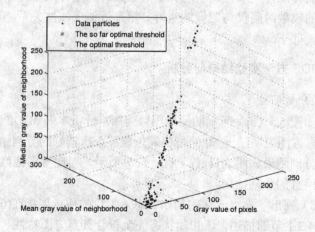

（e）最终迭代结果

图 5.11　block 实验结果

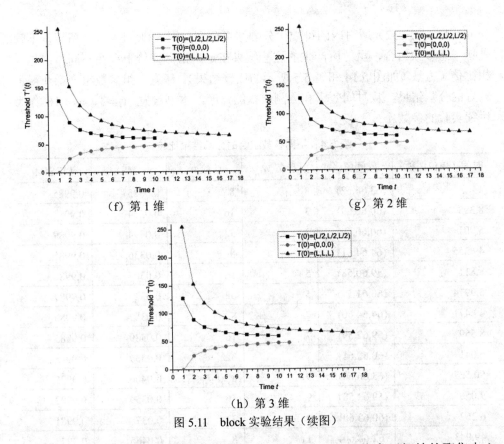

（f）第 1 维　　　　　　　　　　　（g）第 2 维

（h）第 3 维

图 5.11　block 实验结果（续图）

终止迭代状态如图 5.11（e）所示，大部分质点已经偏离了初始的聚集中心 (0,0,0)，这是因为在适应度较大的质点吸引作用下，其他质点逐步排斥适应度小的质点，并朝着适应度大的质点方向运动，最终大量的质点聚集在全局最优阈值附近。需要说明的是，在图 5.11（e）中，由于质点聚集产生的重叠，直观上似乎质点个数减少。此外，由于质点的相互排斥，极少部分质点与大部分质点产生相向运动，游离到了坐标轴附近。

3DDF 方法涉及到四个可选参数 w_l、w_s、$T(0)$ 和影响因子 σ，本书通过 block 图像考察这些参数的影响。对于前两个参数，分别取 w_l 为 3、5、7、9、11，w_s 为 2、4、8、16、32，多组参数组合都能够获得近似较好的分割结果。考虑到时，初始质点的个数太大，由此导致 3DDF 方法非常费时，通常大于 600 秒，在其他参数组合情况下，3DDF 方法的时间耗费与传统方法相比，是可以接受的，相关的实验结果列在表 5.4 中。

如图 5.11（a）所示是其一组较好的参数组合（$w_l = 3$，$w_s = 16$）所生成的图像分割结果，ME 和 MSSIM 指标定量评价结果较差的两组参数组合（$w_l = 11$、$w_s = 8$

和 $w_l = 11$、$w_s = 32$）所对应的可视化分割结果分别如图5.11（b）（c）所示。不管是哪一组参数组合，虽然所产生的这些结果在定量指标评价上存在不同，但是，相比传统方法（如图5.14和表5.5所示的比较结果），任意一组参数组合都获得了较好的分割结果。从时间效率和分割质量的角度，本书设置 $w_l = 3$、$w_s = 16$ 作为后续实验的参数。

表5.4 不同参数组合的分割结果比较

时间（单位：秒）	阈值	参数 w_l	参数 w_s	ME	MSSIM
44	(63,66,62)	3	8	0.0335	0.9985
8.393	(60,60,59)	3	16	0.0294	0.9989
5.901	(60,60,59)	3	32	0.0294	0.9989
49.355	(64,64,61)	5	8	0.0336	0.9985
8.811	(59,60,58)	5	16	0.0307	0.9988
5.9974	(60,61,59)	5	32	0.0315	0.9987
49.471	(64,64,60)	7	8	0.0357	0.9983
8.559	(59,62,59)	7	16	0.0339	0.9985
6.041	(60,62,61)	7	32	0.0339	0.9985
50.527	(63,66,60)	9	8	0.0406	0.9977
9.056	(59,62,58)	9	16	0.0359	0.9982
6.262	(60,63,60)	9	32	0.037	0.9981
49.943	(62,68,60)	11	8	0.0465	0.997
9.031	(59,65,59)	11	16	0.0417	0.9976
6.509	(60,64,61)	11	32	0.0406	0.9977

为了测试初始阈值 $T(0)$ 的影响，本书设置 $T(0)=(0,0,0)$、$(L/2,L/2,L/2)$、(L,L,L) 三组初始值展开相关实验。如图5.11（f）（g）（h）所示为三个分量的局部最优阈值迭代曲线。以图5.11（f）为例，三维阈值的第1维分量表示像素灰度值，不管初始阈值如何设定，最优阈值始终能够在50附近完成迭代，这也正好符合图像直方图的特点。图5.11（g）和（h）呈现了类似的结果，也就是说，全局最优阈值的迭代并不受到初始阈值 $T(0)$ 的影响。为不失一般性，本书后续实验中均设置 $T(0)= (L/2,L/2,L/2)$。更进一步，从图5.11（f）（g）（h）可以看出，图像特征场最快在10代、最慢在20代以内都能够完成迭代，从某种程度上也验证了3DDF方法的高效性。当然，3DDF方法的时间复杂度问题，将在下文另作详细讨论。

与上文类似，影响因子的设置仍然可以借鉴最小化势熵方法，此外，本书针对图像三维阈值分割，利用如图5.5（a）所示的合成图像 gearwheel 及其含噪声图像分析了该参数的影响。噪声图像如图 5.12 所示，分别是均值 0、方差 0.02 的高斯噪声，强度 0.02 的椒盐噪声，均值 0、方差 0.01 的高斯噪声和强度 0.01 的椒盐噪声构成的混合噪声。影响因子设置为{1,2,3,…,10}。

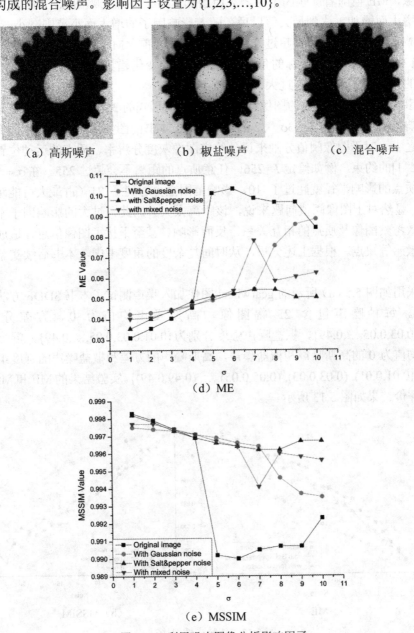

（a）高斯噪声　　　　　　（b）椒盐噪声　　　　　　（c）混合噪声

（d）ME

（e）MSSIM

图 5.12　利用噪声图像分析影响因子

如图 5.12（d）、（e）所示的 ME 和 MSSIM 指标评价曲线展示了不同影响因子的图像分割结果。从图 5.12（d）可以看出，对于均值 0、方差 0.02 的高斯噪声图像，ME 值随着影响因子的增大而增加；对于另外三幅图像，ME 随着影响因子增大而增加，达到最大值以后，随着影响因子的增大而小范围减小。显然，最大 ME 值在影响因子不超过 4 时取得，在此之前，ME 的变化范围并不显著。图 5.12（e）从 MSSIM 指标的角度反映了类似的变化趋势。上述分析说明，3DDF 方法的影响因子设置不宜过大。

事实上，3DDF 方法的图像特征场满足高斯形式的 3Sigma 规则，即任意质点的影响范围是距离不超过 $3\sigma/\sqrt{2}$ 的对象。由于本书的图像特征场建立在图像特征空间之上，对于图像阈值分割来说，给定图像灰度分辨率，质点的运动位置就受到 $[0, L-1]$ 的约束。例如给定 $L=256$，任意质点的距离不会超过 255。在 $\sigma=5$ 时，任意质点的影响半径就超过了 10，影响范围至少达到了 21（占最大可能距离的 8%），显然对于图像阈值问题来说，该距离太大。因此，过大的影响因子不仅不能有效考察图像及质点的相互关系，反而影响、甚至干扰了图像信息，造成对噪声更敏感等缺点。根据上述分析，从时间复杂度的角度考虑，本书后续实验设置 $\sigma=1$。

采用如图 5.5（a）所示的 gearwheel 图像加入噪声测试了本书 3DDF 方法的抗噪性。每种噪声包含 25 幅图像，高斯噪声均值为 0、方差分别为 $\{0.01, 0.03, 0.05, \ldots, 0.49\}$，椒盐噪声强度分别为 $\{0.01, 0.03, 0.05, \ldots, 0.49\}$，混合噪声包含均值为 0 的高斯噪声和椒盐噪声，高斯噪声的方差和椒盐噪声的强度组合分别为 $\{(0.01, 0.01), (0.03, 0.03), (0.05, 0.05), \ldots, (0.49, 0.49)\}$。实验结果的 ME 和 MSSIM 指标评价结果如图 5.13 所示。

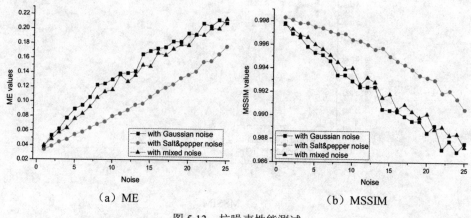

（a）ME   （b）MSSIM

图 5.13　抗噪声性能测试

图 5.13（a）、（b）的两个指标曲线反映了类似的趋势，随着噪声强度的增加，ME 逐渐增加，MSSIM 逐渐减小。对比来说，3DDF 方法具有较强的抗椒盐噪声能力。当然，与传统方法相比（如表 5.6 和图 5.15 所示），3DDF 方法对其他噪声也有一定的抑制能力。

（2）合成图像分割实验

本节采用合成图像进行定量分析实验，也列出了可视化的比较结果，相关的十一种方法参与了比较实验，分别是三个二维图像分割方法，如基于二维交叉熵的快速改进方法（EC）[159]、二维熵方法（Jansing）[160]、二维两阶段阈值法（Chen）[69]，三个经典一维阈值分割方法，即一维 Otsu 方法（Otsu）[4]、一维 Kapur 熵方法（Kapur）[5]、一维最小误分方法（MET）[64]，两个自适应阈值方法，如 Niblack 方法[168]和 Sauvola 方法[169]，以及三个同类型的方法，如基于遗传算法（GA）的一维无准则方法（Lin）[165]、基于 GA 的一维 Otsu 方法（GA-Otsu）[170]、经典三维 Otsu 方法（3D-Otsu）[171]。

所有方法都在 CPU 为 2.3GHz Dual Core、内存为 2GB RAM 的 PC 机上运行，其中前面三种二维图像分割方法由曹力博士及其学生通过邮件提供，用 VC++开发的可执行 exe 文件；其余方法都是在 Matlab 环境下开发，所涉及的遗传算法用开源的 GAOT 工具箱实现（http://www.ise.ncsu.edu/mirage/GAToolBox/gaot/），考虑到其随机性，利用 GA 的方法，每幅测试图像都运行 10 次。block 和 gearwheel 两幅图像的定量分析结果如表 5.5 所示，包括阈值、ME 和 MSSIM 值评价等。

表 5.5　合成图像分割的定量比较

图像	方法	阈值	ME	MSSIM
block	EC	(124,121)	0.216	0.973
	Jansing	(27,27)	0.204	0.975
	Chen	(119,124)	0.216	0.973
	Otsu	80	0.07	0.994
	Kapur	132	0.253	0.967
	MET	19	0.035	0.998
	Niblack	-	0.446	0.956
	Sauvola	-	0.5	0.941
	Lin	116	0.168	0.98
	GA-Otsu	78	0.066	0.994
	3D-Otsu	(177,65,105)	0.032	0.999

续表

图像	方法	阈值	ME	MSSIM
Gearwheel	3DDF	(100,100,100)	0.031	0.9983
	EC	(198,197)	0.1951	0.9785
	Jansing	(42,42)	0.1945	0.9786
	Chen	(196,199)	0.1951	0.9785
	Otsu	104	0.032	0.998
	Kapur	185	0.147	0.985
	MET	4	0.028	0.999
	Niblack	-	0.452	0.947
	Sauvola	-	0.38	0.949
	Lin	134	0.05	0.996
	GA-Otsu	102	0.031	0.998
	3D-Otsu	(192,47,27)	0.008	1

需要指出的是，三个二维阈值化方法都属于基于熵的方法，而且两阶段的 Chen 方法和 Jansing 方法都是在 EC 方法的基础上加以改进，Chen 方法和 Jansing 方法的前一个阶段阈值与 EC 方法是相同的，所以，在表 5.5 的结果中只是记录了这两种改进方法的第二阶段阈值。此外，Niblack 和 Sauvola 方法都是属于自适应阈值方法，没有单一的固定阈值，采用短横线（-）代替。显然，对于人眼来说，这两幅图像都不难获得目标和背景区域，但是，由于图像中含有大量的不均匀光照等影响因素，一般的图像阈值化方法很难生成满意的分割结果。

从表 5.5 和图 5.14 的结果可以看出，本书方法和经典 3D-Otsu 方法给出了较好的阈值化结果，这是因为这两种方法通过引入额外的多维信息，增加了对图像本身的理解，3D-Otsu 方法的准则无疑适合这两幅图像，本书方法和 3D-Otsu 方法从定性定量分割结果看无法很容易地分出优劣，但是，还需要注意到另外一个问题，如下文表 5.9 所示的时间性能对比，对于类似的分割结果，3D-Otsu 方法的时间耗费要远远大于本书方法，这就在一定程度上表明，即使分割结果类似，从时间复杂度看，本书方法仍优于 3D-Otsu 方法。

图 5.14 列出了更多可视化的实验结果。对每幅测试图像，首先给出本书 3DDF 方法的阈值化结果，为简化描述，对其他被比较方法，仅给出最优和最差的结果。从图 5.14（b）、（e）可以看出，在所有方法中，Niblack 方法分割结果较差，事实上，表 5.5 所示的实验表明，Sauvola 方法分割结果也不太好，总体上，由于这两

种自适应方法过分地考虑图像空间的局部信息，未能从整体上多角度顾及图像特征，分割结果不占优也是情理之中。

（a）3D-Otsu 的结果

（b）Niblack 的结果

（c）3DDF 的结果

（d）3D-Otsu 的结果

（e）Niblack 的结果

图 5.14　合成图像的可视化分割结果

为了进一步验证本书方法的抗噪声性能，在 gearwheel 图像中加入各种噪声，分别是均值 0、方差 0.29 的高斯噪声，强度 0.29 的椒盐噪声，均值 0、方差 0.15 的高斯噪声和强度 0.15 的椒盐噪声构成的混合噪声。ME 和 MSSIM 指标的定量分析结果如表 5.6 所示。从表 5.6 可以看出，本书 3DDF 获得了较低的 ME、较高的 MSSIM 指标评价值，相比其他方法而言，具有较好的分割质量。

表 5.6　含噪声 gearwheel 图像分割的定量比较

图像	方法	阈值	ME	MSSIM
高斯噪声	3DDF	(118,111,107)	0.1693	0.9904
	EC	(105,224)	0.247	0.988
	Jansing	(23,72)	0.26	0.98
	Chen	(120,220)	0.276	0.978
	Otsu	122	0.247	0.988
	Kapur	122	0.247	0.988
	MET	0	0.302	0.977

续表

图像	方法	阈值	ME	MSSIM
高斯噪声	Niblack	-	0.378	0.976
	Sauvola	-	0.36	0.978
	Lin	133	0.25	0.988
	GA-Otsu	120	0.247	0.988
	3D-Otsu	(88,75,155)	0.178	0.989
椒盐噪声	3DDF	(109,107,100)	0.1063	0.995
	EC	(202,212)	0.295	0.978
	Jansing	(36,72)	0.306	0.971
	Chen	(206,204)	0.295	0.978
	Otsu	112	0.168	0.993
	Kapur	175	0.228	0.986
	MET	3	0.168	0.993
	Niblack	-	0.158	0.994
	Sauvola	-	0.16	0.994
	Lin	138	0.181	0.992
	GA-Otsu	110	0.168	0.993
	3D-Otsu	(69,104,174)	0.094	0.996
混合噪声	3DDF	(108,113,105)	0.1483	0.9918
	EC	(103,214)	0.223	0.99
	Jansing	(21,68)	0.227	0.983
	Chen	(118,199)	0.209	0.988
	Otsu	122	0.227	0.99
	Kapur	118	0.226	0.99
	MET	0	0.31	0.976
	Niblack	-	0.362	0.978
	Sauvola	-	0.338	0.98
	Lin	132	0.232	0.989
	GA-Otsu	120	0.227	0.99
	3D-Otsu	(82,69,157)	0.161	0.991

3D-Otsu 方法在其他十一种方法中占优，但是，该方法过分追求 Otsu 准则最大化，完全忽视了目标的整体性，其结果就导致 ME 和 MSSIM 指标评价值并不差、对应视觉效果却很差。至于其他十一种方法的最差结果分别由 Niblack 方法和 Jansing 方法取得，可视化结果也再次验证了这两种方法（特别是自适应阈值方法）的抗噪声能力比较差。

（3）医学细胞图像分割实验

为了测试低对比度条件下的图像分割性能，本书采用两幅医学细胞图像进行了阈值化实验，原始图像如图 5.15（a）（f）所示，分别命名为 cell1 和 cell2，参考图像如图 5.15（b）（g）所示。图 5.15 列出了可视化的比较结果。从图 5.15（c）（h）可以看出，本书 3DDF 方法的阈值化结果最接近参考图像，相比其他传统方法，也获得了更佳的分割质量。对于 cell1 图像，虽然图 5.15（d）是由 Kapur 方法给出的最优分割结果，但是，显然与参考图像相差甚远。换句话说，其他的十一种方法都无法有效地分割 cell1 图像。对于 cell2 图像，本书方法与其他方法的最优结果相差不大，至少从主观视觉效果上看，差异并不显著。

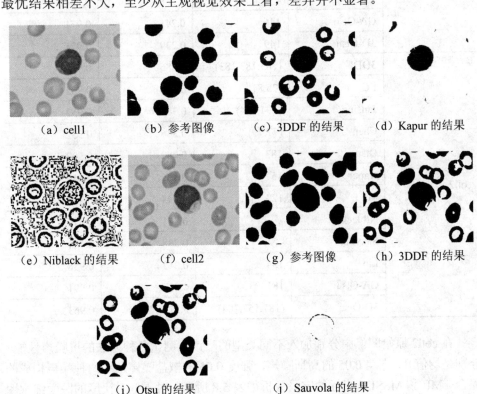

（a）cell1　　　　（b）参考图像　　　（c）3DDF 的结果　　　（d）Kapur 的结果

（e）Niblack 的结果　　　（f）cell2　　　　（g）参考图像　　　（h）3DDF 的结果

（i）Otsu 的结果　　　　（j）Sauvola 的结果

图 5.15　医学细胞图像的可视化分割结果

表 5.7 列出了各种方法的阈值及 ME 和 MSSIM 指标评价值，本书 3DDF 方法取得了较好的评价结果，3DDF 方法适合这类低对比度的医学细胞图像分割。

表 5.7　医学细胞图像分割的定量比较

图像	方法	阈值	ME	MSSIM
cell1	EC	(185,187,188)	0.045	0.996
	Jansing	(69,74)	0.29	0.964
	Chen	(198,198)	0.289	0.964
	Otsu	(71,71)	0.29	0.964
	Kapur	150	0.239	0.971
	MET	158	0.233	0.972
	Niblack	130	0.244	0.971
	Sauvola	-	0.292	0.976
	Lin	-	0.288	0.964
	GA-Otsu	146	0.241	0.971
	3D-Otsu	149	0.239	0.971
	3DDF	(183,183,183)	0.086	0.991
cell2	EC	(75,81)	0.386	0.952
	Jansing	(194,194)	0.384	0.952
	Chen	(77,79)	0.386	0.952
	Otsu	183	0.082	0.992
	Kapur	151	0.336	0.959
	MET	123	0.343	0.958
	Niblack	-	0.281	0.976
	Sauvola	-	0.388	0.951
	Lin	134	0.342	0.958
	GA-Otsu	181	0.09	0.991
	3D-Otsu	(187,157,204)	0.31	0.963

在 cell2 原始图像中分别加入不同类型的噪声，测试各种方法的抗噪声性能，分别是均值 0、方差 0.05 的高斯噪声，强度 0.05 的椒盐噪声及这两种噪声构成的混合。ME 和 MSSIM 指标的定量分析如表 5.8 所示。对于低对比度的医学细胞图像，本书 3DDF 方法能够获得较好的分割质量。

表 5.8　含噪声 cell2 图像分割的定量比较

图像	方法	阈值	ME	MSSIM
高斯噪声	3DDF	(184,185,191)	0.294	0.982
	EC	(85,216)	0.353	0.959
	Jansing	(190,185)	0.373	0.955
	Chen	(115,212)	0.259	0.984
	Otsu	178	0.332	0.98
	Kapur	112	0.334	0.965
	MET	96	0.345	0.962
	Niblack	-	0.441	0.969
	Sauvola	-	0.365	0.966
	Lin	129	0.323	0.97
	GA-Otsu	176	0.33	0.98
	3D-Otsu	(108,129,190)	0.357	0.957
椒盐噪声	3DDF	(183,182,187)	0.083	0.994
	EC	(76,120)	0.391	0.953
	Jansing	(199,194)	0.372	0.957
	Chen	(86,109)	0.391	0.953
	Otsu	130	0.351	0.959
	Kapur	155	0.331	0.962
	MET	0	0.397	0.952
	Niblack	-	0.29	0.969
	Sauvola	-	0.394	0.953
	Lin	136	0.35	0.959
	GA-Otsu	128	0.351	0.959
	3D-Otsu	(121,160,186)	0.343	0.958
混合噪声	3DDF	(178,181,189)	0.304	0.981
	EC	(102,214)	0.349	0.964
	Jansing	(195,182)	0.374	0.959
	Chen	(128,210)	0.295	0.98
	Otsu	169	0.332	0.979
	Kapur	141	0.328	0.974
	MET	0	0.393	0.953
	Niblack	-	0.433	0.97
	Sauvola	-	0.375	0.967
	Lin	140	0.328	0.974
	GA-Otsu	167	0.332	0.979
	3D-Otsu	(102,161,196)	0.343	0.96

（4）鲁棒性实验

为了验证本书 3DDF 方法的鲁棒性，在 NDT 图像库上，与三种经典一维图像阈值化方法进行了比较。每幅 NDT 图像的 ME 和 MSSIM 指标评价值如图 5.16 所示。从 ME 指标的统计情况看，MET 方法取得了最低的 ME 平均值，排名第一，Kapur 方法其次，本书 3DDF 方法和 Otsu 方法随后。但是这并不能表示本书方法的分割性能比 Kapur 方法要差，毕竟本书方法的 ME 平均值与 Kapur 方法相差不大，此外，从图 5.16（a）可以看出，本书 3DDF 方法基本误分了第 16 和 17 幅图像，这两个特例导致了整体性能的降低。从 MSSIM 指标看，MET 因最高的 MSSIM 平均值仍然排名第一，本书 3DDF 方法其次，Kapur 方法和 Otsu 方法随后。

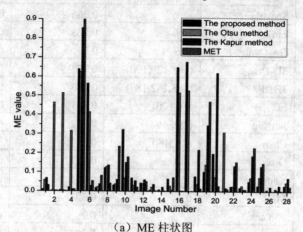

（a）ME 柱状图

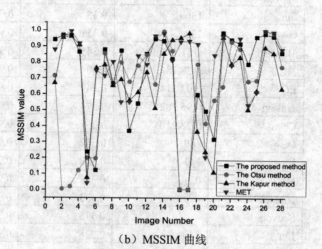

（b）MSSIM 曲线

图 5.16　NDT 图像库测试结果

　　总体来看，MET 方法对于 NDT 图像库具有较好的分割性能。为了比较本书 3DDF 方法与 MET 方法对于含噪声 NDT 图像的分割性能，选用这些方法都能较好分割的第 18 幅图像加入不同类型的噪声进行实验。首先加入均值 0、方差 0.01 的高斯噪声，随后将噪声方差以步长 0.02 依次增加。ME 和 MSSIM 指标的评价结果如图 5.17 所示。

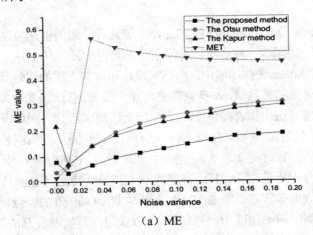

（a）ME

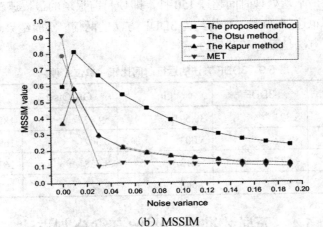

（b）MSSIM

图 5.17　NDT 图像的含噪声测试结果

　　显然，本书 3DDF 方法获得了较好的实验结果，相比经典方法，即使在噪声强度极高的情况下，3DDF 方法仍然展示了较好的分割性能。值得注意的是，MET 方法对于含噪声的 NDT 图像显得无能为力，居然在所有方法中排名最后，因此，相比本书 3DDF 方法，MET 方法只适合无噪声的 NDT 图像。从 NDT 图像库的角度来说，3DDF 方法具有较好的鲁棒性，即使在强噪声干扰情况下，也具有一定的抗噪声性能。

（5）运行时间效率实验

通常引入更多的图像信息必然导致算法的运行时间增加，以 3D-Otsu 为例，在提高分割性能的同时，数百倍地增加了原始一维 Otsu 的算法处理时间，本质上降低了其工程实用性。本节主要考察了 3DDF 方法的运行时间效率，并与相关方法进行比较。

Otsu、Kapur、MET、Niblack、Sauvola 等几种一维阈值化方法非常简单，对于一幅 256×256 的图像，算法执行时间通常不超过一秒，其中有几种方法如 Otsu 等已经集成到 Matlab 软件环境中。严格来说，和这些方法的比较是无意义的，从图像中抽取更多维的信息量，本身就需要增加一部分运行时间。EC、Jansing、Chen 等三种二维阈值方法由作者提供 exe 文件，无法测试运行时间。因此，仅将本书 3DDF 方法的运行时间与 Lin、GA-Otsu、3D-Otsu 等方法进行比较。

各种方法的运行时间如表 5.9 所示。总体来看，Lin 方法的平均运行时间最短，但是从上文的分割质量来说，Lin 方法并不太高效，特别是在涉及含高斯噪声的图像时，分割效果非常差。本书 3DDF 方法与 GA-Otsu 方法类似，对于 256×256 的图像平均分割时间不超过 10 秒，基本可以满足工程实时分割的需要。3D-Otsu 方法非常耗时，平均处理时间超过 150 秒，即使目前报道的最快速改进算法[172]，算法运行时间也达到 20 秒，平均约为 3DDF 方法的两倍。实验结果表明，本书所提出的 3DDF 方法是可行和有效的。

表 5.9　3DDF 方法的运行时间比较（单位：秒）

图像	3DDF	Lin	GA-Otsu	3D-Otsu
block	8.393	30.591	59.427	182.407
gearwheel	8.217	5.003	8.302	169.899
cell1	9.726	5.213	8.658	167.409
cell2	9.946	5.668	8.527	167.531

5.4　无显式准则的图像高维分割方法

5.4.1　图像灰度与纹理特征的融合

纹理是物体表面的固有特征之一，与灰度值一样，图像纹理是其重要属性，几乎所有图像都具有纹理。本书认为，纹理就是一种视觉特性，纹理的形成是一个复杂的物理、生理和心理相互作用的过程，涉及物体的材质、光的传播特性、人眼的结构、人脑的心理感知等。当然，本书并不对这些具体细节进行讨论。简单地说，纹理是物体在一定光照作用下人类所产生的主观刺激，很难用语言文字描述，基于纹理特征的图像分割也无需一一对应地精确描述这种主观感受。事实上，人类视觉在进行图像认知时，根本没有区分灰度特征还是纹理特征。因此，机器视觉中仅利用灰度特征和仅利用纹理特征的图像分割方法在某些情况下都会存在一定的疑问。例如，如图 5.18（a）所示的原始图像，人眼主观勾画的可视化结果如图 5.18（b）所示，对于该图像，采用一般基于灰度特征的方法显然无法获得有效的结果，如图 5.18（c）所示是最经典的 Otsu 方法的图像阈值化结果。

（a）原始 CS 图像 　　　　　（b）人工参考图像 　　　　　（c）Otsu 分割结果

图 5.18　含纹理的图像分割示例

显然单纯基于灰度信息根本不可能生成有意义的二值化结果，客观地说，即使是上文所提出的若干种解决方法也是如此，因为这些方法本质上都是以图像灰度特征为主。当然，对于如图 5.18（a）所示的图像，一般基于纹理特征的方法在分割时不存在困难，但是，假设该图像的 CS 采用不同的灰度（或颜色），单纯利用纹理特征就有疑问，因为 CS 的纹理特征相同，如果不利用灰度（或颜色）特征，CS 就容易被误分为同类。

综上所述，要想尽可能获得更鲁棒、更精确的分割结果，一种很自然的思路是，融入更多的图像特征，如融合图像灰度和纹理特征。与仅利用灰度特征和仅利用纹理特征的图像分割方法相比，同时结合灰度和纹理特征的方法已经被证明是更鲁棒和高效的，目前，针对彩色图像，文献[173]综述了现有的大量工作。当然，也已经有少量文献涉及灰度图像，如基于神经网络的纹理和灰度信息融合方法[174]、基于纹理与灰度协同进化的图像分割算法[175]。本书在图像分割的认知物理学粒计算框架下，提出了利用图像特征场的高维分割方法 hDDF。该方法充分利用了图像的灰度和纹理特征，通过多特征的协同，更加符合人类视觉特性，在无需任何显式准则的约束下，通过数据场中质点的动态演化，启发式地自适应搜索最优阈值，而且在不显著增加时间复杂度的情况下可以向更高维扩展。

5.4.2 图像高维特征场及其演化

目前的文献[174,175]虽然研究了灰度与纹理特征的融合，但是注意到这些方法所用的纹理描述并不一定具有视觉意义。Tamura 从心理学的角度研究表明[176]，人类视觉对于纹理的感知包含至少六个方面的分量，粗糙度（coarseness）、对比度（contrast）、方向度（directionality）、线性度（linearity）、规整度（regularity）、粗略度（roughness）等。一般认为前三个分量对图像纹理分析比较重要。与灰度共生矩阵的方法相比较，Tamura 对于纹理特征的表达在视觉上更有意义。本书在 Tamura 纹理模型的基础上，引入图像的粗糙度、对比度、方向度等视觉意义上的特征度量，同时融合局部灰度特征，建立图像特征场。

（1）灰度方差

图像的局部灰度方差反映了图像灰度上的统计特征，仅从灰度特征的角度说，如果图像目标和背景存在灰度差异，那么，同质区域局部灰度方差就较小，反之，目标和背景之间的过渡区域的灰度方差较大。换句话说，图像的灰度方差可以从灰度特征的角度大致刻画图像边界。对于任意中心像素(x,y)，其局部灰度方差的具体计算步骤如下。

（a）计算以像素(x,y)为中心，大小为 3×3 个像素的图像邻域中像素的平均灰度值：

$$Avg_{gray}(x, y) = \sum_{i=x-1}^{x+1} \sum_{j=y-1}^{y+1} f(i, j) / 9 \qquad （式 5.26）$$

其中 $f(i,j)$ 是位于 (i,j) 处的像素灰度值。

（b）计算以像素(x,y)为中心，大小为 3×3 个像素的灰度值方差，作为局部灰度特征：

$$Var(x, y) = \sum_{i=x-1}^{x+1} \sum_{j=y-1}^{y+1} (f(i, j) - Avg_{gray}(x, y))^2 / 8 \qquad （式 5.27）$$

将局部方差特征归一化到$[0, L-1]$，以图 5.18（a）为例，提取灰度方差如图 5.19 所示。

图 5.19　局部方差

（2）粗糙度

狭义地说，纹理就等同于粗糙度。文献[177]比较了现有的主流纹理粗糙度度量算法，并认为 Tamura 提出的粗糙度描述方法是最佳的。本书在此基础上，根据工程实践经验，将指数量化改进为线性量化，对于任意中心像素(x,y)，粗糙度的具体计算步骤如下。

（a）计算以像素(x,y)为中心，大小为 $k×k$ 个像素的图像邻域中像素的平均灰度值：

$$A_k(x,y) = \sum_{i=x-k}^{x+k} \sum_{j=y-k}^{y+k} f(i,j)/(2k+1)^2 \qquad （式5.28）$$

其中 k=1、2、3、4、5，$f(i,j)$ 是坐标位于 (i,j) 处的像素灰度值。

（b）对于每个像素(x,y)，分别计算水平和垂直方向互不重叠的邻域平均灰度差：

$$E_{k,h}(x,y) = |A_k(x+k,y) - A_k(x-k,y)|$$
$$E_{k,v}(x,y) = |A_k(x,y+k) - A_k(x,y-k)| \qquad （式5.29）$$

（c）计算能够使 E 值（不分方向）达到最大值的 k 值作为该像素的粗糙度度量：

$$k_{best}(x,y) = \max\{E_{k,o}(x,y) \mid k=1,2,...,5, o=h,v\} \qquad （式5.30）$$

（d）计算以像素(x,y)为中心，大小为 3×3 的邻域中图像像素的平均粗糙度：

$$Avg_{con}(x,y) = \sum_{i=x-1}^{x+1} \sum_{j=y-1}^{y+1} k_{best}(i,j)/9 \qquad （式5.31）$$

（e）计算像素(x,y)的粗糙度度量与以其为中心的平均粗糙度之间的差异，作为该像素的粗糙度特征：

$$Coa(x,y) = |k_{best}(i,j) - Avg_{coa}(x,y)| \qquad （式5.32）$$

将粗糙度特征归一化到$[0, L-1]$，以图 5.18（a）为例，提取粗糙度特征如图 5.20 所示。

图 5.20　粗糙度

（3）对比度

局部对比度是图像局部明暗区域最亮的白和最暗的黑之间不同亮度层级的测量，即图像局部灰度反差的大小，差异范围越大代表对比越大，差异范围越小代表对比越小，可以通过统计像素灰度值的局部分布情况获得，具体步骤如下。

（a）计算以像素(x,y)为中心，大小为 3×3 个像素的图像邻域中像素灰度值的四阶矩：

$$M_4(x,y) = \sum_{i=x-1}^{x+1} \sum_{j=y-1}^{y+1} (f(i,j) - Avg_{gray}(x,y))^4 / 9 \qquad （式 5.33）$$

（b）计算以像素(x,y)为中心的图像邻域灰度统计值，作为图像对比度特征：

$$con(x,y) = Var_{gray}(x,y) / M_4(x,y)^{1/4} \qquad （式 5.34）$$

将对比度特征归一化到$[0,L-1]$，所提取的对比度特征如图 5.21 所示。

图 5.21　对比度

（4）方向度

方向度通过统计梯度向量的方向角局部分布情况实现，具体步骤如下。

（a）计算像素(x,y)处的梯度向量，模和方向依次为

$$|\Delta G(x,y)| = (|\Delta h(x,y)| + |\Delta v(x,y)|)/2$$
$$\theta(x,y) = \arctan(|\Delta v(x,y)| / |\Delta h(x,y)|) + \pi/2 \qquad （式 5.35）$$

其中，$|\Delta h(x,y)|$、$|\Delta v(x,y)|$分别是通过图像卷积式 5.36 所示的两个 3×3 操作符所得到的水平和垂直方向上的变化量。

$$\begin{bmatrix} -1 & 0 & 1 \\ -1 & 0 & 1 \\ -1 & 0 & 1 \end{bmatrix} \begin{bmatrix} 1 & 1 & 1 \\ 0 & 0 & 0 \\ -1 & -1 & -1 \end{bmatrix} \qquad （式 5.36）$$

（b）给定阈值t_G，如果$|\Delta G(x,y)| < t_G$，那么该像素(x,y)处的像素方向角设置为 0，即

$$\theta'(x,y) = \begin{cases} 0, & \text{if } |\Delta G(x,y)| < t_G \\ \theta(x,y), & \text{otherwise} \end{cases} \qquad （式 5.37）$$

其中阈值 t_G 平滑修正方向角，可通过很多方法获得，如上文的 Rosin 方法[128]等。

（c）计算以像素(x,y)为中心，大小为 3×3 的邻域中图像像素的平均方向角：

$$Avg_{dir}(x,y) = \sum_{i=x-1}^{x+1} \sum_{j=y-1}^{y+1} \theta'(i,j)/9 \qquad （式 5.38）$$

（d）计算像素(x,y)方向角与以其为中心的平均方向角之间的差异，作为方向度特征：

$$Dir(x,y) = |\theta'(i,j) - Avg_{dir}(x,y)| \qquad （式 5.39）$$

将方向度特征归一化到$[0, L{-}1]$，所提取的方向度特征如图 5.22 所示。

图 5.22 方向度

由于图像本身过于复杂，为了提高后续分割算法的效率，当图像尺寸过大时，也可以对图像进行一定形式的取样，取样方法很多，如随机取样、均匀取样、非均匀取样等。本书选用均匀取样。设取样窗宽为 w_s，均匀取样是指从图像 I 中每隔 w_s 行或 w_s 列产生新的取样图像 S。显然，S 中将仅包含 $N_x = (hw)/w_s^2$ 个像素的信息。

将取样得到的图像特征值分别作为动态数据场中数据质点的初始值，假设在 t 时刻第 i 个数据质点的位置矢量为 $p_i(t) = (p_i^1(t), p_i^2(t), p_i^3(t), p_i^4(t))$ 于是，位置矢量的任意 d 维信息 $p_i^d(t)$（$d = 1, 2, 3, 4$）都属于集合$[0, L{-}1]$，分别对应灰度方差、粗糙度、对比度、方向度。数据质点的初始状态为 $p_i(0) = (Var_i, Coa_i, Con_i, Dir_i)$，$i = 1, 2, ..., N_x$，其中 Var_i、Coa_i、Con_i、Dir_i 为上述式 5.27、式 5.32、式 5.34、式 5.39 所确定的图像灰度和纹理特征经过采样后的结果。此外，第 i 个质点的第 d 维速度矢量记作 $v_i^d(t)$，设置初始速度 $v_i^d(t)$ 为 0。因此该初始化过程就能够在压缩图像冗余信息的同时，引入更多的图像灰度和纹理细节。

于是可以采用与 5.3 节类似的方法建立四维图像特征场，注意到式 5.10～5.14，只需要将其中相应的维度更改为 $N_d = 4$ 即可。类似的，可以采用式 5.15～5.18 的方法进行图像特征场的演化，同样也只需要更改相应的维度为 $N_d = 4$ 即可。该图像特征场从灰度方差、粗糙度、对比度、方向度等不同的视角获得图像的信息特征，通过图像特征场的自适应演化确定优化的图像特征阈值实现图像特征聚类，最终完成图像像素的划分。

更进一步，如果能够从图像中提取更多的信息，同样可以采用类似的方法建立图像特征场，并实现图像特征场的自适应演化，只需将维度 N_d 增加。于是，可以充分利用图像灰度和纹理信息，建立图像高维特征场，实现无准则图像分割方法。5.3.3 节的分析表明，图像特征场的演化仅与灰度分辨率 L 有关，与图像尺寸无关，也与特征维数无关。但是，需要指出的是，提取图像特征本身也需要耗费时间，在保证图像分割质量的情况下，特征维数越少，时间复杂度越低。

5.4.3 hDDF 方法描述与分析

经过归一化以后，图像灰度和纹理特征值均为整数，因此，本书 hDDF 方法对于图像特征场的动态演化停止条件同样可以设置收敛性误差阈值为 $\eta = (1,1,1,1)$。即只要任意一个维度上符合 $|T^d(t+1) - T^d(t)| < \eta^d$（$d = 1, 2, 3, 4$）时，可以认为最优阈值满足收敛性，算法停止，此时的当前最优阈值作为最优阈值输出，即 $T_{opt} = T(t^* + 1)$。

本书主要讨论单目标问题，一旦最优阈值确定以后，余下的任务就是将图像二值化。由于高维图像特征从不同的视角判定了图像像素的类别，因此，在四维或以上图像特征场中，可以引入少数服从多数的投票法则。以四维图像特征场为例，其步骤如下。

（a）将 Var_i、Coa_i、Con_i、Dir_i 的每个分量依次与最优阈值 T_{opt} 相比较：

$$B^1(x,y) = \begin{cases} 0, & \text{if } Var(x,y) \leqslant T_{opt}^1 \\ 1, & \text{otherwise} \end{cases}, \quad B^2(x,y) = \begin{cases} 0 & \text{if } Coa(x,y) \leqslant T_{opt}^2 \\ 1 & \text{otherwise} \end{cases}$$

$$B^3(x,y) = \begin{cases} 0, & \text{if } Con(x,y) \leqslant T_{opt}^3 \\ 1, & \text{otherwise} \end{cases}, \quad B^4(x,y) = \begin{cases} 0 & \text{if } Dir(x,y) \leqslant T_{opt}^4 \\ 1 & \text{otherwise} \end{cases} \quad （式 5.40）$$

（b）根据比较的结果按照少数服从多数的原则确定图像像素的二值标号结果：

$$B(x,y) = \begin{cases} 0, & \text{if } \sum_{i=1}^4 B^i(x,y) \leqslant 2 \\ 1, & \text{otherwise} \end{cases} \quad （式 5.41）$$

融合灰度和纹理特征以后，对于大多数普通图像来说，通过 hDDF 方法的图像特征场演化过程都可以获得较好的分割结果，但是对于纹理比较粗的图像，所获得的仅仅是一个粗略的分割结果。例如，对于图 5.18（a）所示的原始图像，经过 hDDF 方法粗分割以后生成的二值化结果如图 5.23（a）所示，其中白色代表为 1 的区域，黑色代表为 0 的区域，可以发现，图 5.23（a）所示的目标对象 C 和 S 中存在若干细小的空洞。此时，需要引入更多的后续细化处理步骤。首先利用二值数学形态学方法对图像依次执行膨胀和腐蚀操作，实现图像目标闭合，在不产生全局几何失真的情况下，去除微小误分的细节。对于图 5.23（a）所示的图像执行相应操作，最终二值化结果如图 5.23（b）所示。为了与其他方法比较，同时更符合纹理分析中的惯常做法，自动提取二值化图像的边界。如图 5.23（c）所示，为了更好地观察分割质量，本书在边界图像上叠加了原始图像。

（a）粗略分割结果　　　　（b）最终二值化结果　　　　（c）对象提取结果

图 5.23　含纹理的图像分割示例

综上所述，本书 hDDF 方法的详细步骤描述如算法 5.4 所示。

算法 5.4

输入：图像 I，影响因子 σ

输出：分割结果 Res

算法步骤：

Step 1　初始化：根据给定图像 I，初始化参数；按照 5.4.2 节介绍的提取灰度和纹理特征，初始化动态数据场的质点；

While　不满足式的终止条件：

Step 2　评估所有质点，生成数据场；

Step 3　更新质点的位置和速度、局部最优阈值；

Step 4　根据式 5.41 给出粗略的分割结果；

Step 5　细化并输出分割结果 Res。

上述算法的时间复杂度与 5.3.5 节介绍的 3DDF 方法类似，图像特征场的迭代时间仍然仅与 L 有关，与图像本身基本无关。当然，hDDF 方法由于比 3DDF 方法所提取的图像基本信息多一些，因此前期预处理的时间耗费略高于 3DDF 方法，

同时，该预处理也与图像本身（如图像尺寸的大小、图像灰度和纹理的复杂程度等）密切相关，但是，总体来说，与传统方法相比，本书 hDDF 方法的时间复杂度在可接受的范围内，工程实践表明，对于一般 256×256 的灰度图像，15 秒以内均能获得较好的分割质量。

5.4.4　hDDF 方法实验结果与分析

为了验证本书 hDDF 方法的有效性，用 Matlab 编程实现了上述方法，同时也实现了三种同类算法，即融合灰度和纹理的方法（CTS）[178]、Normalized Cuts 方法（NC）[135]、基于区域的改进水平集方法（RACM）[179]。分别利用合成图像、一般自然图像以及陶瓷图像等三类不同的图像展开了分割实验。

所有方法均在 Matlab 环境下编程实现，三种经典方法的代码在公开网站下载，NC 方法来源于 http://www.seas.upenn.edu/~timothee/software/ncut/，CTS 方法来源于 http://www.science.uva.nl/~mark，RACM 来自 http://www4.comp.polyu.edu.hk/~cslzhang/。鉴于比较的公平性，对于 NC 方法的相关参数根据视觉先验知识尽可能多次地仔细选择，取其中最好的分割结果；CTS 方法和 RACM 方法根据程序本身设置的默认值进行实验。

（1）合成图像

利用如图 5.18（a）所示的 CS 原始图像进行实验，并与传统的方法对比。结果如图 5.24 所示，NC 和 CTS 方法能够给出有效分割结果，与本书 hDDF 方法的结果类似（如图 5.23 所示），但是由于 RACM 方法本质上缺乏图像纹理方面的考虑，无法获得有效的结果。

(a) NC 方法的结果　　　　(b) CTS 方法的结果　　　　(c) RACM 方法的结果

图 5.24　CS 图像的可视化比较

采用人工合成的三幅纹理图像进行分割实验，实验结果如图 5.25 所示。第一列为原始图像，其余列依次是本书 hDDF 方法、NC 方法、CTS 方法和 RACM 方法。如图 5.25 第一行所示的第一幅图像由于比较简单，参与比较的每种方法基本上都获得了有效的分割结果。如图 5.25 第二行所示的第二幅图像在两类纹理之间的边界处呈弧形,仅有本书 hDDF 方法和 CTS 方法生成了有意义的分割结果,这是由于两种方法都同时融合了图像灰度和纹理信息,有效地避免了误分。类似的,如图 5.25 第三行所示的第三幅图像仅包含两类纹理,本书 hDDF 方法和 CTS 方法给出了差不多的分割结果,但是通过对比仍然可以发现,CTS 方法将图像分成了三类纹理。总体来看,对于包含纹理的合成图像,图像分割实验表明,hDDF 方法和 CTS 方法性能相似,其次是 NC 方法和 RACM 方法。

图 5.25   纹理图像的可视化比较

（2）一般自然图像

采用一般自然图像进行实验,部分来源于 Berkeley 图像库,结果如图 5.26 所示。其中,第一列为原始图像,其余依次是本书 hDDF、NC、CTS 和 RACM 方法。对于前两幅图像,主要包含大量不均匀灰度信息,纹理信息并不丰富,因此,NC 和 RACM 方法获得了较好的分割结果,CTS 方法分割质量较差,反之,后三幅图像由于包含大量的纹理,RACM 方法显得无能为力,基本完全误分,NC 方法和 CTS 方法获得了基本可以接受的分割结果。总体来看,本书方法有效融合灰度和纹理,获得了较高的分割质量。

（3）陶瓷图像

很多陶瓷都是非常重要的文物,如何对其进行有效的保护成为当前相关领域的一个重要课题,其中文物数字化是有效手段之一。现有传统方法以人工标注为主，如中华博物网古陶瓷检索（http://www.gg-art.com/search/china.php）等，近年来，基于内容的图像技术逐渐在该领域获得成功的应用（http://www.gzsums.edu.cn/2004/museum/）。

图 5.26　自然图像的可视化比较

　　在陶瓷数字化的研究中，陶瓷博物馆被认为是陶瓷文化的重要组成部分，陶瓷图像检索是陶瓷数字博物馆所必备的重要功能之一，其中图像分割是首要的第一步，有效地融合色彩和纹理信息就显得尤为重要，这是因为，陶瓷图像通常富含规则或不规则纹理。

　　本书采用广东石湾陶瓷博物馆（http://www.swcm.org.cn/index.asp）下载的两组陶瓷图像进行图像分割实验，如图 5.27 所示。为保证 hDDF 方法的实验完整性，在陶瓷图像分割中，本书仅仅考虑灰度和纹理特征的融合，不考虑色彩信息，也并未建立彩色颜色模型，因此，所有陶瓷图像都经过彩色到灰度化的预处理。

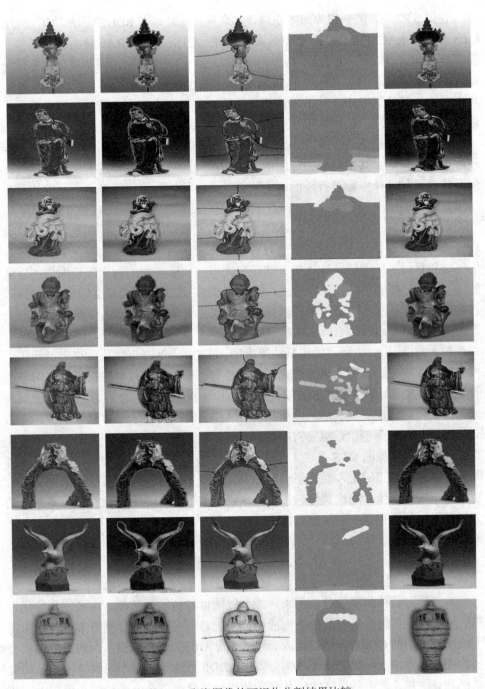

图 5.27　陶瓷图像的可视化分割结果比较

在图 5.27 中，第一列为原始图像，其余列依次是本书 hDDF 方法、NC 方法、CTS 方法和 RACM 方法。对于本组陶瓷图像，CTS 方法和 RACM 方法都不能获得有意义的分割结果。根据上文的分析，RACM 方法仅根据区域灰度信息完成分割，对于富含纹理的陶瓷图像 RACM 方法失效也在预料之中。至于 CTS 方法，可能是由于其基于 Gabor 滤波的纹理表达不一定符合人眼视觉特性，或者至少不适合陶瓷图像纹理，最终导致了这些陶瓷图像基本完全误分割。

从图 5.27 的第三列可以看出，NC 方法对于第一幅和第三幅陶瓷图像都不能较好地完成分割，其主要原因可能由于参数选择问题，虽然经过人工仔细优选，但是毕竟这种选择次数是有限的，无法尝试到最优的参数也就导致不合理的分割结果。

对于图 5.27 的后四幅图像，NC 方法基本能够完成分割，特别是目标边缘可较精确定位，但是由于分割区域的数目由人工尝试确定，结果人眼视觉上有效，仍然导致目标区域零碎，计算机无法获取完整的目标，并不利于陶瓷图像的后续处理。从图 5.27 的第二列可以看出，本书 hDDF 方法大致都能够准确地定位目标，并有效提取了目标，为后续陶瓷图像检索提供了更多更有意义的信息。

（4）分析与讨论

图 5.25 至图 5.27 所示的实验结果表明，hDDF 方法在可视化效果上远远优于被比较的传统方法，无需再通过定量分析进行进一步的比较。综上所述，对于一般纹理合成图像，本书 hDDF 方法具备了与传统灰度纹理融合的 CTS 方法近似的分割性能，远远优于仅利用灰度信息的 RACM 方法；对于一般自然图像，本书 hDDF 方法具备了与传统 NC 方法和 RACM 方法近似的分割性能，远远优于未能有效顾及灰度信息的 CTS 方法；也就是说，本书 hDDF 方法能够在保留原有灰度图像分割性能的基础上，融合了纹理信息，兼具了图像灰度和纹理分割性能，特别是对于陶瓷图像，相比其他三种方法来说，本书 hDDF 方法获得了较高质量的分割结果，能够有效获取陶瓷目标。

5.5　本章小结

本章针对具体的图像分割需求，主要以图像特征场为基础，在多视角粒化计算的框架下，详细分析了面向不同应用需求的若干可行图像分割方案，包括面向一维阈值分割的 CDbT 方法、面向二维阈值分割的 2DDF 方法、面向三维阈值分割的 3DDF 方法、面向高维无准则分割的 hDDF 方法等。对于每种方法都从研究动机到算法描述、再从算法实现从到实验比较等全面、充分地论证了所提出方法的可行性和有效性。

第 6 章　利用认知物理学方法的图像应用尝试

本书前 5 章主要集中阐述了图像分割的认知物理学方法，在深入研究和发展认知物理学理论的基础上，探索了图像分割的粒度原理、建立了图像分割的认知物理学粒计算框架，并在该框架下针对特定的图像分割问题研究了若干可行有效的新方法，理论分析以及相关实验结果验证大体上都论证了所提出方法的可行性和有效性。尽管如此，图像分割仅仅是图像处理和计算机视觉技术的一个分支，即使针对的具体分割功能不同，认知物理学方法的处理对象都是图像，因此，作为一种自然的思路拓展与延伸，本章尝试挖掘利用认知物理学方法的图像若干应用，以期为认知物理学的研究提供更广阔的空间，也为除图像分割外的其他图像应用提供可能的新途径和新方法。

6.1　利用数据场的图像特征提取尝试

6.1.1　稀疏二值图像特征提取概述

图像目标模式识别是计算机视觉领域的重要研究方向之一，其中特征提取是首要关键环节，一直以来都受到广大研究者的广泛关注，在安全监控、军事侦察、摄影测量、灾害监测、气象预报、产品检验、人机交互和医学诊断等方面也已经取得了成功应用。特征是表征图像目标本质属性的信息集，是解决图像目标识别等问题的根本。特征提取的目标是获取一组少而精的特征量，独立、完备地反映图像内容。

迄今为止，国内外研究者对图像特征提取问题展开了系列研究，与之相关的新算法、新技术层出不穷。其中一类方法采用模拟物理学的机制研究图像特征问题。如 Nixon 提出了模拟万有引力的力场收敛变换法并应用到人耳识别中[150]，Liu 将其改进为多视角变换[180]，徐贵力等人利用该理论检测图像粗大边缘[181]。孙根云等人提出了模拟万有引力定律的边缘检测方法[70]，Lopez 利用三角模进行了扩展[146]。Direkoglu 提出了模拟热流的温度界面方法并进行形状提取[182]。Cummings 等人提出了基于光流变换的结构特征检测方法[183]。近年来，其中一类更新颖的方法逐渐浮出水面，陈雪松等人将图像分析中的投影理论与物理学中的势能理论相结合，提出了基于图像势能的二值图像特征提取方法[184]，并进一步研究了图像目标轮廓特征提取方法[185]，蒋少华等人在此基础上研究了针对二值图像的灰度势特征提取方法[186]，理论和实验分析表明了现有方法的可行性和有效性。尽管如此，模拟物理学机制仍然没有引起计算机视觉领域的足够重视，至少在计算机视觉中的研究远远不如智能优化等其他领域那样取得丰硕的成果和大众化的关注[150]。因此，模拟物理学机制的图像特征提取仍然是一个开放式课题，尚存在可拓展空间。

本书认为，各种物理模型和机制的根源都是物质之间的相互作用，统一场论是现代物理学的重要方向之一，根据场（或场的量子）的传递媒介性，用场统一地描述和揭示各种相互作用的共同本质和内在联系，在物理学对于客观世界的认知中起到了重要的作用。中国学者李德毅等人将现代物理学中对客观世界的认知理论引申到对主观世界的认知中，形成了数据场的思想，通过考察数据对象间的相互作用并建立场描述原始、混乱、复杂、不成形的数据关联，揭示不同抽象程度或概念层次上的知识，理论体系相对完备，并广泛应用于数据挖掘与知识发现、空间信息处理、图像分析与处理、智能优化、物流管理等领域。

有鉴于此，本书抛开固有的物理形态，从场论的角度出发建立更一般的映射关系及其理论框架，进一步提出更鲁棒、高效的二值图像特征提取方法，根据二值图像建立了图像数据场，在此基础上，给出了基于二值图像数据场的特征提取BDfF 方法。

6.1.2　二值图像数据场

设 $P = \{p = <x, y> | x = 1, 2, ..., w; y = 1, 2, ..., h\}$ 为给定的二维像素空间，$f : P \rightarrow \{0, 1\}$是映射，二值图像可以表示为元组 $I = <P, f>$，其中 h、w 分别为该图像的高、宽。二值图像在多数情况下是极端稀疏的。以图 6.1 中手写数字 5 的二值图像说明其中的稀疏性。

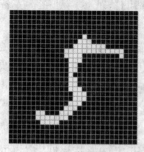
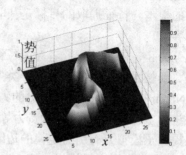

（a）二值图像　　　　　　　　　　　（b）二值图像数据场

图 6.1　二值图像及其数据场示例

假设用一个尺寸为 28×28 的二维矩阵存储图 6.1（a）所示的图像，每个像素点可取 0 或 1，其中 0 表示暗背景，1 表示亮目标。显然，该矩阵仅包含 72 个非零值，约占图像全部像素的 9.2%，也就是零值约占总体的 90% 以上，这从形式上无疑是稀疏的，如何有效表征非零值信息、发现图像内容，有利于消除零值信息在大存储量和高速处理性能方面的不利影响。

为此，本书模拟物理学中引力场的概念，假设二维图像空间 P 上的任意像素 p 都是具有一定质量的质点，由映射 f 确定的像素亮度 $f(p)$ 是其重要特征，于是空间 P 上所有非零像素的相互作用就确定了一个二值图像数据场。

给定图像空间 P 中的数据对象 q，如果 $f(q)=1$，那么对象 q 在像素 p 产生的势值为：

$$\varphi_q(p) = m^q e^{-(\max(|x_p - x_q|,|y_p - y_q|)/\sigma)^2} \qquad (式 6.1)$$

其中 $\sigma > 0$ 控制对象间的相互作用力程，即影响因子；$m^q=1$ 表示场源强度，即数据对象的质量。

根据高斯函数的 3Sigma 规则，式 6.1 中所涉及到的影响半径约为 $3\sigma/\sqrt{2}$。因此，一方面考虑到二值图像的稀疏性，同时为全面考察非零像素之间的影响，可以在式 6.1 中设置 $\sigma = \sqrt{2}\max(h,w)/6$。

更进一步，根据场的叠加原理，整个图像空间 P 中任意一个像素 p 的势值为：

$$\varphi(p) = \sum_{q \in P, f(q)=1} m^q e^{-(\max(|x_p - x_q|,|y_p - y_q|)/\sigma)^2} \qquad (式 6.2)$$

以图 6.1（a）所示的手写数字 5 为例，所生成的二值图像数据场如图 6.1（b）所示，总体上，二值图像数据场势值能够反映出该手写数字 5 的基本形态和主要特点。为便于不同特征的比较，势值进行了归一化，具体技术细节在下文详述。

6.1.3 BDfF 方法描述与分析

（1）计算像素的势值

式 6.2 提供了二值图像数据场中任意非零像素对应的势值计算方法，与此对应，一种最直接、最常见的实现方式是根据作用像素的影响范围，以模板的形式进行图像像素势值的计算，但是，以整个图像尺寸大小的模板操作计算量非常大，考虑到二值图像的稀疏性，对于图像空间 P 上某个像素 p 的势值计算，可以沿着八连通区域寻找非零像素 q，并根据式 6.1 计算当前像素 q 对 p 的作用势值，经过场叠加获得 p 在二值图像数据场中的实际势值。

具体来说，以待处理像素 p 为中心，令作用像素 q 坐标初始值为 $x_q=x_p$、$y_q=y_p$，在像素 p 的上（x_q、y_q--）、下（x_q、y_q++）、左（x_q--、y_q）、右（x_q++、y_q）、左上（x_q--、y_q--）、左下（x_q--、y_q++）、右上（x_q++、y_q--）、右下（x_q++、y_q++）共八个方向上依次展开，搜

索非零像素 q，并根据式 6.1 计算 $\varphi_q(p)$，一旦到达图像的边界或遇到 $f(q)=0$ 的像素时搜索停止，此时所有 q 对 p 的作用总和 $\sum \varphi_q(p)$ 即为像素 p 的势值。

从图 6.1（a）中截取以 (8, 16) 为中心像素的子图，如图 6.2 所示，按照上述方法在八个方向上搜索，每个方向上遇到零值像素停止，所有方向迭代停止后，即可计算出该像素在场中被作用的实际势值约为 12.5。

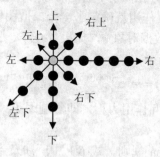

图 6.2　势值计算

类似的，按照上述方法，依次计算所有像素 $p(x_p,y_p)$ 为中心的势值，构成关于图像像素势值的稀疏矩阵 **PM**。

（2）确定像素的主方向

在计算势值的过程中，分别保存最终搜索停止时在八个方向上的像素 q 相对当前待处理像素 p 的最大位移（即最大位置改变量，可以为负数），其中右、右上、上、左上、左、左下、下、右下等方向的位移依次记作 s_0、s_{45}、s_{90}、s_{135}、s_{180}、s_{225}、s_{270}、s_{315}。首先在 s_0、s_{90}、s_{180}、s_{270} 的基础上再分别计算最大水平位移和垂直位移 s_h、s_v，然后判断 $\sqrt{s_h^2+s_v^2}$ 与 s_{45}、s_{135}、s_{225}、s_{315} 的位移量大小，最后将位移量最大时所对应的方向作为像素 p 的主方向角，也就是任意像素 p 在二值图像数据场中的被作用主方向，可能为 $\{arctan(s_v/s_h),\ 45°,\ 135°,\ 225°,\ 315°\}$。例如，图 6.2 中的像素，最大水平和垂直位移分别在右方和下方取得，其原始主方向角就位于 [225°,315°] 之间。

按照上述方法，依次计算所有非零像素 $p(x_p,y_p)$ 的被作用主方向，构成关于图像像素方向角的稀疏矩阵 **OM**。

（3）势值归一化

显然，实际势值不利于一致性地反映图像内容。为此，统计势值矩阵 **PM** 中的最大值 PM_{max} 和最小值 PM_{min}，将 **PM** 矩阵中的所有像素势值 $PM(p)$ 按式 6.3 归一化到 [0, 1] 区间：

$$PM(p) = (PM(p) - PM_{min})/(PM_{max} - PM_{min}) \qquad （式 6.3）$$

（4）主方向归一化

计算出势值矩阵 PM 中最大值 PM_{max} 所对应的主方向角 θ_m，将方向角矩阵 OM 中的主方向角均沿着该方向角逆时针旋转，并按式 6.4 归一化到[0, 360]区间：

$$OM(p) = \begin{cases} OM(p) - \theta_m & \text{if } OM(p) - \theta_m \geqslant 0 \\ OM(p) - \theta_m + 360 & \text{otherwise} \end{cases} \quad (式 6.4)$$

以图 6.1（a）所示的二值图像为例，建立了相应的二值图像数据场，用射线段的方向和长短分别表示二值图像数据场中像素被作用的主方向和势值大小，绘制了如图 6.3（a）所示的主方向示意图，所反映的总体特征与图 6.1（b）基本相似，区别仅在于所展示的维数不同。

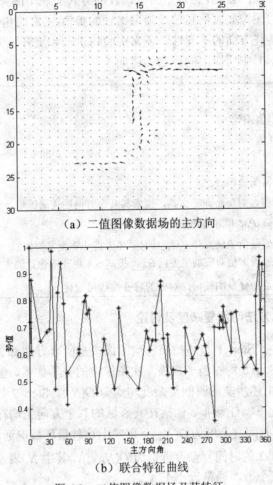

（a）二值图像数据场的主方向

（b）联合特征曲线

图 6.3　二值图像数据场及其特征

（5）特征向量与特征曲线

由像素 p 的归一化势值 $PM(p)$、主方向角 $OM(p)$所构成的二元组<$PM(p)$, $OM(p)$>就可以作为唯一度量该像素处的特征量，对于整个图像而言，所有非零像素处的势值和主方向角[**PM OM**]就可以独立、完备地刻画二值图像的内容。因此，将所有非零像素的特征量按照主方向角排序，所形成的二维矢量，最终就可视作表征该二值图像的特征向量。

在此基础上，根据各非零像素的势值和主方向角可以绘制该二值图像的联合特征曲线，如图 6.3（b）所示，横纵坐标分别表示主方向角和势值，下文其他特征曲线与此类似，不再一一标注。这种特征曲线既能够通过数据场的方法顾及非零像素及其局部特征的影响，也以更易于比较的方式实现了图像内容的全局表达，将二维矩阵形式的图像亮度信息转换为可比较的势值-主方向角曲线，能够在一定程度上保持图像某些方面的不变性，下文实验将进一步展开验证。

综上所述，本书中所提出的算法描述如下：

算法 6.1

输入：待处理二值图像

输出：图像特征集

算法步骤：

Step 1　读取二值图像；

Step 2　扫描图像，对每个非零像素，搜索其八个方向的连通区域，计算势值，同时确定主方向，生成势值矩阵 **PM** 和方向角矩阵 **OM**；

Step 3　统计势值最值 PM_{max} 和 PM_{min}，按式 6.3 将非零像素势值归一化；

Step 4　统计势值最大值对应的主方向 θ_m，按式 6.4 将非零像素的主方向旋转归一化；

Step 5　特征向量[**PM OM**]输出，对应的特征曲线可视化。

6.1.4　BDfF 方法时间复杂度及讨论

在上述算法中，Step 1 整体扫描一次图像，是所有方法都必须的时间开销。Step 3、Step 4 和 Step 5 均相当于扫描一次图像中的非零像素，假设二值图像中非零像素为 N_n 个，上述步骤的时间复杂度均约为 $O(N_n)$。Step 2 扫描非零像素及其邻域，在最坏情况下，任意非零像素在其邻域的八个方向上均存在相连通的其他非零像素，该步骤时间复杂度为 $O(N_n^2)$。事实上这种最坏情况通常几乎不会发生。一般情况下，Step 2 的时间复杂度近似为 $O(N_a N_n)$，其中 N_a 表示任意非零像素的连通相邻区域像素个数，通常远小于 N_n。

总体上，除开同类算法都必须的时间耗费，所提出的算法时间复杂度近似为

$O(N_n)$，与图像中非零像素的个数近似成线性关系，理论上说算法具备有效性。

与本书相关的方法包括基于图像势能的二值图像特征提取方法[184]以及灰度势方法[186]（Gray Scale Potential，简称 GSP 方法）。本书方法与这些方法的关系如下。

（1）位于不同空间位置的非零像素扩展关联性显然是不一致的，相对位置越远、相互关联也越小。文献[184,186]的现有方法采用投影的方式能够考察非零像素值之间的相互关联，但是不具体、不全面，未能充分顾及到像素空间位置所带来的影响，忽略了二值图像邻域空间的变化过程及其扩展。这也是导致现有方法对噪声图像处理能力较弱的主要原因。所提出的 BDfF 方法建立图像数据场，适合表达上述空间扩展关联性，通过势值将二值图像的邻域特征细化，可以预见其抗噪性能进一步加强。

（2）文献[186]是针对文献[184]所提出方法的进一步研究，改进的方法增强了算法的鲁棒性和可操作性，但是仍然需要人为选择两个全局参考点，而且相关参数的设置也存在困难。所提出的 BDfF 方法利用图像数据场实现类似参考点的功能，一方面，在计算特定像素的势值时，搜索邻域内连通的非零像素，充分考虑图像特征的局部性；另一方面，根据二值图像各非零像素势值之间的等势特性，全面把握图像特征的整体性。当然，按主方向的旋转也是出于这方面的考虑。

需要指出的是，文献[186]的 GSP 方法是对文献[184]的改进，两者属递进关系，因此，下文实验仅与前者进行比较分析。

6.1.5　BDfF 方法实验结果与分析

为了验证文中方法的可行性和有效性，Matlab 编程实现了所提出的算法，也实现了同类型的 GSP 方法。所采用的实验图像主要来源于 MNIST Handwritten Digits 字符库（http://yann.lecun.com/exdb/mnist/），是美国 NIST（National Institute of Standards and Technology）手写数字字符库的一个子集，该字符库含有 0～9 的训练数据集和 0～9 测试数据集两种图像，训练库有 60000 幅手写数字图像，测试库有 10000 幅，分别由 500 个志愿者独立书写。所有图像已经利用 Matlab 自带的 *im2bw*() 函数进行过二值化预处理，原始图像尺寸 $h=w=28$。

除了采用可视化的特征曲线进行定性的直观比较，实验在考察单个二值图像特征时，也引入了特征曲线的定量测度指标，包括特征曲线的长度 L，特征曲线与坐标轴围成的面积 S。

在考察两个二值图像特征的相似性和相异性时，采用了特征向量的相关性 C 作为距离测度，其计算直接采用 Matlab 自带的 *corr*() 函数实现。

在考察二值图像特征不变性时，还引入了特征曲线长度的变化率 ΔL 和特征曲线与坐标轴所围成面积的变化率 ΔS，当二值图像本身发生变化时，变化率越小，表明特征度量的不变性越好。

实验 1：为了测试本书所提出的特征提取方法在可区分性方面的能力，随机选择了不同风格的不同手写数字图像进行实验，分别记做图像 0~9。

手写 0~9 的实验图像及采用 BDfF 方法生成的特征曲线如图 6.4 所示，限于篇幅，仅记录了 GSP 方法相关的定量结果，但未列出 GSP 方法生成的特征曲线图，下文其他实验也因同样的原因采用了类似的处理。

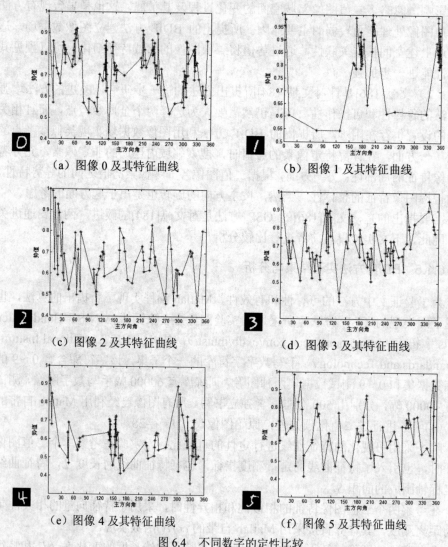

（a）图像 0 及其特征曲线　　　　　（b）图像 1 及其特征曲线

（c）图像 2 及其特征曲线　　　　　（d）图像 3 及其特征曲线

（e）图像 4 及其特征曲线　　　　　（f）图像 5 及其特征曲线

图 6.4　不同数字的定性比较

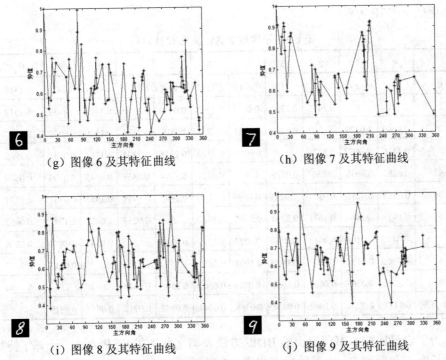

（g）图像 6 及其特征曲线　　　　　　（h）图像 7 及其特征曲线

（i）图像 8 及其特征曲线　　　　　　（j）图像 9 及其特征曲线

图 6.4　不同数字的定性比较（续图）

　　直观上看，对于不同的手写数字图像，其特征曲线也各不相同。换句话说，这些特征曲线能够有区分度地测量二值的手写数字图像及其内容，较完备地反映相应二值图像的本质特征，是特征提取与模式识别的一种备选方案，可以作为传统方法的有效补充。

　　为了定量地刻画不同方法对不同手写数字的区分度，计算了不同数字特征向量的相关性，分别将 0～9 的特征两两之间的相关性罗列在表 6.1，其中左下角对应于所提出的 BDfF 方法，右上角为 GSP 方法。理论上说，相关性越小，表明类间可分性越好，特征区分度越明显。例如，0 所对应的第一列，表示所提出的 BDfF 方法提取 0 特征与 1～9 特征的相关性，其中最后一行是 BDfF 方法的 0 特征与其他数字的平均绝对相关性；0 所对应的第一行，表示 GSP 方法提取 0 特征与 1～9 特征的相关性，其中最后一列是 GSP 方法的 0 特征与其他数字的平均绝对相关性。从表 6.1 可以看出，所提出的 BDfF 方法在大多数情况下取得了比 GSP 方法更小的相关值，也就是说，BDfF 方法所提取的特征具有更好的可区分度。更进一步，两种方法提取的所有数字特征之间的平均绝对相关性用下划线标出，BDfF 方法的平均绝对相关性更小，因此，总体上说，BDfF 方法提取的数字特征在类间可比性方面更优于 GSP 方法。

表 6.1 不同数字的相关性 C 比较

	0	1	2	3	4	5	6	7	8	9	GSP 方法
0	/	0.1598	0.1867	0.2167	0.0719	0.1337	0.1491	0.1538	-0.0266	0.0877	0.1318
1	-0.0004	/	0.2412	0.2389	-0.0023	0.2961	0.0013	0.2805	0.1407	0.0139	0.1519
2	0.4049	0.0329	/	0.2769	0.1237	0.3833	-0.0052	0.2184	0.2329	0.0553	0.1836
3	0.3416	-0.0052	0.3779	/	0.0596	0.3329	0.2918	0.3321	0.1583	0.0135	0.1980
4	0.0282	0.0036	-0.0367	0.0726	/	0.0321	0.1394	0.0468	0.0345	0.0324	0.0570
5	0.0113	0.0213	0.0301	-0.0261	-0.0996	/	0.1445	0.1771	0.1951	0.0332	0.1375
6	0.1451	-0.0464	0.1671	0.2218	0.0305	-0.0667	/	0.0259	0.0451	0.1247	0.0652
7	-0.0168	0.0108	0.0680	-0.0187	-0.0233	0.1373	0.0217	/	0.0548	-0.0004	0.0276
8	-0.0705	0.0130	-0.0035	-0.0048	0.1094	0.1055	-0.1184	-0.0561	/	0.0317	0.0317
9	-0.0359	0.0565	0.0603	0.1669	-0.0214	0.0667	0.1545	0.0871	0.0847	/	0.1094
BDfF 方法	0.1172	0.0237	0.1062	0.0851	0.0568	0.0941	0.0982	0.0716	0.0847	0.0819	

为了定量比较本书所提出的 BDfF 方法及与之相关的 GSP 方法，计算了特征曲线长度 L 和面积 S，定量的结果如表 6.2 所示。

表 6.2 不同数字的定量比较

图像	L		S	
	BDfF 方法	GSP 方法	BDfF 方法	GSP 方法
0	355.1	384.5	248.9	1872.7
1	360.1	396.3	239.7	671.7
2	354.3	374.3	229.4	1517.9
3	354.8	385.1	250.7	1180.9
4	349.8	391.3	206.9	1048.6
5	358.9	384.2	227.7	1299.9
6	353.4	373.9	214.6	1349.9
7	358.8	334.3	233.4	1236.0
8	361.6	467.0	232.5	1319.6
9	330.7	389.2	217.7	1128.5

表 6.2 中的这些数据从某种程度上刻画了特征曲线的基本形状，将作为后续

验证不变性的基础资料。

实验 2：为了测试所提出的特征提取方法在相似性方面的能力，随机选择了手写数字 5 的六种不同风格图像进行实验，分别记做图像 51～56。原始图像及 BDfF 方法提取的对应特征分别如图 6.5 所示。虽然数字 5 的手写风格各异，所提取出的特征也不尽相同，但是各特征曲线仍然反映了总体基本一致的规律性。对比图 6.4 和图 6.5 可以看出，相比图 6.4 中其他数字的特征曲线，图 6.5 中的各个特征曲线与图 6.4（f）中数字 5 的特征曲线在总体趋势上具有更大的相似度。

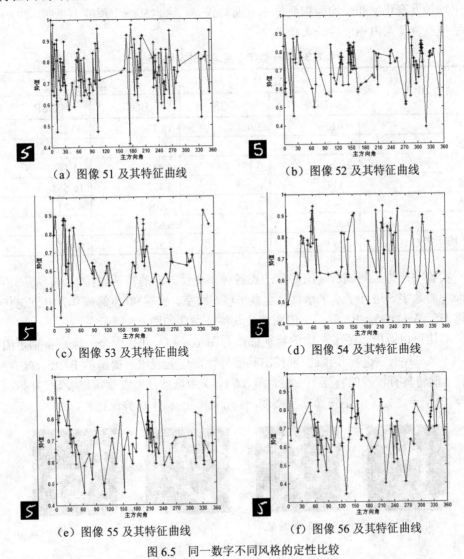

（a）图像 51 及其特征曲线　　　　　　（b）图像 52 及其特征曲线

（c）图像 53 及其特征曲线　　　　　　（d）图像 54 及其特征曲线

（e）图像 55 及其特征曲线　　　　　　（f）图像 56 及其特征曲线

图 6.5　同一数字不同风格的定性比较

为了定量地评价前述特征曲线的效果，计算了特征曲线长度 L 和面积 S，并与实验 1 中的手写数字图像 5 进行比较，统计其长度变化率 ΔL、面积变化率 ΔS，也用 GSP 方法进行同样实验，相关结果均列在表 6.3 中。长度变化率 ΔL 和面积变化率 ΔS 越小，表明不同手写风格的数字 5 特征之间的差异度越低。

从表 6.3 可以看出，相比图 6.4（f）中的手写风格，BDfF 方法基本上对大多数其他不同风格的数字 5 图像都取得了较低的 ΔL 和 ΔS，表明即使风格各异，BDfF 方法仍然较稳健地提取了数字 5 的整体特征。总体上，BDfF 方法生成的特征曲线在平均长度变化率和平均面积变化率方面均较小，这也从一定程度上说明，BDfF 方法提取特征类内相似性较大。

表 6.3 同一数字不同风格的定量比较

图像	$\Delta L(\%)$		$\Delta S(\%)$	
	BDfF	GSP	BDfF	GSP
51	0.622	5.058	18.139	0.810
52	0.353	2.961	10.364	17.362
53	2.420	0.171	4.741	11.146
54	3.114	6.365	4.473	16.665
55	1.249	3.324	7.101	6.773
56	0.334	8.249	6.621	3.086
平均变化率	1.349	4.355	8.573	9.307

实验 3：为了测试所提出的方法在各种不变性方面的特征保持能力，将二值图像中的数字 5 进行了水平平移、垂直平移、镂空、旋转 90 度等操作，分别记作图像 H5、V5、B5、R5 等。二值图像及其特征曲线如图 6.6 所示。

对比可以看出，图 6.6 中的特征曲线与图 6.4（f）几乎完全一致，特别是图 6.6（a_2）、（b_2）、（d_2），肉眼很难找出其差异性，这就表明所提出的 BDfF 方法对平移、旋转具有较好的特征不变性，图 6.6（c_2）中虽然仔细观察可以发现与图 6.4（f）的差异之处，但是差异非常微弱，特征曲线的总体趋势保持良好。

（a_1）图像 H5　　　（b_1）图像 V5　　　（c_1）图像 B5　　　（d_1）图像 R5

图 6.6　同一数字变形的定性比较

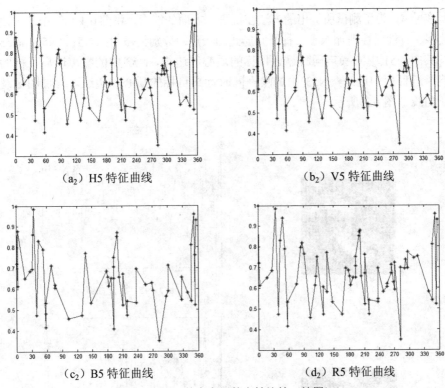

（a₂）H5 特征曲线　　　　　　　（b₂）V5 特征曲线

（c₂）B5 特征曲线　　　　　　　（d₂）R5 特征曲线

图 6.6　同一数字变形的定性比较（续图）

为了进一步定量地比较同一手写数字经变形后的实验结果，也统计了与图 6.4（f）原始图像之间的特征曲线长度变化率 ΔL 和面积变化率 ΔS，计算了相关性 C，列在表 6.4 中。总体上，表 6.4 与图 6.6 反映出了相同的结果。所提出的 BDfF 方法同时取得了较小的 ΔL 和 ΔS，以及较大的 C，这就表明，相比 GSP 方法，本书所提取的特征曲线变化量更小，对特征不变性的保持更好，对二值图像变形的容忍度更大。

表 6.4　同一数字变形的定量比较

图像	ΔL(%)		ΔS(%)		C	
	BDfF	GSP	BDfF	GSP	BDfF	GSP
H5	0.005	-0.006	0.013	-0.001	1.0000	1.0000
V5	0.005	-0.006	0.013	-0.001	1.0000	1.0000
B5	-0.074	-16.442	-3.461	7.150	0.7929	0.1887
R5	-0.054	-2.967	1.852	-5.335	0.9072	-0.1125

实验4：为了测试所提出的方法在抗噪声方面的能力，将图 6.4（f）中的二值图像数字 5 有针对性地加入了三种不同形式的噪声，分别记做图像 N51、N52、N53。

其中 N51 中的噪声同时靠近目标的质心和边缘，N52 中的噪声远离目标的质心但靠近目标的边缘，N53 中的噪声同时远离目标的质心和边缘。含噪图像及其特征曲线如图 6.7 所示。

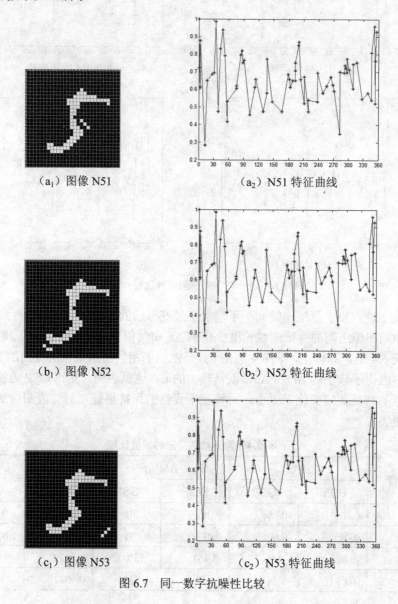

（a₁）图像 N51　　　　　　　　（a₂）N51 特征曲线

（b₁）图像 N52　　　　　　　　（b₂）N52 特征曲线

（c₁）图像 N53　　　　　　　　（c₂）N53 特征曲线

图 6.7　同一数字抗噪性比较

注意到图 6.7 中的噪声像素个数约为 3~4 个，占非零像素的 5%，有效信号与噪声的比例为 19:1，也就是信噪比并不高，噪声比率并不低。尽管如此，对比仍然可以看出，图 6.7 中的特征曲线与图 6.4（f）尚比较接近。换句话说，即使加入一定量的噪声，但特征曲线的总体趋势仍然保持良好。这就表明所提出的 BDfF 方法对三类噪声均具有较好的抑制能力。

为了进一步定量比较含噪二值图像的实验结果，同样统计了与图 6.4（f）原始图像之间的特征曲线长度变化率 ΔL 和面积变化率 ΔS，计算了相关性 C，如表 6.5 所示。总体上，表 6.5 与图 6.7 反映出了相同的结果。所提出的 BDfF 方法同时取得了较小的 ΔL 和 ΔS，以及较大的 C，这就表明，相比 GSP 方法，本书所提取的特征曲线变化量更小，对特征不变性的保持更好，对二值图像噪声的容忍度更大。

表 6.5　同一数字不同噪声的定量比较

图像	ΔL(%)		ΔS(%)		C	
	BDfF	GSP	BDfF	GSP	BDfF	GSP
N51	0.014	2.211	-1.372	-3.797	0.9983	0.2849
N52	0.118	-3.972	-1.618	-14.769	0.9974	0.3429
N53	0.014	-5.011	-1.372	9.886	0.9983	0.2379

针对图像特征自动提取问题，研究了模拟物理学机制的一类策略。以稀疏二值图像为例，提出了一种新的特征提取方法。该方法引入数据场从场论的角度建立图像内容特征与场模式之间的一般映射关系，通过势值向量和主方向向量共同表征图像特征，充分顾及像素灰度空间的局部性，全面把握图像势场空间的整体性。为了验证文中方法的可行性和有效性，以手写数字图像为例展开了四组实验。定性定量的分析表明，与同类方法相比，本书方法具有较好的类间区分度，能保持类内相似性，具备平移旋转等不变性，抗噪声性能较强。总体上，本书方法所提取的特征曲线能够有区分度地测量二值图像及其内容，较完备地反映相应二值图像的本质特征，是特征提取与模式识别的一种备选方案，可以作为传统方法的有效补充。下一步将研究本书方法的灰度级扩展以及该方法在手写数字识别、可计算人脸美学等方面的工程应用。

6.2　利用数据场的图像分析框架

尽管前述部分已经阐明了数据场在图像分割中的若干特点，仍然希望探索和扩展数据场的进一步普适性意义，特别考察了在其他图像处理方法中数据场的应用价值。事实上，根据图像阈值化算法的时间复杂度，可以分成两类：一类是像素级分割算法，另一类是灰度级分割算法。像素级分割算法的处理单元是像素，所需的时间复杂度与像素个数成线性关系，包括高斯混合模型方法、模糊 C 均值聚类方法、局部熵过渡期提取方法（Local Entropy-based Transition Region Extraction and Thresholding，简称 LE）[120,123]、灰度差异阈值化方法（Gray Level Difference-based Thresholding，简称 GLD）[124]等。灰度级分割算法直接基于灰度直方图定义若干准则，逐级最优化搜索相应的灰度阈值获得分割结果，所需的时间复杂度与灰度级数成线性关系，如经典的 Otsu、MET 方法等，也包括近年来提出的一些新方法，如标准差统计阈值法（Standard Deviation-based Statistical Thresholding，简称 SDT）[187]、方差最优化方法（Variational Minimax Optimization-based Method，简称 VMM）[188]等。然而，现有这些阈值化方法很难同时顾及图像局部和全局信息，不可避免地削弱了图像分割算法的性能，在某些情况下导致有疑问、甚至完全错误的分割结果。

因此，本节综合考虑图像的全局上下文和局部空间信息，提出了一种利用图像数据场的变换 IdfF 框架，在此基础上，改进了四种传统的图像分割方法。该框架具备了 ARES 属性，当然，这里的 ARES 并非指古希腊的阿瑞斯战神，而是精确（Accurate）、鲁棒（Robust）、高效（Efficient）以及可伸缩（Scalable）的英文首字母缩写。首先，所提出的框架是精确的，通过势值计算能保证全局空间信息和局部灰度信息，通过图像数据场生成顾及图像局部信息和全局趋势；其次，该框架对噪声图像更加鲁棒，下文实验将证实这一点；再次，该框架是高效的，算法所需的额外时间耗费与图像像素个数成线性关系；最后，该框架是可伸缩的，除了本书选用的四种方法以外，其他任何传统方法均可以纳入所提出的框架下展开图像分割，并在不显著增加时间复杂度的情形下，能不同程度上提升原有算法的分割性能。

6.2.1 图像数据场变换

从图像变换的具体问题出发，建立了与前述章节不同的图像数据场，这里所指的不同主要体现在势值计算公式，对于任意两个像素，新的势值计算方式如下。

$$\varphi(p,q) = e^{\frac{|f(p)-f(q)|}{\sigma_m^2}} e^{-(\frac{\max(|x_p-x_q|,|y_p-y_q|)}{\sigma_d})^2} \qquad (式 6.5)$$

其中 $m(p,q) = \exp(-|f(p)-f(q)|/\sigma_m^2)$ 代表交互强度，可以视作数据对象的质量，$d(p,q) = \exp(-(\max(|x_p-x_q|,|y_p-y_q|)/\sigma_d)^2)$ 表示交互距离，也就是空间位

置权重。σ_m 和 σ_d 分别表示与交互强度和距离相关的影响因子。

特别需要指出的是，考虑到时间复杂度和算法效能之间的平衡，对于 $m(p,q)$ 和 $d(p,q)$ 采用了不同的距离定义方式。

为进一步说明新方法的研究动机，以如图 6.8 所示的子块为例，分析数据场对象势值与图像像素灰度值及空间位置之间的关联性。设黑点表示灰度值为 150 的像素，白圈表示灰度值为 200 的像素，中心像素记作 a 和 b，当 $\sigma_m = \sigma_d = 5$ 时，每个邻域像素对于中心像素的势值贡献如图 6.8 所示。

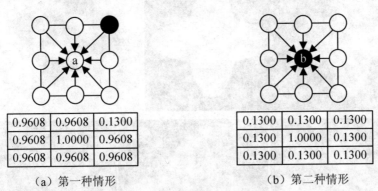

0.9608	0.9608	0.1300
0.9608	1.0000	0.9608
0.9608	0.9608	0.9608

（a）第一种情形

0.1300	0.1300	0.1300
0.1300	1.0000	0.1300
0.1300	0.1300	0.1300

（b）第二种情形

图 6.8　两种可能的空间关系

对于图像同质区域来说，可能出现两种类型的离群。其一，中心像素与大部分邻域像素具有相似的灰度值，小部分邻域像素离群，也就是图 6.8（a）所示的情形。像素 a 的势值为 $\varphi(a) = 7.8556$，右上角的离群像素仅占势值贡献的 1%，在图像数据场中，这类像素的影响几乎可以忽略不计。其二，中心像素是离群，其余邻域像素具有类似的灰度值，并形成局部同质区域，也就是图 6.8（b）所示的情形。像素 b 的势值为 $\varphi(b) = 2.0400$，邻域像素的势值贡献达到了 50%。值得注意的是，像素 b 的情形必须是其他同质像素的个数占一半以上，否则就成为了类似 a 的情形。可以看到，若干极小的交互作用累积成为较大的势值贡献。总体上，图像数据场倾向于聚类同质像素，减少离群像素的影响，并将离群像素排斥在同质区域之外。

更进一步，以三幅噪声图像为例展开分析。原始合成图像仅包含 35 和 195 两个灰度值，其二值参考图像如图 6.9 所示。根据前述方法生成图像数据场如图 6.9 所示。可以看出，同质区域的对象势值较大，过渡区的对象势值较小，极端情况下，势值近似趋近于 0。在不含有噪声时，图像数据场有利于处理边缘不确定性。将该合成图像中分别加入高斯噪声、椒盐噪声以及混合噪声。其中高斯噪声均值为 0、方差为 0.05，椒盐噪声强度为 0.05，混合噪声则是两者的均值，噪声添加均使用 MATLAB 自带的 imnoise()函数，所有数值参数归一化为 0 到 1 之间。三幅噪声图像对应的数据场如图 6.9 所示。显然，加入噪声以后，具有低势值的离群像素无规律地分散在高势值的同质像素周围。但是，从图像数据场的角度看，这些离群像素是微不足道的，很难从场中直接辨识出来，这正是图像数据场的作用，将有利于后续进一步的图像变换过程。

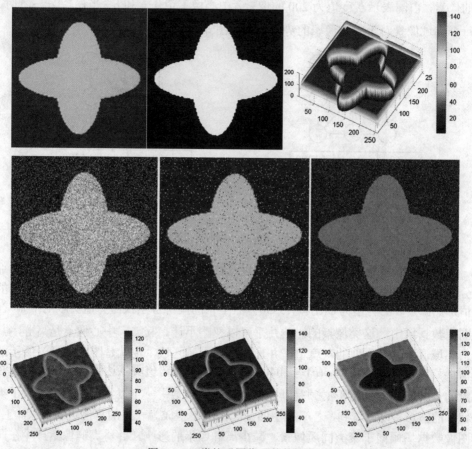

图 6.9　三类抗噪图像及其数据场

图像变换采用式 6.6 进行，公式是每个邻域像素的势值贡献与灰度值的加权和。

$$f'(p) = \frac{\sum\limits_{q \in \xi(p)} \varphi(p,q) f(q)}{\varphi(p)} \qquad （式 6.6）$$

从式 6.6 可以看出，邻域离群像素对中心像素并不具有足够的影响。中心离群像素将被同质邻域像素平滑。例如，图 6.8 所示的中心像素 a 和 b，其灰度值由 f(a)=200、f(b)=150 转换成 f(a)=199.1726、f(b)=175.4902。

对于噪声图像来说，变换后的结果如图 6.10 所示。为比较变换前后的图像差异，图中还列出了对应图像的灰度直方图。新图像明显比原图像易于处理和分割。

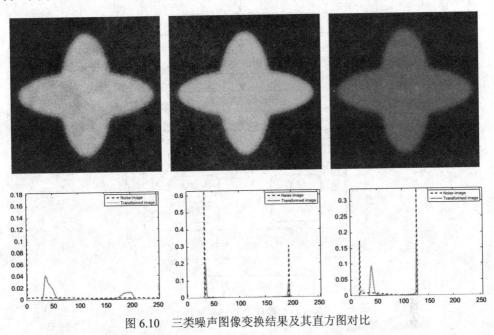

图 6.10　三类噪声图像变换结果及其直方图对比

6.2.2　IdfF 图像分析框架

归纳起来，本书所提供的图像数据场框架如图 6.11 所示。核心步骤包括生成图像数据场、实施图像变换、用传统准则确定分割阈值等。正如前文所述，对于传统图像阈值化准则来说，可以大致分为像素级和灰度级。

像素级方法以像素为单位处理图像，通常的时间复杂度为 O(hw)，LE 和 GLD 就属于这类方法。灰度级方法直接搜索图像灰度区间，时间复杂度降低为 O(L)，SDT 和 VMM 就属于后者。由于灰度级方法要求待处理图像为 uint8 类型，因此，图像变换的结果通过 MATLAB 的 round() 和 uint8() 函数进行了转换。

6.2.3　IdfF 框架的参数设置策略

参数设置策略与前文相同，首先定义了与 σ_d 有关的势值直方图熵。

$$E(\sigma_d) = -\sum_{i \in [1,L]} Z_i(\sigma_d) \log Z_i(\sigma_d) \qquad (\text{式 } 6.7)$$

其中 $Z_i(\sigma_d)$ 表示在当前 σ_d 所建立的图像数据场中像素的势值落入第 i 个子区间的概率。

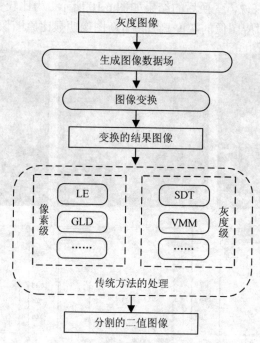

图 6.11　图像数据场变换框架

建立不同的图像数据场，可以在 $[1, \max\{h/2, w/2\}]$ 的范围内，通过搜索最大化的熵自动获得适用于给定图像的最优参数 σ_d^*，形式化如下。

$$\sigma_d^* = \arg\max E(\sigma_d) \qquad （式 6.8）$$

对于三幅含噪声图像，分别绘制了势熵随着 σ_d 的变化曲线，如图 6.12 所示。巧合的是，每个图像的结果尽管存在细微的差异，但总体上仍然反映了大致相同的趋势。当 σ_d 较小时，势熵 $E(\sigma_d)$ 较小，随着 σ_d 的增大， $E(\sigma_d)$ 急剧增长，达到极值后，随着 σ_d 的继续增大，势熵 $E(\sigma_d)$ 缓慢减小。

事实上，窗宽 σ_d 越大，所获得的图像局部统计信息越丰富。另一方面，窗宽的增大使得图像处理的复杂度急剧增加，受到的噪声和离群点影响也越大。即所提出的图像数据场变换框架性能下降。这是一个两难的选择，一般认为稍大的窗宽是更合理的选择。

一旦窗宽确定以后，灰度阈值也能够相应确定，即以每个局部邻域的平均灰度值的均值作为这个可能的最优值。

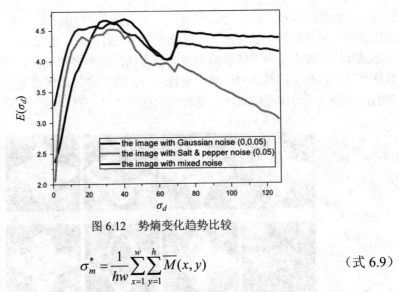

图 6.12　势熵变化趋势比较

$$\sigma_m^* = \frac{1}{hw} \sum_{x=1}^{w} \sum_{y=1}^{h} \overline{M}(x,y) \qquad\qquad (\text{式 6.9})$$

其中 $\overline{M}(x,y)$ 表示以 (p_x, p_y) 为中心，以 σ_d^* 为窗宽的邻域像素灰度均值。

6.2.4　IdfF 算法分析与实验设置

除了参数选择的时间开销，本书所提出框架的主要时间耗费在于图像数据场的生成以及像素级势值加权和计算。前者的时间复杂度为 $O(2round(3\sigma_d / \sqrt{2} +1)^2 hw)$，附属系数通常远小于 hw，后者扫描所有像素一次，时间复杂度约为 $O(hw)$。此外，所提出的参数选择方法时间复杂度也不超过 $O(hw)$。因此，总体上说，所提出的框架时间复杂度大致与图像尺寸 hw 成线性关系。

6.2.5　IdfF 框架实验结果与分析

为了测试本书提出的 IdfF 框架性能，以 LE、GLD、SDT、VMM 等四种现有方法为例，提出并实现了基于数据场图像变换框架的改进版，分别记为 idfLE、idfGLD、idfSDT、idfVMM 方法，与原方法进行了图像阈值化的比较。所采用的定量评价指标为误分率 ME。

（1）合成图像实验

（a）idfLE

在 Yan 等人提出的 LE 方法基础之上，依据本书的图像数据场框架，产生了改进的方法，记做 idfLE 方法。如图 6.13 所示，每一行的前两列分别对应一个噪声图像的 LE 方法过渡区及二值化结果。虽然提出之时，作者认为并实验验证了 LE 能有效降低噪声的影响，但显然 LE 方法未能较好地处理上述三幅噪声图像，所获得的过渡区以及二值化分割结果难以令人满意。相比来说，本书改进的 idfLE 方法获得了可接受的二值化结果，以及更精确的过渡区。事实上，LE 方法采用的是邻域操作，理应是噪声敏感的图像分割方法，而本书的 idfLE 方法采用图像数据场尽可能消除噪声的影响，获得更佳的分割性能和过渡区提取性能自然是可预期的。合成图像的实验结果也一定程度上证明了这一点。

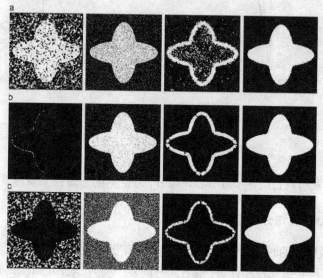

图 6.13　LE 方法的比较

（b）idfGLD

在 GLD 方法的基础上，依据本书的图像数据场框架，产生了改进的方法，记做 idfGLD 方法。Li 等人认为，GLD 方法能够有效表达过渡区的核心特点，但是，实质上，GLD 的描述方法是不完整的，在如图 6.14 所示的含噪声等某些特殊情形下，其表达方式存在疑问，产生较差、甚至是完全失败的分割结果。虽然 GLD 方法与前述 LE 方法一样，都容易受到噪声污染，并产生较大影响，但是，GLD 方法同样也可以纳入本书的图像数据场分析框架下，即 idfGLD 方法。经过 idfGLD 变换后的图像基本能够弱化、消除噪声的影响。如图 6.14 所示的实验结果，每一行的前两列分别对应一个噪声图像的 GLD 方法过渡区及二值化结果。相比 GLD 方法来说，本书的 idfGLD 方法自然能够获得更好的分割效果，提取更精确的过渡区。

（c）idfSDT

前述两种改进方法均属于像素级处理类型，为了考察本书的图像数据场框架在灰度级处理中的性能，引入了两种传统方法，即 SDT 和 VMM 方法。

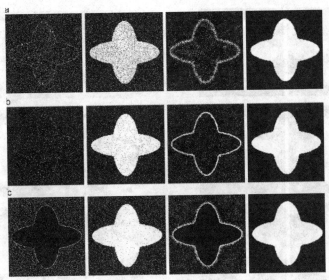

图 6.14　GLD 方法的比较

　　其一是统计阈值法 SDT，Li 等人提出了基于类间方差和方差差异度的新统计阈值方法，纳入图像数据场框架下的改进方法记做 idfSDT。如图 6.15 所示，每一行代表一种噪声图像的实验结果，其中左列为原 SDT 方法，右列为改进的 idfSDT方法。SDT 方法的分割结果误分了大量的目标和背景，特别是在高斯噪声污染的情况下，均不能获得满意的二值化结果。相比而言，本书改进的 idfSDT 方法在不同噪声情形下都能够获得理想的分割效果，较大程度上提升了原方法的算法性能。事实上，该类图像在灰度直方图上呈现为近似单峰，并不是 SDT 方法所特别针对的双峰情形，原 SDT 方法不能获得合理的分割结果属于情理之中。但是，经过图像数据场框架实施图像变换之后，新图像表现为显式双峰，非常适合 SDT 方法，因此，idfSDT 方法能够获得更佳的分割性能。

　　（d）idfVMM

　　另外一种灰度级处理方法是 Saha 提出的自适应阈值法——VMM 方法，通过最优化一个新定义的能量函数，搜索最优分割阈值。图像数据场框架下的改进方法记做 idfVMM。由于原方法的提出者没有进行抗噪性测试，噪声对于该方法的影响暂时未知。实际上，不管是 VMM 方法，还是改进后的 idfVMM 方法，都无法有效处理三幅噪声图像，不能获得满意的二值化结果。实验结果如图 6.16 所示，每一行代表一种噪声图像的实验结果，其中左列为原 VMM 方法，右列为改进的idfVMM 方法。尽管如此，从图 6.16 中可直观地看出，本书改进的 idfVMM 方法仍然能够比 VMM 方法获得某种程度上的分割性能提升。

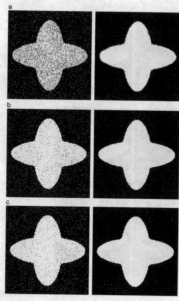

图 6.15　SDT 方法的比较

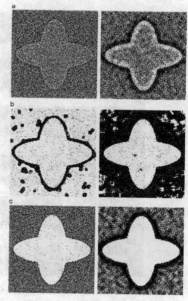

图 6.16　VMM 方法的比较

（2）自然图像实验

　　另外选择了两幅自然 NDT 图像进行分割实验，分别命名为 r1、r2，被广泛应用于图像阈值化方法的比较实验，原始图像及其参考图像如图 6.17 第一行所示。图 6.17 的第二行是 r1 图像的实验结果，从左至右依次为 LE、GLD、SDT、VMM 以及 idfLE、idfGLD、idfSDT、idfVMM 等获得的二值化图像。r1 图像是在不均匀光照背景下的无损检测样本目标，LE、GLD 和 SDT 方法都获得了较好的目标提取性能，但是，在图像左上角部分都存在某些瑕疵，特别是 LE、GLD 方法。VMM 方法性能最差，大量误分了背景或目标像素。相比来说，本书的改进方法都获得了极好的二值化图像，包括 idfVMM 方法。r2 图像在背景中放置了五个不均匀光照的硬币，GLD 和 SDT 方法能够精确提取其中的三个硬币，但是遗漏了另外两个硬币。LE、VMM 不能提取任何硬币，误分像素情况较严重。在图像数据场框架下，各种方法都能大致分割出五个硬币，性能明显提升。总体上，两幅自然 NDT 图像的实验结果表明，本书的图像数据场分析框架可行有效，在某些情况下分割性能具有一定的竞争潜力。

（3）定量评价

　　上述图像分割实验的定量评价结果如表 6.6 所示，本书图像数据场框架下的四种改进方法获得了较低的 ME 值。换句话说，本书的图像数据场框架能够获得更佳的分割性能，特别是无污染噪声图像。

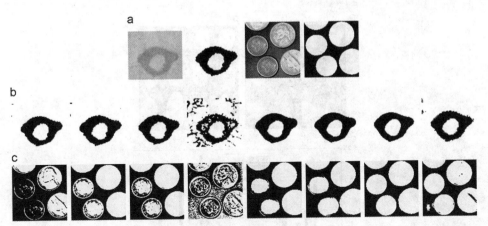

图 6.17　自然图像分割比较

表 6.6　ME 定量比较

图像	LE	IdfLE	GLD	IdfGLD	SDT	IdfSDT	VMM	IdfVMM
噪声 1	0.078	0.008	0.078	0.005	0.079	0.006	0.446	0.371
噪声 2	0.027	0.002	0.034	0.003	0.025	0.004	0.518	0.074
噪声 3	0.249	0.003	0.039	0.024	0.027	0.002	0.291	0.216
R1	0.016	0.009	0.016	0.012	0.005	0.011	0.119	0.026
R2	0.265	0.099	0.061	0.052	0.087	0.014	0.352	0.033
R3	0.049	0.041	0.034	0.028	0.051	0.044	0.056	0.036

　　更进一步，为了考察本书图像数据场框架的抗噪声性能，如图 6.18 所示的 r3 图像作为原始图像，加入不同类型的噪声，进行图像分割实验。选择这幅图像的原因是：LE、GLD、SDT、VMM 四种传统方法都能够获得不错的分割结果，表 6.6 所示的 ME 指标也近似相同，均在 0.03 至 0.04 之间，二值化图像与参考图像相差较小，更有益于比较其噪声影响及改进情况。

　　在原始图像中分别加入均值为 0，方差为 {0.05,0.10,0.15} 的高斯噪声、强度为 {0.05,0.10,0.15} 的椒盐噪声以及二者的混合噪声，共九幅图像，编号 1~9。由于噪声的随机性，每个方差或者强度，重复 10 次实验，记录其 ME 值，并计算平均值作为最终的定量评价。对于误分率 ME，其值越小，分割性能越好，将 LE 方法的 ME 值与 idfLE 方法的 ME 值相减，记作 vsLE，其他方法类似。实验结果如图 6.18 所示，每个变化曲线都始终在水平线 0.0 之上，表明本书采用图像数据场变换方法改进了传统的 LE、GLD、SDT、VMM 等方法，在 ME 指标评价上都获得了更好的算法性能，抑制了噪声的影响，提升了算法抗噪声性能。

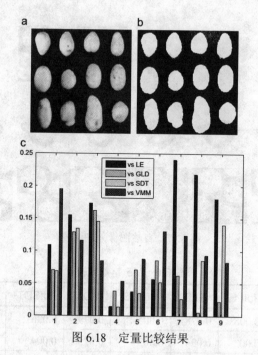

图 6.18 定量比较结果

除了前述四种传统方法以外，本书的图像数据场分析框架可以作为任何其他图像特征提取过程中的预处理步骤。为了考察该框架下的特殊图像处理应用性能，利用三幅激光熔覆图像进行了二值化实验，分别统计了 ME 指标评价结果，并计算传统方法与改进之间的性能改善差异，提升百分比如表 6.7 所示。对于这类图像的处理，采用本书的图像数据场分析框架后，各种方法均获得了不同程度上的 ME 性能提升，也验证了所提出的图像数据场变换框架的可行性和有效性。

表 6.7 ME 性能提高情况

图像	IdfLE（%）	IdfGLD（%）	IdfSDT（%）	IdfVMM（%）
Laser1	1.07	24.15	6.27	6.75
Laser2	18.97	50.06	24.76	10.57
Laser3	10.06	14.48	44.08	10.08

6.3 利用云模型的图像特征提取尝试

6.3.1 血细胞图像特征提取概述

在医学临床病理学检验的细胞形态自动检查中，血细胞图像仍然具有其自身的复杂性和独特的统计规律。现有的大多数统计阈值方法具有简单、高效、通用等优点，包括 Otsu N 提出的最大类间方差法[4]、Kapur J 提出的最大熵法[5]、Kittler J 提出的最小误差法[64]、Hou Z 提出的最小类内方差法[189]、Li Z Y 提出的最小极大类内方差法[190]等（依次分别记做 Otsu 方法、Kapur 方法、Kittler 方法、Hou 方法、Li 方法），但是这些方法均未能合理有效地融合血细胞图像的实际灰度分布，使其很难直接应用于这类图像。因此，白细胞核定位和血细胞图像自动分割问题尚存在较大研究空间，具有一定挑战性，需要涌现出新的方法有针对性地引入先验知识，提高其分割质量。

在上述背景下，本书认为云模型能实现定性概念与定量数值之间的不确定性转换，非常适合于表达血细胞图像的灰度分布特点，因此，本书将云模型引入到血细胞图像分割问题，提出了一种有针对性的新方法——CbBT，利用云模型表达血细胞图像的不同类别灰度信息及其分布，具有更大的自由度刻画血细胞图像的复杂不确定性，使所描述的模型更全面、更精确、更符合客观实际，为后续图像阈值化提供了便利条件，可获得高效精准的分割结果。

6.3.2　血细胞图像的云模型表示

显微血细胞图像通常大致包括白细胞核、白细胞质、红细胞和背景等四种颜色，经染色和灰度化以后分别呈现不同的灰度值，其中细胞核相对于其他三个部分最暗，分布最均匀。本书侧重于提取白细胞核作为目标，其他部分作为背景。

以图 6.19（a）所示的血细胞图像 cell1 为例，图 6.19（b）是人工勾画的参考图像。根据该参考图像，统计了白细胞核以及其他部分像素对应的灰度值特征分布情况，如图 6.19（c）所示，直观地比较可以看出，由低灰度值构成的白细胞核灰度分布更接近正态。换句话说，血细胞图像不具有传统方法所要求的灰度分布情况，即既不符合 Otsu 方法和 Hou 方法所擅长的目标和背景等尺寸，也不符合 Li 方法中所针对的目标和背景具有相似分布。

尽管如此，仍然利用正态函数拟合了目标和背景的灰度分布，如图 6.19（c）所示，并据此统计出二者拟合均方误差分别为 0.00089、0.0298，与各自峰值 0.0041、0.1472 相比，误差率高达 21.6%、20.2%，因此，单纯采用方差刻画目标和背景的灰度分布也不充分，有必要在方差的基础上引入更高阶的统计量，云模型恰好为此提供了可能。

以白细胞核为例，一旦给定候选阈值 t，根据 $O = \{x \mid 0 \leqslant g(x) \leqslant t\}$ 可以容易确定归属于目标的像素及其灰度集，对应云模型设为 $C_o(Ex_o, En_o, He_o)$。将目标集 O 作为输入，上述数字特征可以通过逆向云发生器算法实现，具体来说，期望 Ex_o 是目标集的灰度均值：

$$Ex_o = \frac{1}{|O|}\sum_{x \in O} g(x) \qquad \text{（式 6.10）}$$

其中$|O|$表示集合 O 的基数。

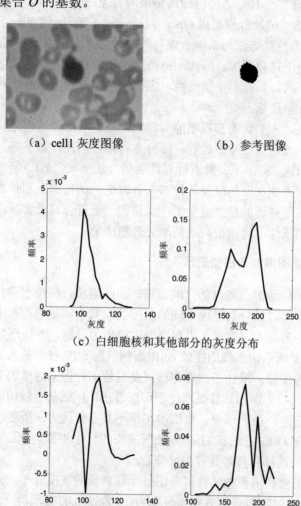

（a）cell1 灰度图像　　　　　　（b）参考图像

（c）白细胞核和其他部分的灰度分布

（d）正态分布的拟合误差

图 6.19　血细胞图像及其灰度分布特征示例

熵 En_o 与一阶绝对中心矩直接相关，形式化表示为：

$$En_o = \sqrt{\frac{\pi}{2}}\frac{1}{|O|}\sum_{x \in O}|g(x) - Ex_o| \qquad \text{（式 6.11）}$$

对比可以看出，目标云模型熵 En_o 的控制作用类似于标准差，均属于一阶统计特征，度量目标像素与灰度均值的分散程度。

超熵 He_o 可由式 6.12 确定：

$$\sigma_o^2 = En_o^2 + He_o^2 \qquad \text{（式 6.12）}$$

该式表明，熵和超熵的共同作用完全等价于方差。换句话说，即使方差相同，不同的像素灰度分布仍然可能对应了不同的熵和超熵，而且决定性因素是超熵。因此，超熵比方差或标准差的度量更深入、更具有针对性。

事实上，一般认为，超熵 He_o 可以用来衡量目标云模型偏离正态分布的程度，准确地说，这个偏离程度的定量指标是 $6He_o^4 + 12En_o^2He_o^2$ 的大小。类似地，可以计算背景像素对应的云模型 $C_b(Ex_b, En_b, He_b)$。总体上，与经典方法相比，超熵 He_o 和 He_b 刻画了更高阶的不确定性统计特征。对比传统意义上的均值和方差，云模型更适合有效地度量和表达血细胞图像的灰度分布特征。

理论上说，实际图像通常很难符合理想正态分布，为使得白细胞核的提取尽可能完备，需要目标和背景的超熵 He_o 和 He_b 容忍程度最大。另一方面，当最优分割时，目标白细胞核的灰度分布更接近理想的正态，超熵 He_o 比 He_b 更小。下文将在此基础上提出新的阈值最优化准则。

6.3.3 血细胞图像特征提取

一旦从血细胞图像中发现深染色的细胞核，就能大致定位并最终检测白细胞，自动实现细胞形态学检查与分析。本书根据白细胞核在灰度分布上的特点，利用云模型的超熵构造新的准则从血细胞图像中自动提取白细胞核。

设目标和背景集的云模型分别为 $C_o(Ex_o, En_o, He_o)$ 和 $C_b(Ex_b, En_b, He_b)$，本书直接根据云模型的超熵大小做出判定，新准则形式化如下：

$$J(t) = \min(He_o(t), He_b(t)) \qquad \text{（式 6.13）}$$

最优分割阈值可通过最大化式 6.14 实现：

$$T = \underset{t \in [0, L-1]}{\arg\max} \{J(t)\} \qquad \text{（式 6.14）}$$

从式 6.13 和式 6.14 可以看出，所提出的准则旨在尽可能高效地提取白细胞核像素。式 6.13 最小化的意义在于初步发现潜在的、更符合正态分布的目标集，而非白细胞质、红细胞和背景三者共同构成的背景集，式 6.14 最大化的意义在于全面精确地挖掘目标集，毕竟白细胞核不可能完全符合正态分布，最大化超熵可放宽正态分布的条件，使其更宽松、灰度值的容忍程度最大。

对于如图 6.19（a）所示的血细胞图像，本书方法根据上述准则，输出最终的二值化结果如图 6.20（a）所示，接近于标准参考图像，可视化效果较好。

此外，图 6.20（b）所示的灰度直方图表明，cell1 图像既不具有 Otsu 方法和

Hou 方法所擅长的目标和背景等尺寸的双峰特征，也不是 Li 方法所针对的目标和背景为相似灰度分布。白细胞核由最左侧的低峰构成，右侧较大面积均为白细胞质、红细胞和背景等其他部分构成，下文称之为背景。图 6.20（c）为式（6.12）所示准则值的演化曲线，三个峰值分别大致对应了图 6.20（b）中的三个谷值。图 6.20（d）是通过正向云发生器模拟生成的云滴联合分布，最优阈值 T 在目标和背景云模型 C_o、C_b 的中间取得，在谷值附近存在部分交叠，其像素的划分具有不确定性。

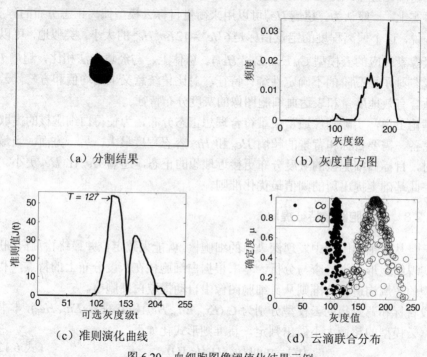

（a）分割结果　　　　　　　　　　　　（b）灰度直方图

（c）准则演化曲线　　　　　　　　　　（d）云滴联合分布

图 6.20　血细胞图像阈值化结果示例

6.3.4　CbBT 方法描述

综上，本书 CbBT 方法的具体步骤描述如下。

算法 6.2

输入：待处理血细胞图像

输出：二值化图像特征

算法步骤：

Step 1　读取血细胞图像，并灰度化；

Step 2　初始化：灰度变量 $t = 0$，最优准则值 $J_m = 0$，最优灰度阈值 $T = 0$；

Step 3 分别求白细胞核和其他部分对应像素的云模型 $C_o(Ex_o,\ En_o,\ He_o)$ 和 $C_b(Ex_b,\ En_b,\ He_b)$;

Step 4 根据式 6.13 计算准则值 $J(t)$;

Step 5 判断当前准则值与最优准则值的关系,若 $J(t) > J_m$,则分别更新 $J_m = J(t)$, $T = t$;

Step 6 判断灰度变量是否符合规定的灰度级范围,若 $0 \leqslant t < L$,则更新 $t = t + 1$,转第 3 步,否则转第 7 步;

Step 7 根据式 6.14 的原则获得最优灰度阈值 T,并用该阈值将图像二值化,输出结果。

6.3.5 CbBT 方法时间复杂度分析

上述算法时间耗费主要包含两个层次,即在 $[0, L-1]$ 区间内循环搜索可能的灰度值,对于每个灰度值计算云模型数字特征。因此,理论上说算法的时间复杂度应为 $O(L^2)$。事实上,在算法具体实施时,可采用类似 Otsu、Hou 等经典方法,利用 Matlab 的矩阵运算快速高效地迭代实现。具体来说,只需在经典算法基础上,分别据式 6.11 增加计算两个类的一阶绝对中心矩作为 En_o、En_b,然后利用式 6.12 计算超熵 He_o、He_b。式 6.14 的最大化过程也只需通过自带的 $max()$ 函数一次性寻优。此外,式 6.13 的比较运算比经典算法中的乘法和加法更快。总体上,上述算法的快速实现所需时间复杂度仅为 $O(L)$,与经典算法相比,额外所增加的计算量基本可以承受。大量实验也表明,对于宽 640、高 480 的血细胞图像,本书算法在 Matlab 中运行仅需 0.02 秒左右即可获得最终结果。

6.3.6 CbBT 方法实验结果与分析

为了验证上文的分析,编程实现了所提出的算法及同类算法,包括 Hou 方法、Li 方法;同时,也与有代表性的经典方法,如 Otsu 方法、Kapur 方法、Kittler 方法等进行比较。选择这三种方法的原因是,在最近的一篇全面综述中[63],Otsu 方法和 Kapur 方法被分别作为基于聚类、基于熵等阈值法的历史代表,Kittler 方法定量指标综合评价排名第一,且均被广为引用和比较研究,此外 Otsu 方法作为经典被集成到 Matlab 等常用软件中,也是本书方法研究统计阈值法的初始出发点。

所有算法均在 Matlab 环境下实现。针对血细胞图像集进行了大量实验,图像灰度级 $L=256$,限于篇幅,仅选取部分代表性实验结果。为了量化评估与比较相关实验结果,采用了误分率 ME、平均结构相似性 MSSIM 等指标衡量各个算法分割质量的差异。

实验 1: 除图 6.19(a)所示的 cell1 图像以外,另选择四幅血细胞图像进行实验,用于比较本书方法与 Hou 方法、Li 方法的阈值化效果。首先用图 6.19(a)所示的 cell1 图像进行实验,阈值化的结果如图 6.21 所示。图 6.21(a)表明,Hou

方法仍然倾向于目标和背景等尺寸，也就导致了该图像被基本完全误分。图 6.21
（b）所示 Li 方法的结果能提取白细胞核，但是存在大量欠分割的像素，不规则
地分散在背景中，原因同样在于血细胞图像不满足 Li 方法所要求的应用情形，即
目标和背景具有相似灰度分布。对比图 6.21 和图 6.20（a）可发现，本书方法的
二值化结果明显优于 Hou 方法和 Li 方法，所提出的新准则更有针对性。

（a）Hou 方法　　　　　　　　　　（b）Li 方法

图 6.21　同类方法的 cell1 阈值化

　　另外四幅图像依次命名为 cell2～cell5，这四幅图像分别代表了不同类型的白
细胞，实验结果如图 6.22 所示，每个图像包含五个组成部分，依次为血细胞灰度
化图像、参考二值化图像和 Hou 方法、Li 方法、本书方法输出的阈值化结果。

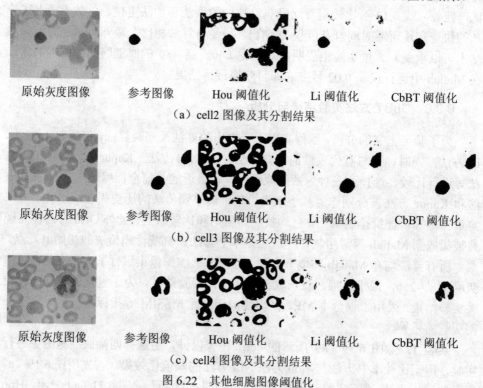

原始灰度图像　　　　参考图像　　　　Hou 阈值化　　　　Li 阈值化　　　　CbBT 阈值化

（a）cell2 图像及其分割结果

原始灰度图像　　　　参考图像　　　　Hou 阈值化　　　　Li 阈值化　　　　CbBT 阈值化

（b）cell3 图像及其分割结果

原始灰度图像　　　　参考图像　　　　Hou 阈值化　　　　Li 阈值化　　　　CbBT 阈值化

（c）cell4 图像及其分割结果

图 6.22　其他细胞图像阈值化

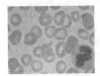

| 原始灰度图像 | 参考图像 | Hou 阈值化 | Li 阈值化 | CbBT 阈值化 |

（d）cell5 图像及其分割结果

图 6.22　其他细胞图像阈值化（续图）

从图 6.22 可以发现与 cell1 图像基本相似的对比结果，Hou 方法对这类血细胞图像基本失效，Li 方法能够完成阈值化，但存在欠分割，不利用后续白细胞提取和自动计数。相比而言，本书方法的可视化效果更好。当然，本书方法也不可能达到完全精确，如 cell5 图像中的白细胞核存在中空，在定位准确的情况下，需要引入额外的数学形态学操作，但并不影响白细胞计数等实际应用。

为了定量分析相关方法的图像阈值化质量，表 6.8 列出了各种定量指标评价的结果，包括阈值、运行时间、ME、MSSIM 等。总体上，本书方法能获得较低的 ME 值、较高的 MSSIM 值，表明本书方法的分割质量较高，结果更接近于参考图像。此外，对宽 640、高 480 的图像，本书方法平均 0.02 秒的时间耗费也能满足实时分割的需要。

表 6.8　与同类方法的定量比较

图像	比较项	Hou 方法	Li 方法	CbBT 方法
cell1	阈值	178	145	127
	运行时间/秒	0.0226	0.0274	0.0318
	ME	0.385	0.028	0.004
	MSSIM	0.953	0.997	0.999
cell2	阈值	178	142	123
	运行时间/秒	0.0212	0.0274	0.0285
	ME	0.239	0.008	0.001
	MSSIM	0.972	0.999	0.999
cell3	阈值	181	143	128
	运行时间/秒	0.0237	0.0279	0.0314
	ME	0.392	0.008	0.004
	MSSIM	0.953	0.999	0.999
cell4	阈值	181	151	132
	运行时间/秒	0.0229	0.0288	0.0299

续表

图像	比较项	Hou 方法	Li 方法	CbBT 方法
	ME	0.349	0.023	0.011
	MSSIM	0.959	0.998	0.999
cell5	阈值	182	153	137
	运行时间/秒	0.0242	0.0275	0.0293
	ME	0.408	0.019	0.010
	MSSIM	0.951	0.998	0.999

实验 2：利用上述五幅血细胞图像进行阈值化实验，比较了代表性的经典方法与本书方法的稳定性，包括 Otsu 方法、Kapur 方法、Kittler 方法等，图 6.23 列出了该组实验结果，（a）至（e）分别对应五幅图像，每个图像包含三个组成部分，依次为 Otsu 方法、Kapur 方法和 Kittler 方法所生成的二值化图像。

从图 6.23 可以看出，Kittler 方法的可视化结果排名第一，Kapur 方法次之，Otsu 方法最后。具体来说，由于 Otsu 方法存在的目标和背景等尺寸倾向，血细胞图像中目标占很小的比例，因此，对五幅血细胞图像，Otsu 方法基本完全误分。Kapur 方法表现得均中规中矩，大致都能够获得目标，但是，明显存在欠分割，散布在背景中的若干像素被误分为目标。Kittler 方法对其中三幅图像获得了较好的结果，特别是 cell1、cell3，如图 6.23（a）（c）所示，基本与本书方法相当，但是，cell5 图像存在目标过分割，此外，对于 cell2 图像居然完全误分。

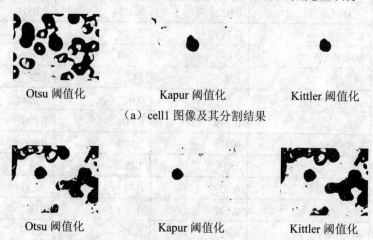

Otsu 阈值化　　　　　　Kapur 阈值化　　　　　　Kittler 阈值化

（a）cell1 图像及其分割结果

Otsu 阈值化　　　　　　Kapur 阈值化　　　　　　Kittler 阈值化

（b）cell2 图像及其分割结果

图 6.23　经典方法的阈值化

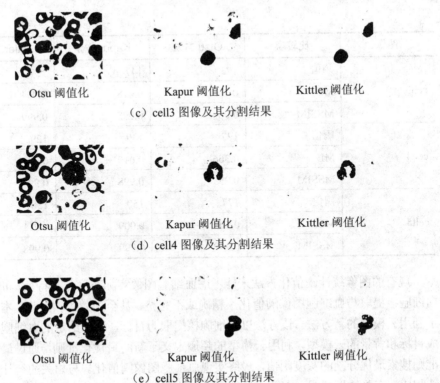

Otsu 阈值化   Kapur 阈值化   Kittler 阈值化

（c）cell3 图像及其分割结果

Otsu 阈值化   Kapur 阈值化   Kittler 阈值化

（d）cell4 图像及其分割结果

Otsu 阈值化   Kapur 阈值化   Kittler 阈值化

（e）cell5 图像及其分割结果

图 6.23 经典方法的阈值化（续图）

　　表 6.9 列出了各种定量指标评价的结果，包括阈值、ME、MSSIM 等。总体上，三种代表性的经典方法对部分图像的结果与本书方法相当，对部分图像获得了比本书方法更大的 ME 值、更小的 MSSIM 值，表明了本书方法的性能更稳定，且在血细胞图像分割及白细胞核提取中具有一定的有效性，在这类应用中可替代上述经典方法。

表 6.9　与经典方法的定量比较

图像	比较项	Otsu 方法	Kapur 方法	Kittler 方法
cell1	阈值	174	140	117
	ME	0.387	0.012	0.003
	MSSIM	0.951	0.998	0.999
cell2	阈值	178	139	186
	ME	0.275	0.004	0.329
	MSSIM	0.965	0.999	0.958

图像	比较项	Otsu 方法	Kapur 方法	Kittler 方法
cell3	阈值	173	147	127
	ME	0.365	0.0189	0.004
	MSSIM	0.954	0.998	0.999
cell4	阈值	177	149	129
	ME	0.366	0.019	0.007
	MSSIM	0.955	0.998	0.999
cell5	阈值	177	150	128
	ME	0.409	0.009	0.011
	MSSIM	0.949	0.999	0.998

现有的图像统计阈值化方法未能考虑血细胞图像实际灰度分布特征，可能导致白细胞核提取与血细胞图像阈值化不精确或不完整、甚至失效等。为此，本书提出了利用云模型的新方法。该方法以白细胞核提取为目标，根据给定的血细胞图像生成目标和背景的云模型，利用云模型的超熵定义了新的最优化准则，通过最大化该准则搜索最优分割的灰度阈值，最终实现血细胞图像阈值化。与相关的统计阈值方法相比，实验结果表明，本书方法能全面精确地获得可接受的白细胞核区域；与经典方法的图像阈值化实验及定性定量的分析结果表明，本书方法能获得较高的分割质量，且性能稳定，更适合作为血细胞图像分割应用中的候选方法。

6.4　利用云模型的图像分析框架

6.4.1　图像不确定性表示

在图像分割的过程中体现了广泛的含糊性、不明确性、不肯定性或不稳定性，需要引入不确定性的理论和方法表达、评价、降低、甚至消除其中的不确定性。传统模糊集合的隶属函数难于确定，目前基于模糊集的图像分割研究主要是模糊集合扩展理论的应用，其中基于二型模糊集合的方法引起了广泛关注，文献[9,191]经比较认为基于二型模糊集合的方法对于图像分割的不确定性处理具有重要意义。文献[115]利用该特点提出了基于云模型的阈值分割方法，文献[155]比较了基于云模型和二型模糊集合的图像阈值分割方法，实验验证了云模型方法相对于二型模糊集方法的优势，从一定程度上阐明了云模型方法的有效性。本节拟建立图像不确定性表示与分析的云模型方法，以图像单阈值分割问题为例，从另一个角度验证云模型方法在图像处理中的可行性和有效性，为后续图像粒的不确定性分析及不确定性粒化的计算打下基础。

（1）基本假设

图像单阈值分割问题可以视作将图像分成背景或目标的二类标号问题。设图像背景为 C_b，目标为 C_o，图像灰度级为 L，即图像像素的灰度值可能为 0, 1, ..., $L-1$，给定图像为 $f : x \to \{0,1,...,L-1\}$，$x$ 为任意像素，$f(x)$ 表示 x 处的灰度值。为了便于描述，假定目标灰度值大于背景灰度值，反之，情况也可以类似考虑。在建立图像表示时，考虑了以下五个基本假设与原理。

（a）图像直方图的泛正态性[192]。

大多数图像的直方图在特定值（一般是均值）附近呈现较密集的灰度分布，换句话说，这些图像通常在均值附近包含更多有意义的图像结构信息，在远离均值的位置具有较少的图像结构信息，因此，总体上，这类图像的直方图往往可以大致近似地用正态分布估计，但绝不是严格的正态分布，可称为泛正态。

（b）人眼主观视觉特性[192]。

人眼通常对灰度直方图分布的尾部附近所反映的图像特征不敏感，对峰值附近所反映的图像特征非常敏感，因此，从主观视觉特性的角度看，将灰度阈值的选择限制在灰度直方图的均值附近是比较高效的，这是一种主观先验知识，但是现有很多方法忽视了该特性。

（c）图像类间不确定性[193,194]。

大多数图像边缘一般具有不确定性，由此导致图像的目标类和背景类之间也存在不确定性，同时，越靠近图像边缘，这种类间不确定性程度往往也越大。

（d）图像类内同质性[193,194]。

图像中存在大量的局部同质区域，由此构成目标和背景区域。类间方差是被广泛使用的阈值化准则，类间方差越小，表明图像目标类和背景类的内部同质程度越高，但是，在背景和目标大小不一致时，类间方差准则存在疑问。

（e）图像类间对比度[194]。

图像类间对比度是指图像目标类和背景类的均值差，反映了图像目标和背景在灰度分布上的总体对比度，该准则往往被忽略，在阈值分割时可以作为类内同质性的有效补充。

（2）利用云模型的图像不确定性表示

输入利用逆向云发生器算法计算出云模型的三个数字特征 $C_f(Ex_f, En_f, He_f)$。其中，期望 Ex_f 是云滴在灰度空间分布的期望，最能代表定性概念，反映了代表该概念的云滴群的重心。熵 En_f 是定性概念的不确定性度量，由概念的随机性和模糊性共同决定，揭示了模糊性与随机性的关联性，反映了概念外延的离散程度和模糊程度。超熵 He_f 是熵的不确定性度量，即熵的熵，反映了二阶不确定性，由熵的随机性和模糊性共同决定。

以图 6.24（a）所示的 block 图像为例，图 6.24（b）是其手工描绘的参考图像。对应云模型的数字特征为 C_f(53.1,66.9,15.94)，利用正态云发生器生成的云模型云滴及其确定度的联合分布如图 6.24（c）所示。根据直方图的泛正态性质，云模型实现了对于图像信息的不确定性表示，不再是严格的正态分布，而是近似正态分布。从云滴分布可以看出，产生了少量[0,255]区间外的云滴，这是合理的，原因在于：如图 6.24（d）所示的图像灰度直方图在接近 0 附近包含了大量的信息，导致云模型的期望更靠近 0，云滴联合分布从整体上看更偏左，而不是在[0,255]的灰度区间上呈现近似对称分布。

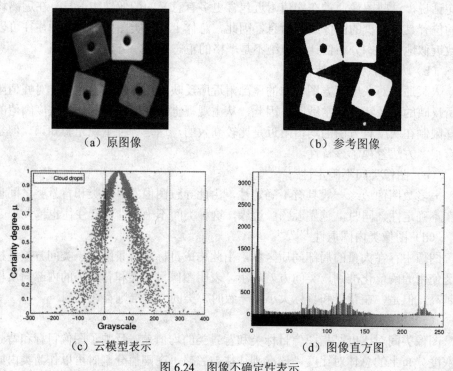

（a）原图像　　　　　　　　　　　　　　（b）参考图像

（c）云模型表示　　　　　　　　　　　　（d）图像直方图

图 6.24　图像不确定性表示

根据云模型的云滴及其贡献度的特点，位于 $[Ex_f - 0.67En_f, Ex_f + 0.67En_f]$ 区间上的骨干云滴（即灰度值位于[8.277, 97.923]）占所有定量值的 22.33%，但是其贡献度占 50%，换句话说，灰度值位于[0, 8]和[98, 255]内的像素可以很容易地直接被分别确定为背景和目标，云模型的这种表示已经简化了图像特征，必定有利于后续分割环节。因此，云模型的图像不确定性表示符合上述灰度直方图的泛正态性质，即图像在云模型期望附近包含更多有意义的图像结构信息，在远离期望的位置具有较少的图像结构信息。

6.4.2　CbRC 方法描述与分析

最近，灰度受限的图像阈值化框架逐步引起相关研究者的关注。Hu[67]首次提出了灰度受限的思想，通过监督地限制灰度级的方法实施图像变换，并将这种思想应用到经典 Otsu 等方法中，获得了更鲁棒、可靠的分割结果。Hu[122]以灰度受限的思想为基础，提出了面向过渡区的阈值分割方法，但其中的关键参数仍需要监督方法获得。Li[195]等人对此作出了改进，提出了无监督确定参数的方法。延续该思想，Li[120]提出了基于局部熵的过渡区提取与图像分割方法。但是，现有方法没有考虑图像阈值化问题中的不确定性，也未能全面考察图像变换对于后续分割质量的影响，如 Li 提出的无监督方法[195]确定受限灰度参数的准则仅考虑了图像各个部分的方差，片面顾及同质性，忽视了图像的对比度。本书认为图像阈值分割是一个两难的病态问题，即在保证算法效率的前提下，既要顾及图像局部细节的精确性，也要考虑图像全局整体的准确性。

本书拟提出灰度受限的不确定性阈值分割框架 CbRC，在云模型的支持下，灰度受限的图像变换更鲁棒、通用，所提出的参数确定准则同时考虑图像灰度不确定性、区域同质性、全局对比度等方面，此外，现有方法在该框架下可简单、方便地进行扩展改进。

（1）灰度受限的阈值确定

灰度受限的阈值是指根据图像的特点将图像灰度简化限制在一定的区间。于是，根据灰度空间上云滴的贡献程度可以设置灰度受限，将所有像素分成三类：肯定属背景的低灰度区像素 $R_l = \{x \mid f(x) < L_l\}$、肯定属目标的高灰度区像素 $R_r = \{x \mid f(x) > L_r\}$、可能属背景或目标的过渡灰度区像素 $R_m = \{x \mid L_l \leq f(x) \leq L_r\}$，类间不确定性就体现在过渡灰度区。直接以 $[Ex_f - 0.67En_f, Ex_f + 0.67En_f]$ 内的部分作为过渡灰度区，即令 $L_l = Ex_f - 0.67En_f$，$L_r = Ex_f + 0.67En_f$，提取出这三类像素，如图 6.25（a）所示。

大部分像素的划分符合图像本身的客观实际，即容易判定的背景被划分为低灰度区，容易判定的目标被划分为高灰度区，但由于过渡区的灰度范围过大，导致大量容易判定的背景或目标像素被划分为过渡区，即使这种宽松的划分方式并不会出错，但仍然极大地增加后续处理的难度。如何选择合适的灰度范围是灰度受限方法的关键之一。

（a）三类像素（$\kappa = 0.67$）

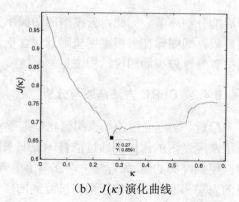

（b）$J(\kappa)$演化曲线

（c）三类像素（$\kappa = 0.27$）

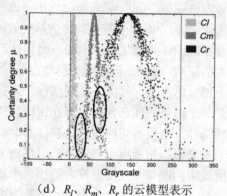

（d）R_l、R_m、R_r 的云模型表示

图 6.25　灰度受限阈值

本书在云模型的支持下给出了一种自动确定受限阈值的方法，该方法设定受限阈值 L_l、L_r 分别为 $Ex_f - \kappa En_f$ 和 $Ex_f + \kappa En_f$，首先设置 κ 的初始值为 0，并以步长 0.01 依次增大到 0.67，根据阈值 L_l、L_r 将图像像素分成 R_l、R_m、R_r 三类，利用逆向云发生器算法计算其数字特征、获取云模型表示，记作 $C_l(Ex_l,En_l,He_l)$、$C_m(Ex_m,En_m,He_m)$、$C_r(Ex_r,En_r,He_r)$，其中 Ex_l、En_l、He_l、Ex_m、En_m、He_m、Ex_r、En_r、He_r 分别为低灰度区 R_l、过渡区 R_m、高灰度区 R_r 中像素灰度值的期望、熵、超熵。在上述循环搜索中，根据最小化准则 $J(\kappa)$ 求得合适的 κ。

$$J(\kappa) = \exp(\frac{En_l - En_m}{3En_l + 3En_m}) \cdot \exp(\frac{En_m - En_r}{3En_m + 3En_r}) + \exp(-\frac{En_m}{He_m}) \qquad （式 6.15）$$

在上述准则 $J(\kappa)$ 中，$3En_l + 3En_m$ 和 $3En_m + 3En_r$ 体现了类内同质性，$3En$ 是对应云模型的不确定性度量，表示了定性概念可以接受的范畴，$3En$ 越小意味着表达该类的云模型可接受的灰度范围越小，即类内的同质性。另一方面，虽然上述准则没有直接考虑类间对比度，但是 $En_l - En_m$ 和 $En_m - En_r$ 仍然从某种程度上表达了类间对比度所带来的影响，即类内同质程度的差异。$En_l - En_m$ 越小意味着低灰度区 R_l 内部同质程度越高，保证了低灰度区的可靠性，同时，过渡区 R_m 内的同质程度越低。为了避免造成过渡区过于宽松的情况引入了 $En_m - En_r$，$En_m - En_r$ 越小意味着过渡区 R_m 内的同质程度越高，由此在 $En_l - En_m$ 和 $En_m - En_r$ 联合控制三者类间对比度的情况下获取这三类像素。此外，He_m / En_m 越小，过渡区 R_m 内像素的灰度分布越接近于正态，极端情况下 $He_m = 0$ 云模型退化为正态分布，是最自然的过渡区分布情况，即此时类间的不确定性程度最小，$\exp(-En_m / He_m)$ 的惩罚项增加了关于类间不确定性的度量。

因此，上述准则 $J(\kappa)$ 充分体现了类内同质性、类间对比度、类间不确定性，利用了图像自身的客观信息搜索最优的受限阈值，为后续处理提供尽可能的便利。对于图 6.24（a）所示的图像，随着 κ 的变化，准则值 $J(\kappa)$ 的变化曲线，如图 6.25（b）所示，$J(\kappa)$ 在 $\kappa = 0.27$ 处取得最小值 0.6591，此时，$J(\kappa)$ 在类内同质性、类间对比度、类间不确定性等三个基本原则之间博弈达到平衡，所得到的低灰度区、过渡区、高灰度区三类像素 R_l、R_m、R_r 如图 6.25（c）所示，对应的云模型联合分布 C_l、C_m、C_r 如图 6.25（d）所示，其中，在椭圆内的部分具有不确定性。

需要指出的是，本书 CbRC 方法与文献[195]的灰度受限方法存在重要的区别，后者的方法仅仅考虑到了类内同质性，其准则 σ_S 更倾向于获得较小的方差，特别是对过渡区内的像素灰度方差通常赋予较大的权重，即要求过渡区内的像素灰度方差非常小，于是导致所求取的阈值 T_u、T_l 异常接近，企图使过渡区像素的灰度尽可能确定一致，忽视了图像本身在过渡区内部的基本特点，没有考虑图像在过渡区的不确定性，更未能体现类间对比度。

（2）图像变换

一旦自动确定了灰度受限的阈值 L_l、L_r 之后，就能够最优划分图像的低灰度区、过渡区、高灰度区等三类像素，在此基础上实施图像变换，本书引入云模型的极大判定法则。为此，在前述基于云模型的图像表示过程中，额外增加一个步骤保存最优 κ 所对应的三个区域的云模型数字特征 $C_l(Ex_l, En_l, He_l)$、$C_m(Ex_m, En_m, He_m)$、$C_r(Ex_r, En_r, He_r)$。对于任意给定的像素 x，计算其灰度值 $f(x)$ 对于每个区域云模型的确定度，分别记作 $\mu_l(x)$、$\mu_m(x)$、$\mu_r(x)$。当且仅当 $\mu_l(x)$ 在 $\mu_l(x)$、$\mu_m(x)$、$\mu_r(x)$ 中取最大值时，像素 x 被划分为低灰度的背景区域，其他情形类似，设 $f_{RC}: x \to \{L_l, ..., L_r\}$ 为变换后的图像，其确定原则形式化如下：

$$f_{RC}(x) = \begin{cases} L_l & \mu_l(x) = \max\{\mu_l(x), \mu_m(x), \mu_r(x)\} \\ L_r & \mu_r(x) = \max\{\mu_l(x), \mu_m(x), \mu_r(x)\} \\ f(x) & \text{otherwise} \end{cases} \qquad （式 6.16）$$

仍然以 block 图像为例，由于灰度受限，可能的灰度取值从$[0,L-1]$限制为$[L_l,L_r]$，因此，变换后的图像后续分割处理就相当容易。如图 6.26（a）所示是本书 CbRC 方法的图像变换结果，与原始图像相比，从主观视觉上看，已经具备了较好的类内同质性，同时也考虑了类间不确定性，非常适合下一步背景与目标的分割提取。

（a）CbRC 方法变换结果　　　　　　（b）文献[195]方法变换的结果

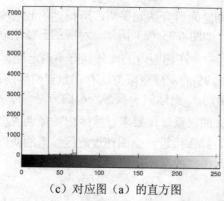 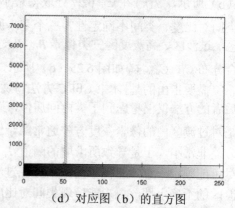

（c）对应图（a）的直方图　　　　　　（d）对应图（b）的直方图

图 6.26　图像变换

如图 6.26（b）所示也列出了文献[195]的图像变换结果，由于未能顾及图像类间对比度和不确定性，图像整体在主观视觉上已难以分辨，虽然某些分割方法对该变换后的结果可能能获得较好的分割性能，但是这样的变换因其灰度限制过于严格，对于大多数方法而言，必定存在后续分割的困难。对比图 6.26（c）和（d）所示的直方图，可以进一步发现，本书的图像变换方法由于考虑了类内同质性、类间对比度、类间不确定性，其图像变换结果在灰度受限的同时保留了部分有意义的细节，文献[195]的方法则丢失了大量有意义的图像结构信息，违背了图像变换的初衷。下文结果也进一步证实了上述分析。

6.4.3　利用 CbRC 方法的改进统计阈值分割

最大类间方差法（Otsu）[4]是最经典的统计阈值分割方法之一，确定合适的阈值使得类间方差最大化、类内方差最小化。与 Otsu 方法相似，最小误差法（MET）[64] 将像素看成是来自两个正态总体的样本，并假设这两个正态分布具有显著不同的均值和方差，图像直方图即为这两个分布的混合估计，确定合适的阈值使得所定义的估计误差准则最小化。最大熵方法（Kapur）[5] 将图像直方图分解成两个概率分布，分别对应图像的背景和目标，确定合适的阈值使得概率分布的累积熵最大化。这些方法都被认为是经典方法，因其简单通用而在很多领域广泛应用，并被很多新方法作为有代表性的方法进行实验比较分析[10,190,196]。尽管如此，这些方法在某些情况下存在一定的缺陷，甚至出现极差的分割结果等[197]；此外，这些方法都过度依赖于灰度直方图，没有考虑图像本身存在的不确定性。在上述 CbRC 方法支持下的灰度受限框架下，本书给出了 Otsu、MET、Kapur 等三种经典方法的改进，分别记作 CloudOtsu、CloudMET 和 CloudKapur。

（1）CloudOtsu 方法

给定任意阈值 t，变换后的图像 f_{RC} 被分成两类 C_b、C_o，其中 $C_b = \{x \mid L_l \leq f_{RC}(x) \leq t\}$ 表示 f_{RC} 中灰度值不大于 t 的像素集合，类似的，$C_o = \{x \mid t < f_{RC}(x) \leq L_r\}$ 表示 f_{RC} 中灰度值大于 t 的像素集合。设类间方差 $\sigma^2(t)_B = \omega_0 \omega_1 (\mu_0 - \mu_1)^2$，那么 CloudOtsu 的准则为 $T = \arg\max_{t \in (L_l, L_r)} \{\sigma^2(t)_B\}$。其中 ω_0、ω_1 分别为 C_b、C_o 中的像素在整个图像中所占的比例，p_i 表示灰度级 i 在图像 f_{RC} 中出现的概率，μ_0、μ_1 分别为 f_{RC} 中 C_b、C_o 中像素灰度的均值，其形式化表达为：

$$\omega_0 = \sum_{i \in [L_l, t]} p_i, \quad \omega_1 = \sum_{i \in [t+1, L_r]} p_i, \quad \mu_0 = \sum_{i \in [L_l, t]} i p_i / \omega_0, \quad \mu_1 = \sum_{i \in [t+1, L_r]} i p_i / \omega_1 \quad （式 6.17）$$

如图 6.27 所示，与传统 Otsu 准则相比，CloudOtsu 方法限制了灰度级、缩小了搜索空间，搜索阈值的目的性更强，更加符合人眼的视觉特点，也改善了搜索的性能，对比图 6.27 的分割结果也能发现，改进的 CloudOtsu 方法所产生的分割质量也有较大的提升。

（2）CloudMET 方法

给定任意阈值 t，变换后的图像 f_{RC} 被分成两类 C_b、C_o，设最小误差准则为 $K(t) = 1 + 2(\omega_0 \ln \sigma_0 + \omega_1 \ln \sigma_1) - 2(\omega_0 \ln \omega_0 + \omega_1 \ln \omega_1)$，那么 CloudMET 的准则为 $T = \arg\min_{t \in (L_l, L_r)} \{K(t)\}$。其中 ω_0、ω_1 分别为 C_b、C_o 中的像素在整个图像中所占的比例，σ_0^2、σ_1^2 分别为 f_{RC} 中 C_b、C_o 中像素灰度的方差，其形式化为：

$$\sigma_0^2 = \sum_{i \in [L_l, t]} (i - \mu_0) p_i, \quad \sigma_1^2 = \sum_{i \in [t+1, L_r]} (i - \mu_1) p_i \quad （式 6.18）$$

从图 6.28 所示的 MET 准则的演化曲线看，CloudMET 方法对于该图像虽然没有明显改善搜索的性能，但是缩小了待搜索的灰度区间，此外，由于改进的方法引入了不确定性处理机制，对比图 6.28 可以看出，分割质量仍然得到了一定程度上的提升，6.4.4 节中的表 6.10 所示的定量指标也反映了同样的比较结果。

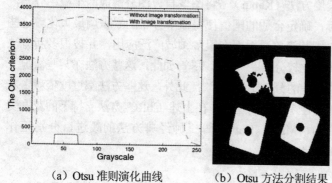

（a）Otsu 准则演化曲线　　（b）Otsu 方法分割结果　　（c）CloudOtsu 方法分割结果

图 6.27　改进的 Otsu 方法

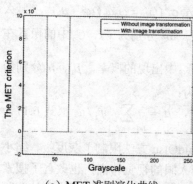  

（a）MET 准则演化曲线　　（b）MET 方法分割结果　　（c）CloudMET 方法分割结果

图 6.28　改进的 MET 方法

（3）CloudKapur 方法

给定任意阈值 t，变换后的图像 f_{RC} 被分成两类 C_b、C_o，设其熵值分别为

$$H_0(t) = -\sum_{i \in [L_l, t]} \frac{p_i}{\omega_0} \ln \frac{p_i}{\omega_0} , \quad H_1(t) = -\sum_{i \in [t+1, L_r]} \frac{p_i}{\omega_1} \ln \frac{p_i}{\omega_1} ,$$ 那么 CloudKpaur 的准则为：

$$T = \arg\max_{t \in (L_l, L_r)} \{H_0(t) + H_1(t)\} \tag{式 6.19}$$

其中 p_i 表示灰度级 i 在图像 f_{RC} 中出现的概率，ω_0、ω_1 分别为 C_b、C_o 中的像素在整个图像中所占的比例。

从图 6.29 所示的 Kapur 准则演化曲线可以看出，CloudKapur 方法不仅改善了灰度阈值的搜索性能，也缩小了其搜索空间。对比图 6.29 所示的分割结果可以看出，相比传统 Kapur 方法，CloudKapur 对于该图像明显提升了分割的质量。

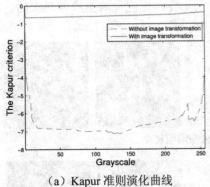

（a）Kapur 准则演化曲线　　　（b）Kapur 方法分割结果　　（c）CloudKapur 方法
分割结果

图 6.29　改进的 Kapur 方法

6.4.4　CbRC 方法实验结果与分析

（1）图像变换实验

为了进一步验证 CbRC 方法对于图像变换的有效性，通过两幅合成图像比较分析了 CbRC 方法与文献[195]方法的图像变换结果。为了比较的公平性，所有参数均为自动设置，其中文献[195]的 Li 方法根据文中的建议设置关键点 $\alpha = 0.4$。

图 6.30（a）和（b）列出了该组实验的结果，每幅图像包含五个组件，分别命名为 synthetic 和 gearwheel，其余四个组件分别为参考图像、图像直方图、本书 CbRC 方法变换结果、文献[195]的方法变换结果。

图 6.30（a）所示的 synthetic 图像仅显著包含三个灰度级 {34,105,198}，与文献[195]的方法相比，本书 CbRC 方法的图像变换结果更符合图像客观实际，更有利于后续背景和目标的提取。虽然 CbRC 方法的过渡区灰度范围比较小，但是，仍然保留了足够的图像细节，至少对于目标和背景区域，人眼主观具有可分辨性，能够很容易地被后续分割环节处理。文献[195]的方法没有考虑到类间不确定性最小化，将大量极易判定的背景像素（灰度值为 105）误分为过渡区，不利于后续分割处理。另一方面，图 6.30（b）所示的 gearwheel 图像包含了更多的灰度级，CbRC 方法通过灰度限制缩小了，但是保留了一定的图像细节，符合人眼视觉规律，有利于后续处理。文献[195]的方法片面考虑类内同质性，未能顾及图像不同类的对比度，鲁莽地将灰度区间限制在过于狭小的范围内，失去了大量的图像细节，也加大了后续分割的难度。

为了更详细地比较可视化的图像变换结果，本书列出了下文实验中的 moon、

tree、296007、airplane 四幅图像变换结果，如图 6.30（c）和（d）所示。表 6.10 列出了定量比较的结果，对比各个图像的直方图可以更进一步发现，与文献[195] 的方法相比，CbRC 方法自动获取的灰度范围上下界，更能反映图像客观实际、更符合人眼视觉特性。

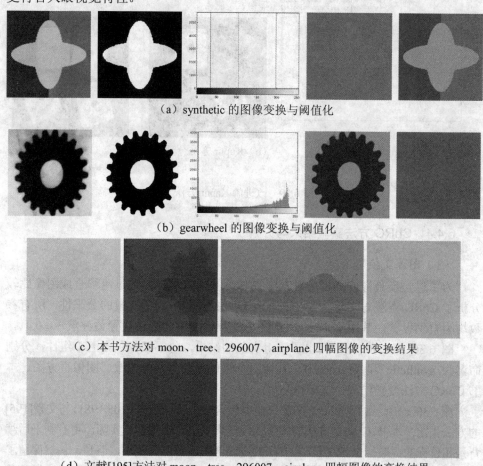

（a）synthetic 的图像变换与阈值化

（b）gearwheel 的图像变换与阈值化

（c）本书方法对 moon、tree、296007、airplane 四幅图像的变换结果

（d）文献[195]方法对 moon、tree、296007、airplane 四幅图像的变换结果

图 6.30　图像变换的比较

对比图 6.30 和表 6.10 可以发现，文献[195]的方法将图像过渡区的灰度限制在一个太狭窄的区域，导致主观视觉完全不可分辨。显然，T_u 和 T_l 的差值基本上都为 1，这就意味着图像变换的结果已经直接决定了后期阈值化的结果，应用传统阈值准则根本无法发挥作用，因此，这种图像变换是值得考究的。反观本书的 CbRC 方法获得了更为宽松的灰度限制，为后续阈值分割准则的效用预留了充足的搜索空间。

表 6.10　灰度受限的阈值比较

图像	L_l	L_r	T_u	T_l
block	35	71	52	54
synthetic	110	114	72	152
gearwheel	41	148	93	95
moon	201	204	202	203
tree	73	86	79	80
296007	129	132	130	131
airplane	178	181	179	180

（2）一般图像分割实验

为了进一步验证本书 CbRC 方法的有效性，本组实验用两幅合成图像 synthetic 和 gearwheel 以及另外四幅自然图像进行了图像阈值化，并与改进前的 Otsu、MET、Kapur 等方法进行比较。采用误分率 ME、平均结构相似度 MSSIM 等定量指标客观地评定分割的质量，其中 MSSIM 由式 1.2 定义。

图像分割的比较结果如图 6.31 和 6.32 所示。CbRC 方法对于这些图像的分割结果都能够获得不同程度上的改进。对于 synthetic 图像，Kapur 方法几乎完全未能提取目标，MET 方法未能分割目标的右半部分，改进后的 CloudKapur 和 CloudMET 方法都获得了较好的分割结果，Otsu 方法和 CloudOtsu 方法都获得了近似最优的分割结果。类似的，对于 gearwheel 图像，改进后的 CloudKapur 和 CloudMET 方法都获得了较好的分割结果，Otsu 方法和 CloudOtsu 方法都获得了近似最优的分割结果。

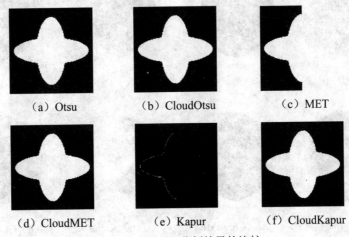

　（a）Otsu　　　　　（b）CloudOtsu　　　　　（c）MET

　（d）CloudMET　　　　（e）Kapur　　　　（f）CloudKapur

图 6.31　synthetic 分割结果的比较

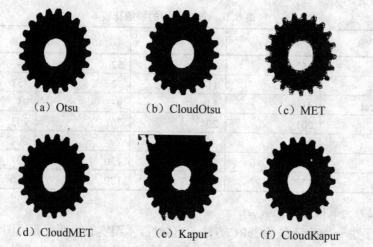

（a）Otsu （b）CloudOtsu （c）MET

（d）CloudMET （e）Kapur （f）CloudKapur

图 6.32 gearwheel 分割结果的比较

　　但是，这并不意味着本书方法对于 Otsu 方法的改进无效，例如，如图 6.33 所示的 moon 图像，由于存在灰度不均匀及噪声干扰，Otsu 方法未能完整提取目标，CloudOtsu 方法因为加入了不确定性处理机制，最终获得了更优分割质量。CloudKapur 方法也较大程度上改进了经典 Kapur 方法的分割质量，MET 方法和CloudMET 方法都获得了近似最优的分割结果。类似的，如图 6.34 所示的 tree 图像也进一步验证了上述分析。

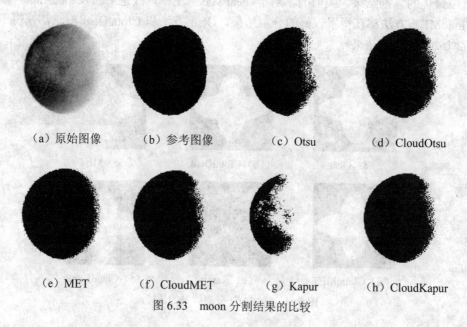

（a）原始图像 （b）参考图像 （c）Otsu （d）CloudOtsu

（e）MET （f）CloudMET （g）Kapur （h）CloudKapur

图 6.33 moon 分割结果的比较

（a）原始图像　　　　（b）参考图像　　　　（c）Otsu　　　　（d）CloudOtsu

（e）MET　　　　（f）CloudMET　　　　（g）Kapur　　　　（h）CloudKapur

图 6.34　tree 分割结果的比较

　　表 6.11 列出了本组实验的定量评价结果，除了上述两个分割质量的评定指标
ME 和 MSSIM 值以外，为了详细对比各种方法的改进效果，表 6.11 也列出了各
种方法所获得的最优分割阈值 Threshold、误分像素个数 MENums。对于大部分情
况，CbRC 方法能够获得较小的 ME、较大的 MSSIM，表明本书方法引入不确定
性灰度范围受限，对于传统 Otsu、MET、Kapur 等方法的改进是有意义的。

表 6.11　简单图像分割质量的定量比较

		Otsu	CloudOtsu	MET	CloudMET	Kapur	CloudKapur
block	最优阈值	79	52	19	36	133	35
	ME	0.068	0.027	0.035	0.027	0.253	0.027
	误分个数	4479	1771	2275	1744	16579	1759
	MSSIM	0.994	0.999	0.998	0.999	0.967	0.999
synthetic	最优阈值	133	111	36	111	199	110
	ME	0.009	0.012	0.347	0.012	0.321	0.012
	误分个数	622	801	22762	801	21011	803
	MSSIM	0.999	0.999	0.957	0.999	0.955	0.999
gearwheel	最优阈值	103	94	2	42	186	58
	ME	0.039	0.036	0.041	0.013	0.155	0.019

续表

		Otsu	CloudOtsu	MET	CloudMET	Kapur	CloudKapur
gearwheel	误分个数	2573	2329	2701	848	10135	1292
	MSSIM	0.998	0.998	0.997	0.999	0.984	0.999
moon	最优阈值	181	202	234	202	116	203
	ME	0.096	0.047	0.044	0.047	0.287	0.045
	误分个数	6288	3067	2886	3067	18778	2961
	MSSIM	0.989	0.995	0.996	0.996	0.962	0.996
tree	最优阈值	60	79	22	84	134	85
	ME	0.024	0.032	0.079	0.049	0.605	0.068
	误分个数	1604	2105	5190	3262	39649	4444
	MSSIM	0.999	0.999	0.993	0.997	0.923	0.995
296007	最优阈值	123	130	141	131	99	131
airplane	最优阈值	153	179	177	179	162	180

另外两幅复杂自然图像命名为 296007、airplane，其图像分割实验的分析如图 6.35 所示。一般无法高效地获得这两幅图像的参考图像，因此，也不易于采用定量指标评价其分割质量，但是仍然可以通过分割阈值结合图像直方图进行主观评定。

对于图 6.35（a）所示的 296007 图像，根据图 6.35（c）所示的直方图可以发现，其最优阈值大致在 135 附近。从表 6.11 可以看出，对于 Otsu、MET、Kapur 三种方法，改进后都能够有效获取最优阈值。类似的，对于图 6.35（b）所示的 airplane 图像，根据图 6.35（d）所示的直方图可以发现，其最优阈值大致在 179 附近。从表 6.11 可以看出，对于 Otsu 方法和 Kapur 方法，改进后能够有效获取最优阈值，对于 MET 方法，改进后能够优化所获取的阈值。

（3）含噪声图像分割实验

为了验证本书方法对于噪声图像的分割性能，采用 gearwheel 图像进行分割实验，并与经典的 Otsu、MET、Kapur 等方法进行比较。在原始图像中分别加入均值为 0、方差为{0.01,0.02,....,0.20}的高斯噪声（记作 with Guassian noise），强度为{0.01,0.02,....,0.20}的椒盐噪声（记作 with S&P noise）。由于噪声的随机性，每个方差或者强度，重复 10 次实验，记录其 ME 值和 MSSIM 值，并计算平均值作为最终的定量评价。对于误分率 ME，其值越小，分割性能越好，将 Otsu 方法的 ME 值与 CloudOtsu 方法的 ME 值相减，记作 vsOtsu，其他方法类似。对于平均结构相似度 MSSIM，其值越大，分割性能越好，将 CloudOtsu 方法的 MSSIM 值与 Otsu 方法的 MSSIM 值相减，记作 vsOtsu，其他方法类似。

（a）296007 原始图像

（b）airplane 原始图像

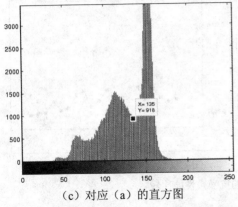

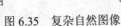

（c）对应（a）的直方图

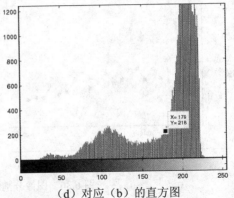

（d）对应（b）的直方图

图 6.35　复杂自然图像

　　实验结果如图 6.36 所示，每个变化曲线都始终在水平线 0.0 之上，表明本书采用灰度受限的 CbRC 方法改进了传统的 Otsu、MET、Kapur 等方法，在 ME、MSSIM 等指标评价上都获得了更好的算法性能，改进的方法引入了 CbRC 的相关不确定性机制，具备了更好的抗噪声性能。对于高斯噪声，CbRC 方法对于经典 MET 方法的改进最为明显，依次是 Kapur 和 Otsu。对于椒盐噪声，CbRC 方法对于经典 Kapur 方法的改进最为明显，依次是 MET 和 Otsu。

　　由于 vsOtsu 曲线离水平线非常接近，为了更好地观察 Otsu 与 CloudOtsu 方法在算法性能上的关系，本书单独列出了其实验结果，图 6.36（c）、（d）表明 Otsu 与 CloudOtsu 方法抗噪声性能非常接近，但是，不论是误分率还是平均结构相似度评价，CloudOtsu 仍然优于 Otsu 方法。

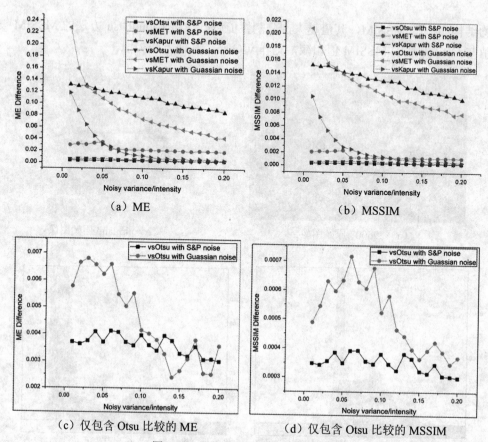

（a）ME

（b）MSSIM

（c）仅包含 Otsu 比较的 ME

（d）仅包含 Otsu 比较的 MSSIM

图 6.36　图像分割的抗噪声性能比较

（4）讨论

（a）灰度受限的方法有效提升了图像阈值化方法的性能，尽管如此，人眼如何快速发现感兴趣的目标并提取出来——这仍然是一个值得考虑的问题，其中广泛涉及不确定性问题，基于这点考虑，本书探讨了人眼视觉的若干普遍原理，并通过引入云模型实现图像的不确定性表示与分析，一定程度上也检验了云模型对于图像载体的适应性。正态云模型实现定性定量的双向不确定性转换，有潜力表示一个粗略的正态分布，非常适合于图像灰度直方图的描述，上述实验也证实了这样的可行性和适用性。

（b）图像变换将目标和背景像素的灰度值限制在一个合适的区间内，在不丢失图像重要信息的情况下，有效地简化了图像。图像变换的结果对于后续阈值分割进程起到了举足轻重的作用，任何不精确、不合理的图像变换都将造成后续分割上的困难。全面充分地考虑人眼视觉所包含的普遍原理，无疑能够提升图像变换的质量，本书所引入的云模型方法做出了努力和尝试，基于云模型的图像变换非常适合人眼视觉特性，为图像不确定性表示和分割提供了极大的便利。

（c）提出了 CloudOtsu、CloudKapur、CloudMET 等灰度受限方法检验图像分割的性能。前文结果表明所提出的方法均不同程度上优于原始方法，所提出的方法获得了较小的 ME 值和较大的 MSSIM 值，此外，定量分析也证实所提出的方法在含噪声图像的处理上具有更鲁棒的性能。

（d）虽然上述实验一定程度上验证了其科学可行性和有效实用性，但是，任何方法都不可能适用于所有图像，不同的算法都有其独特的应用领域。任何先验的准则都存在其不确定性或未知性，本书提出的 CbRC 方法也不例外。针对特定领域，引入更多丰富的信息被证明是提高图像分割质量的有效途径。例如，高空间分辨率遥感图像具有光谱、纹理、形状等丰富的特征，其中也必然存在一些普遍的人类视觉原理，特殊地物的特征采样值也必定位于某个特定的区间。理论上说，云模型方法也能够应用到高空间分辨率遥感图像地物覆盖分类或目标提取。但是，如何通过云模型有效地融合上述丰富的特征，并构建相应的区间限制模型是有待于进一步考虑的问题。

总之，本节利用云模型研究了图像的不确定性表示问题，提出了 CbRC 方法，以灰度受限的图像阈值化问题为研究载体，通过理论分析和实验比较检验了云模型能够合理、有效地处理图像的不确定性，此外，基于云模型的范围受限方法可以针对特定图像的处理进行简单高效的扩展。

6.5　本章小结

作为一种自然的思路拓展与延伸，尝试挖掘利用认知物理学方法的图像若干应用，以期为认知物理学的研究提供更广阔的空间，也为除图像分割外的其他图像应用提供可能的新途径和新方法。具体包括：基于二值图像数据场的特征提取 BDfF 方法、利用图像数据场的变换 IdfF 框架、针对血细胞图像阈值化的云模型 CbBT 方法，同时以灰度受限阈值分割框架为例，分析了云模型图像不确定性表示与分析 CbRC 方法，用 CbRC 方法改进了 3 种传统的阈值分割方法，通过实验比较验证了各种方法的有效性。

第 7 章　讨论与研究展望

7.1　图像分割的认知物理学研究展望

尽管本书在面向图像分割的认知物理学理论和方法中做出了一定的工作和尝试，也取得了一些初步的进展，但是，随着研究工作的深入，作者也逐渐认识到还存在若干问题有待于进一步解决，可以从以下四个方面展开。

（a）本书深入研究了认知物理学理论，面向具体应用问题展开了图像分割方法的相关研究，理论和实验分析也验证了基于物理学理论所提出的相关分割方法是可行和有效的，但是，物理学的理论非常丰富，如何更有效地融入物理学的思想，研究更普适的认知物理学理论和方法，如高阶高斯云模型、幂率云模型、时变场分析动态数据场等，还有大量的工作有待于进一步展开。

（b）本书在图像分割问题的驱动下探讨了图像分割的粒度原理，提出了认知物理学支持下的粒计算框架，在该框架下提出了一系列面向具体需求的图像分割方法，但是，本书的研究更侧重于面向具体实际问题，并未严格一一对应于粒计算的基本概念和原理，因此，如何在粒计算的理论体系下更有效地融入认知物理学的思想，产生更普适的图像分割方法是值得未来研究的一个重要方向。此外，所提出的粒计算框架具有较强的扩展性，部分技术和方法尚处于理论探索阶段，特别是涉及不确定性的场分析和处理技术，如云模型支持下的图像特征场不确定性演化、利用云模型表示图像粒建立认知场等，需要进一步完善并加以实验验证。

（c）本书在研究图像分割问题时注重引入与认知物理学有关的视觉知识，因此，如何引入更多的视觉先验知识（如视觉注意机制、视觉知觉组织等）研究更适合人类视觉、更鲁棒的图像分割方法是未来研究的又一个重要方向。

（d）本书针对一些特定图像，提出了具有较高适应度的图像分割方法，如适合激光熔覆图像过渡区提取的 IDfT 方法、适合光照不均匀图像同质区域提取的 IDfH 方法、适合陶瓷图像分割的 hDDF 方法、适合高分辨率遥感图像分析与处理的 CbRC 方法，但是，IDfT 方法如何进行无损检测，IDfH 方法如何进行古籍文档分析，hDDF 方法如何进行陶瓷分类和检索，CbRC 方法如何扩展到高空间分辨率遥感图像的光谱、形状等多特征分析与融合，都尚有待进一步通过实验比较和工程实际验证，因此，如何将本书所提出的方法有效地应用到实际有意义工程问题的后续处理环节是值得考虑的研究方向。

7.2 利用认知物理学的图像应用研究展望

就本书作者的先验知识来说，利用认知物理学的图像应用研究范畴很多，包括：红外图像跟踪与识别、教育图像分析与处理等，目前相关研究正在项目的支持下阶段性展开。其中，在国家自然科学基金支持下的沙画艺术应用也是作者的重要研究方向之一。

沙画表演是近年来刚刚兴起，并迅速风靡全球的一种新型视觉艺术表现形式，其艺术特点是"以沙为墨、用指代笔"，这种风格最早来源于匈牙利的户外艺术家 Ferenc Cako[198](http://ferenccako.com/)。艺术家在舞台灯箱照射的白色背景板上现场用手指控制细沙作画，根据一定的主题通过前期创作与构思，以类似连环画的形式传递信息或讲述故事，并将沙子绘制和手指表演的全过程投影在屏幕上展示给观众。当前，沙画表演在各种公共活动现场创意非常流行，充满个性的沙画表演也是婚礼、生宴上众多时尚人士和爱好者的追求目标。其中利用照片素材现场创作合适的沙画图像并保证表演艺术的独创性是首要核心任务，包含前期静态图像创作结果和后期动态手势表演过程两个阶段。

从计算机辅助信息的角度看，利用计算机支持的沙画表演艺术形式可以称之为计算机沙画艺术，包括以定性和定量方法利用计算机辅助分析沙画表演艺术风格，构造具有创作灵感的智能环境，建立计算机辅助生成的计算模型和工具，开展交互或自动的沙画艺术创作，进而创造若干独具一格的沙画表演作品。从辅助信息处理的角度看，计算机沙画艺术可以分为介质或环境模拟的沙绘制、风格模拟的沙动画以及自动沙画创作与表演等三个层次，依次人工参与越来越少，计算机自动化程度越来越高。

总体上，计算机沙画艺术的研究意义至少包括以下三个方面：

（a）学术意义：计算机沙画顺应艺术发展的新潮流，探索计算机辅助的新艺术形式，可为计算机图形图像学等学术研究提供新的艺术载体，并推动计算机艺术的风格融合和发展，促进计算机学科快速成长，进一步有助于科技与艺术互相支持、互相促进、互相丰富。

（b）经济意义：计算机沙画兼具了艺术的感性浪漫与科技的理性严谨，可广泛应用于影视动漫、广告创意、科普娱乐、数字考古、建筑设计等众多领域，如央视播放的沙画广告（http://v.youku.com/v_show/id_XNTIzNDY2NTg0.html）。此外，在生日、婚礼、发布会、产品推介等公共场合也具有巨大市场价值。

（c）社会意义：计算机沙画艺术为传统沙画创作和表演提供新的技术支持，

催生传统沙画艺术的创造活力，推动沙画艺术的可持续发展以及与其他艺术的风格融合，将兴起沙画艺术的新高潮，可满足全社会不同层次民众对于沙画艺术的精神需求，保障精神文化权益，丰富社会文化生活。

有鉴于此，国内外研究者也敏锐地捕捉到计算机沙画的现实意义，已经展开了阶段性地研究和开发，并在不同层面上取得了一定的有益成果。

加拿大卡尔加里大学 Hancock 等人开发了 Sandtray Therapy 交互式桌面系统，用户能在沙背景上绘制[199]，该系统看起来更像是缩微版的玩具沙盘装置，主要应用于儿童心理教育与沙盘治疗。日本名古屋大学 Ura 等人开发了模拟沙画的简单工具，仅将图像输入转换成离散点试图模拟沙绘制环境[200]。

此后，Miniature Titans 公司进一步研发了改进版的 iPhone 应用软件 iSand（http://itunes.apple.com/us/app/isand-sand-particle-painting/ id346966446?mt=8）。与 iSand 类似，以色列的 Kalrom Systems 公司也发布了手机应用软件 Sand Draw（http://itunes.apple.com/cn/app/sand-draw/id589049492?mt=8），在国内，豌豆荚、联想乐商店、小米应用、应用搜等也上线了 Sand Draw 的多个汉化版（例如，http://app.xiaomi.com/detail/43500）。上述成果均实现了不同程度的人机交互，人为主体完成沙画创作，但仅利用移动设备模拟了沙子的背景实现沙绘制，大致都属于计算机沙画的第一层次研究，需要用户具备较高的设备操作技能和艺术绘画水平，且无法生成沙动画的表演效果。

进一步，新加坡国立大学赵盛东团队（Shengdong Zhao，http://hci.nus.edu.sg）研究了一个多点触摸的数字艺术媒介 SandCanvas[201]，简化了沙画表演的创作环境和方式（参看土豆视频 http://www.tudou.com/programs/view/MEDEKxR4DNg/），并于 2011 年 SIGGRAPH（Special Interest Group for computer GRAPHics）会议获得荣誉奖（Honorable Mention），同年 ACM CHI（Computer-Human Interaction）会议获得最佳学生奖（Golden Mouse Award），至今仍可在 Apple App Store 下载。类似的，日本 Psoft 公司开发了 Sand Art（http://psoftmobile.net/en/sandart.html），国立台湾大学 Chi-Fu Lin（林奇赋）等人开发了更具趣味性的平板电脑沙画软件 Uncle Sand[202]。这部分研究都利用移动设备模拟了手势与沙子的交互操作，实现了沙画风格的动态效果，但侧重于表现风格形式上的动画模拟，属于计算机沙画的第二层次研究，需要用户具备足够的绘画基础和沙画的手势技能，未涉及沙画艺术的自动创作与表演。

更进一步，葡萄牙里斯本大学 Urbano 研究利用特殊蚂蚁种群（Temnothorax albipennis）的沙绘制[203]，通过模拟这种蚂蚁群的迁徙行为，将一系列随机初始化的沙粒，按照所设计的启发模式迭代重组成为一幅沙画风格的静态图像。其最终呈现的结果类似于上述第一层次研究。从结果本身看，Urbano 的方法并不令人满意，但进步之处在于无需过多的人工参与，由计算机程序自动完成沙画绘制全过程。韩国中央大学 Kyung-Hyun Yoon 及其学生也试图通过生成多幅静态图像从而模拟沙动画效果[204]，让普通人无需学习专业沙画表演，也能利用计算机自动生成具有沙画风格的图像。这部分研究能基本实现计算机沙画自动创作，本质上都侧重于沙画风格的静态表现形式，属于沙画艺术的前期创作阶段，从理论上说可列入计算机沙画的第三层次研究，但均忽略了沙画艺术的独特魅力之处在于沙子的流动过程，即沙画艺术的后期表演阶段。

纵观与计算机沙画艺术有关的现有研究成果，主要体现了以下趋势：

（a）新：计算机沙画艺术研究新奇有趣，并逐步引起国内外相关领域研究者的重视，但值得注意的是，现有文献综述表明，除 Sand Draw 汉化版之外，在国内（不含港澳台）鲜有其他有关的学术报道。

（b）少：沙画艺术兴起不久，导致计算机沙画研究起步较晚，相关学术成果并不多见，甚至很多类似于雾气屏幕的小软件开发，仅利用到计算机图形学领域很早期的成熟技术，缺乏考虑更深层次的科学问题。

（c）偏：现有大多数研究更偏重于人机交互技术，计算机参与的自动化程度不高。此外，在沙画形式上也走向极端，或者仅偏重于静态沙画风格图像的创作结果，没有参与沙动画的表演，真正实现时需要用户掌握专业的沙画手势技巧；或者仅偏重于动态沙画表现过程，缺乏计算机辅助的静态沙画创作，真正实现时需要用户具备专业的绘画基础和较高的创作水平。

抛开沙画的独特艺术形式，基于非真实感绘制的计算机艺术通过构建数学、物理模型并设计算法已能自动创作多种艺术风格，取得了若干重要成果[205-208]，包括铅笔画、水彩画、油画、卡通画以及具有中国特色的水墨画、剪纸、烙画、乱针绣等[209-213]。广义上，非真实感绘制技术可以分为基于三维观察空间和基于二维图像空间的绘制[205]，后者无疑对于计算机沙画研究更具指导意义，毕竟真实沙画艺术多以样图素材为用户需求，以现场二维投影为结果。

现有基于图像的非真实感绘制研究主要包含三大类[208]，第一类是基于样例的绘制（Example-Based Rendering），计算机自动绘制生成所需的艺术风格图像，典型算法包括颜色传输和基于纹理合成的艺术风格传输等[206]；第二类是基于笔画的绘制（Stroke-Based Rendering），通过抽象出特定的虚拟笔刷模型，最终产生与现实绘画工具相似的艺术效果；第三类是基于图像处理与过滤的绘制（Image Processing and Filtering-Based Rendering），以便于并行化和 GPU 实现为目标，利用图像处理技术执行局部过滤操作获得相应结果，一定程度上满足了实时处理的要求。由于基于图像的非真实感绘制研究成果较为丰富，限于篇幅，这里仅综述与本项目密切相关的两大方面内容。

第一方面，基于笔画的风格化绘制一直以来都是热门研究方向之一。这类方法旨在参照真实画家的创作过程，模拟笔画基元，通过优化算法或贪婪算法逐层实现绘制，其中包含笔画属性的定义、笔画布置的策略、笔画方向的设计等关键技术[209,214]。Hertzmann 首次提出了基于笔画的多重绘制方法，基于源图像和笔刷模型自动生成各种风格油画，不同的笔刷模型和笔刷数量对应不同的艺术风格[215]，更进一步，他建立一个与源图像和结构集有关的加权能量函数最小化模型，提出了利用松弛迭代的全局优化方法[216]。在随后的综述中 Hertzmann 指出[217]，基于笔画的非真实感绘制需要改进更高效的算法性能，需要扩展更复杂的艺术风格类型，需要开发新的艺术风格动画，并创造出无法离开计算机的新艺术形式。针对这一目标，结合进化计算在求解全局优化问题上的优势，陆续提出了基于进化计算的非真实感绘制方法，所采用的进化算法包括遗传算法、遗传编程、蚁群、多智能体等[218-221]。

基于进化计算的代表性思路大致包括三种，Collomosse 将绘制问题转换成笔画的搜索寻优过程，利用遗传优化获得输入图像的最好风格化绘制[218]；Penousal、Huang 等分别利用分布式的智能体（Agent）或蚂蚁生成艺术风格图像[219,220]，这些智能体或蚂蚁通过可调整的参数集模拟出笔画的粗细、长短、角度，并形成不同的艺术风格；Ciesielski 团队提出利用不同尺寸的直线段、三角形等采用遗传编程的方式逼近给定的输入图像，生成风格化动画[221]。国内也有个别涉及这类基于图像的动画生成研究，如澳门大学 Wu Enhua（吴恩华）团队提出了基于笔画的水墨动画生成算法[222]，能根据输入图像自动分解提取笔画。但是，Ciesielski 和 Wu Enhua 的工作都只是对于源图像风格的自动提取与动画逼近绘制，临摹但并未产生新的绘制风格。此外，仅基于像素的处理很难实现高分辨率大规模绘制。当然，Ciesielski更希望称其工作为进化艺术，国内也做出了若干工作，如刘弘等人的墙绘图案设计、插花艺术、群体动画建模等[223]。

另一方面，基于图像处理与过滤的绘制越来越引起重视。这类方法强调图像过滤的思想，注重最终的处理效果，按照所采用的像素属性可以分为局部空间邻域和梯度域两种类型[224]，现有的大多数方法均属于前者，且自动化程度较高，包括轮廓和区域风格化，轮廓风格化通常使用一阶或二阶边缘检测子，区域风格化方法则是基于边缘保持的平滑，所利用的技术有双边过滤、高斯差分、各向异性过滤、形态学过滤、局部统计矩、Kuwahara 过滤等[208]。

其中视觉显著（Visual Saliency）获得了较多的关注，指图像中某些对象或像素集比其局部邻域更能获得观察者的注意，具有较强的稳健性，符合非真实感绘制的实际机制。例如，日本山梨大学 Hata 等人利用基于视觉注意机制的显著图判定输入图像的重点区域，提出了一种铅笔画绘制方法[225]。类似的，清华大学卢少平、张松海等利用双边滤波与数学形态学操作建立金字塔参考图像序列，并提出了基于视觉显著图的油画笔画布置算法[226]。

事实上，上述两类方法之间的划分也并非绝对严格，在基于笔画的绘制中可以引入图像处理的方法，在基于图像的绘制中也可以引入笔画的思想。归纳起来，不管采用什么绘制方法、不管模拟哪种艺术风格，现有的非真实感绘制成果中包含了计算机沙画研究可以借鉴的若干优秀成果，但未见同时考虑新风格绘制及其动画展示的相关成果（从沙画艺术的角度分别视作创作和表演）。因此，沙画艺术具有其独特之处，计算机沙画研究并不可能盲目、随意、直接、简单地移植现有非真实感绘制算法。不论是计算机沙画研究本身，还是泛化至非真实感绘制研究，现有成果的普遍性和针对性指导意义相对有限。到目前为止，计算机沙画艺术的自动创作与表演仍然是一个具有挑战性的科学问题。将手势理解成笔画，在非真实感绘制的框架下，计算机沙画艺术研究尚需解决以下关键问题：

第一，如何建立与沙画表演风格更匹配的参考图层。包括沙画在内的任何真实绘制都具有层次感，需要从沙画表演的图像分析角度深入考虑，根据输入图像通过各种方法建立各个层次模型，依次表现图像视觉显著特征和细节。

第二，如何建立与参考图层更匹配的笔画及展示策略。真实沙画师在白背景上用手指控制沙子描述场景，并由此阐述其所希望表达的创作主题。计算机辅助的笔画形状、大小、起始点、方向等都需要根据一定的启发式规则产生，笔画布置也极大地影响动画展示的效果，且需要匹配参考图层主题和内容的主次关系。其中进化计算具有随机性，可保证动画展示的灵活性。

第三，如何建立与主题表达更匹配的沙画创作与表演关联模型。沙画创作与表演并非互相独立的两个阶段，反而相辅相成。真实艺术家不可能在表演艺术风格未知的情况下进行漫无边际的创作构思，更不可能在创作构思未知或相悖时胡乱表演，计算机沙画也理应如此。前述第一、二个关键问题本身就体现了沙画创作与表演的紧密关联。因此，特别需要一个连通两者的桥梁，解决沙画静态创作与动态表演中的统一建模，兼顾全局和局部因素分析源图像特征实施创作，并通过动画表演表达出强烈的局部内容与全面的整体主题。

认知物理学源自物理模型，其中云模型可对图像实施不确定性表示、分析与处理，数据场能兼顾图像数据分布的全局性和局部性，同时具有静态和动态两种形式，两者具备了解决前述计算机沙画艺术研究若干关键科学问题的潜力。在认知物理学的基础上，采用基于图像与笔画相结合的非真实感绘制框架，同时考虑沙画的创作结果和表演过程两个核心阶段，在沙画创作上借鉴基于图像处理与过滤的绘制，在沙画表演上借鉴基于笔画和群进化的绘制，最终借助认知物理学理论与方法探索计算机辅助的沙画艺术自动创作与表演。

参考文献

[1]　章毓晋. 图象分割[M]. 北京：科学出版社，2001.

[2]　Gonzalez R C, Woods R E. Digital image processing[M]. 3rd ed. New Jersey: Prentice Hall, 2008.

[3]　章毓晋. 图像工程[M]. 第2版. 北京：清华大学出版社，2007.

[4]　Otsu N. A threshold selection method from gray-level histograms[J]. IEEE Transactions on Systems, Man, and Cybernetics. 1979, 9(1): 62-66.

[5]　Kapur J, Sahoo P, Wong A. A new method for graylevel picture thresholding using the entropy of the histogram[J]. Computer Graphics and Image Processing. 1985, 34(11): 273-285.

[6]　Wang N, Li X, Chen X. Fast three-dimensional Otsu thresholding with shuffled frog-leaping algorithm[J]. Pattern Recognition Letters. 2010, 31(13): 1809-1815.

[7]　林正春，王知衍，张艳青. 最优进化图像阈值分割算法[J]. 计算机辅助设计与图形学学报. 2010，22（7）：1201-1206.

[8]　林正春. 无准则多维图像阈值分割算法——最优进化算法[D]. 广州：华南理工大学，2010.

[9]　Bustince H, Barrenechea E, Pagola M, et al. Comment on: Image thresholding using type II fuzzy sets. Importance of this method[J]. Pattern Recognition. 2010, 43(9): 3188-3192.

[10]　Tizhoosh H R. Image thresholding using type II fuzzy sets[J]. Pattern Recognition. 2005, 38(12): 2363-2372.

[11]　秦昆，李德毅，许凯. 基于云模型的图像分割方法研究[J]. 测绘信息与工程. 2006，31（5）：3-5.

[12]　Sinha D, Laplante P. A rough set-based approach to handling spatial uncertainty in binary images[J]. Engineering Applications of Artificial Intelligence. 2004, 17(1): 97-110.

[13]　Martin A, Laanaya H, Arnold-Bos A. Evaluation for uncertain image classification and segmentation[J]. Pattern Recognition. 2006, 39(11): 1987-1995.

[14] 李德毅，杜鹢. 不确定性人工智能[M]. 北京：国防工业出版社，2005.

[15] 淦文燕，赫南，李德毅. 一种基于拓扑势的网络社区发现方法[J]. 软件学报. 2009，20（8）：2241-2254.

[16] 王海军，邓羽，王丽. 基于数据场的 C 均值聚类方法研究[J]. 武汉大学学报（信息科学版）. 2009，34（5）：626-629.

[17] 张光卫，李德毅，李鹏等. 基于云模型的协同过滤推荐算法[J]. 软件学报. 2007，18（10）：2403-2411.

[18] 刘禹，李德毅，张光卫等. 云模型雾化特性及在进化算法中的应用[J]. 电子学报. 2009，37（8）：1651-1658.

[19] 张光卫，何锐，刘禹等. 基于云模型的进化算法[J]. 计算机学报. 2008，31（7）：1082-1091.

[20] 王树良. 基于数据场与云模型的空间数据挖掘和知识发现[D]. 武汉：武汉大学，2002.

[21] 许凯，秦昆，黄伯和等. 基于云模型的图像区域分割方法[J]. 中国图象图形学报. 2010，15（5）：757-763.

[22] 李德毅，刘常昱. 论正态云模型的普适性[J]. 中国工程科学. 2004，6（8）：28-34.

[23] 李德毅，孟海军，史雪梅. 隶属云和隶属云发生器[J]. 计算机研究与发展. 1995，32（6）：15-20.

[24] 杨朝晖，李德毅. 二维云模型及其在预测中的应用[J]. 计算机学报. 1998（11）：961-969.

[25] 李德毅. 知识表示中的不确定性[J]. 中国工程科学. 2000（10）：73-79.

[26] 邸凯昌，李德毅，李德仁. 云理论及其在空间数据发掘和知识发现中的应用[J]. 中国图象图形学报. 1999（11）：32-37.

[27] 蒋嵘，李德毅，范建华. 数值型数据的泛概念树的自动生成方法[J]. 计算机学报. 2000（5）：470-476.

[28] 秦昆. 不确定性图像分割的新方法[D]. 武汉：武汉大学，2007.

[29] 李德毅. 三级倒立摆的云控制方法及动平衡模式[J]. 中国工程科学. 1999（2）：41-46.

[30] 宋远骏，杨孝宗，李德毅等. 考虑环境因素的计算机可靠性云模型评价[J]. 计算机研究与发展. 2001（5）：631-636.

[31] Kun Q, Deyi L, Kai X, et al. On the methods of image segmentation with uncertainty[C]. Wuhan, China: 14th International Conference on Geoinformatics. SPIE, 2006.

[32] Li D, Du Y. Artificial intelligent with uncertainty[M]. Boca Raton: Chapman & Hall/CRC, 2007.

[33] 淦文燕. 聚类——数据挖掘中的基础理论问题研究[D]. 南京：解放军理工大学，2003.

[34] Shuliang W, Juebo W, Feng C. Behavior mining of spatial objects with data field[J]. Geo-spatial Information Science. 2009, 12(3): 202-211.

[35] 王树良，邹珊珊，操保华等. 利用数据场的表情脸识别方法[J]. 武汉大学学报（信息科学版）. 2010，35（6）：738-742.

[36] 杨炳儒，高静，宋威. 认知物理学在数据挖掘中的应用研究[J]. 计算机研究与发展. 2006，43（8）：1432-1438.

[37] 戴晓军，淦文燕，李德毅. 基于数据场的图像数据挖掘研究[J]. 计算机工程与应用. 2004（26）：41-43.

[38] 戴晓军，刘常昱，韩旭等. 数据场在信息表征中的应用[J]. 复旦学报（自然科学版）. 2004（5）：933-937.

[39] Qin K, Ou L, Wu T, et al. Image segmentation based on data field and cloud model[C]. Chengdu, China: 2010 International Conference on Image Processing and Pattern Recognition in Industrial Engineering. SPIE, 2010.

[40] Xiao Q, Qin K, Guan Z. Novel methods of image segmentation based on data field[C]. Wuhan: International Symposium on Multispectral Image Processing and Pattern Recognition. SPIE, 2007.

[41] 陈罡，李德毅. 数据场思想及其在联机签名鉴别中的应用[J]. 计算机工程与应用. 2003（4）：123-126.

[42] Wang S, Chen Y. Extracting Rocks from Mars Images with Data Fields[C]. Beijing: 7th International Conference on Advanced Data Mining and Applications (ADMA 2011). 2011: 367-380.

[43] Wang S, Gan W, Li D, et al. Data Field for Hierarchical Clustering[J]. International Journal of Data Warehousing and Mining. 2011, 7(4): 43-63.

[44] 孟晖，王树良，李德毅. 基于云变换的概念提取及概念层次构建方法[J]. 吉林大学学报（工学版）. 2010（3）：782-787.

[45] 陈昊，李兵. 基于逆向云和概念提升的定性评价方法[J]. 武汉大学学报（理学版）. 2010，56（6）：683-688.

[46] 王国胤，张清华，马希骜等. 知识不确定性问题的粒计算模型[J]. 软件学报. 2011，22（4）：676-694.

[47] 许凯. 云模型支持下的遥感图像分类粒计算方法[D]. 武汉：武汉大学, 2010.

[48] Zadeh L A. Fuzzy logic = computing with words[J]. IEEE Transactions on Fuzzy Systems. 1996, 4(2): 103-111.

[49] Mendel J M. Computing with words: Zadeh, Turing, Popper and Occam[J]. IEEE Computational Intelligence Magazine. 2007, 2(4): 10-17.

[50] 王飞跃. 词计算和语言动力学系统的基本问题和研究[J]. 自动化学报. 2005，31（6）：844-852.

[51] 王飞跃. 关于模糊系统研究的认识和评价以及其它[J]. 自动化学报. 2002，28（4）：663-669.

[52] 张铃，张钹. 模糊商空间理论[J]. 软件学报. 2003，14（4）：770-776.

[53] Pawlak Z. Rough sets[J]. International Journal of Parallel Programming. 1982, 11(5): 341-356.

[54] 王国胤，张清华，胡军. 粒计算研究综述[J]. 智能系统学报. 2007，2（6）：8-27.

[55] 苗夺谦，李德毅，姚一豫等. 不确定性与粒计算[G]. 北京：科学出版社，2011.

[56] Yao Y Y. The art of granular computing[C]. Proceeding of the International Conference on Rough Sets and Emerging Intelligent Systems Paradigms. 2007.

[57] 张钹，张铃. 粒计算未来发展方向探讨[J]. 重庆邮电大学学报（自然科学版）. 2010，22（5）：511-538.

[58] Herbert J P, Yao J. A granular computing framework for self-organizing maps[J]. Neurocomputing. 2009, 72(13-15): 2865-2872.

[59] Zhang Y J. An Overview of Image and Video Segmentation in the Last 40 Years[M]. Advances in Image and Video Segmentation, Zhang Y J, Hershey:IRM Press, 2006, 1-15.

[60] Pal N R, Pal S K. A review on image segmentation techniques[J]. Pattern Recognition. 1993, 26(9): 1277-1294.

[61] Zhang Y J. A survey on evaluation methods for image segmentation[J]. Pattern recognition. 1996, 29(8): 1335-1346.

[62] Sahoo P K, Soltani S, Wong A. A survey of thresholding techniques[J]. Computer vision, graphics, and image processing. 1988, 41(2): 233-260.

[63] Sezgin M, Sankur B. Survey over image thresholding techniques and

quantitative performance evaluation[J]. Journal of Electronic Imaging. 2004, 13(1): 146-165.

[64] Kittler J, Illingworth J. Minimum error thresholding[J]. IEEE Transactions on System Man Cybernetics. 1986, 19(1): 41-47.

[65] Xue J, Zhang Y. Ridler and Calvard's, Kittler and Illingworth's and Otsu's methods for image thresholding[J]. Pattern Recognition Letters. 2012: (in print).

[66] Zhang Y, Gerbrands J J. Transition region determination based thresholding[J]. Pattern Recognition Letters. 1991, 12(1): 13-23.

[67] Hu Q, Hou Z, Nowinski W L. supervised range-constrained thresholding[J]. IEEE Transactions on Image Processing. 2006, 15(1): 228-240.

[68] 范九伦，赵凤，张雪锋. 三维 Otsu 阈值分割方法的递推算法[J]. 电子学报. 2007，35（7）：1398-1402.

[69] Chen W, Cao L, Qian J, et al. A 2-phase 2-D thresholding algorithm[J]. Digital Signal Processing. 2010, 20(6): 1637-1644.

[70] Sun G, Liu Q, Liu Q. A novel approach for edge detection based on the theory of universal gravity[J]. Pattern Recognition. 2007, 40(10): 2766-2775.

[71] Tan Y, Huai J, Tang Z, et al. An Improved Hierarchical Segmentation Method for Remote Sensing Images [J]. Journal of the Indian Society of Remote Sensing. 2011, 38(4): 686-695.

[72] Li X, Sahbi H. Superpixel-based object class segmentation using conditional random fields[C]. 2011.

[73] 秦昆. 智能空间信息处理[M]. 武汉：武汉大学出版社，2009.

[74] Bustince H, Pagola M, Jurio A, et al. A Survey of Applications of the Extensions of Fuzzy Sets to Image Processing[M]. Bio-Inspired Hybrid Intelligent Systems for Image Analysis and Pattern Recognition (Studies in Computational Intelligence), Melin P, 2009.

[75] Vlachosa I K, Sergiadis G D. Intuitionistic fuzzy information — Applications to pattern recognition[J]. Pattern Recognition Letters. 2007, 28(2): 197-206.

[76] Mushrif M M, Ray A K. Color image segmentation: Rough-set theoretic approach[J]. Pattern Recognition Letters. 2008, 29(4): 483-493.

[77] Petrosino A, Salvi G. Rough fuzzy set based scale space transforms and

their use in image analysis[J]. International Journal of Approximate Reasoning. 2006, 41(2): 212-228.

[78] 谢昭，高隽．一种基于粗糙集区域分割和语义分类的方法[J]．模式识别与人工智能．2007，20（2）：287-294.

[79] 李旭超，朱善安．图像分割中的马尔可夫随机场方法综述[J]．中国图象图形学报．2007，12（5）：789-798.

[80] Salzenstein F, Pieczynski W. Parameter Estimation in Hidden Fuzzy Markov Random Fields and Image Segmentation[J]. Graphical Models and Image Processing. 1997, 59(4): 205-220.

[81] Cootes T F, Edwards G, Taylor C J. Comparing Active Shape Models with Active Appearance Models[C]. Drummond: The 10th British Machine Vision Conference. BMVA Press, 1999: 173-182.

[82] 何良华，胡蝶，蒋昌俊．主动形状模型中搜索过程与搜索空间的改进[J]．模式识别与人工智能．2008，21（3）：394-400.

[83] 张浩，庄连生，王涌等．主动表观模型在光照变化影响下的人脸特征点定位[J]．电路与系统学报．2009，14（1）：72-77.

[84] 戴玮．主动形状模型的研究与改进[D]．无锡：江南大学，2009.

[85] M K, A W, D T. Snake: active contour models[J]. International Journal of Computer Vision. 1988, 1(4): 321-331.

[86] 侯志强，韩崇昭．基于力场分析的主动轮廓模型[J]．计算机学报．2004，27（6）：744-749.

[87] 吕佩卓，赖声礼，胡蓉等．基于局部统计特征约束的 Snake 模型图像分割方法[J]．华南理工大学学报（自然科学版）．2007，35（9）：36-39.

[88] 崔建房．基于主动轮廓模型的图像分割方法的研究[D]．济南：山东大学，2009.

[89] 董建园，郝重阳．基于统计先验形状的水平集图像分割综述[J]．计算机科学．2010，37（1）：6-9.

[90] Osher S, Fedkiw R P. Level Set Methods: An Overview and Some Recent Results[J]. Journal of Computational Physics. 2001, 169(2): 463-502.

[91] 王斌，高新波．基于水平集接力的图像自动分割方法[J]．软件学报．2009，20（5）：1185-1193.

[92] Tf C, La V. Active contours without edges[J]. IEEE Trans actions on Image Processing. 2001, 10(2): 266-277.

[93] 何宁，张朋．基于边缘和区域信息相结合的变分水平集图像分割方法[J].

电子学报. 2009, 37 (10): 2215-2219.

[94] Bouda B, Masmoudib L, Aboutajdine D. CVVEFM: Cubical voxels and virtual electric field model for edge detection in color images[J]. Signal Processing. 2008, 88(4): 905-915.

[95] 康文雄, 邓飞其. 基于方向场分布率的静脉图像分割方法[J]. 自动化学报. 2009, 35 (12): 1496-1502.

[96] 罗为. 图像分割技术[N]. 计算机世界报.

[97] Arifina A Z, Asano A. Image segmentation by histogram thresholding using hierarchical cluster analysis[J]. Pattern Recognition Letters. 2006, 27(13): 1515-1521.

[98] Wang Z, Bovik A C, Sheikh H R, et al. Image Quality Assessment: From Error Visibility to Structural Similarity[J]. IEEE Transactions on Image Processing. 2004, 13(4): 600-612.

[99] Baddeley A J. An error metric for binary images[M]. Robust computer vision: Quality of Vision Algorithms, Wichmann Verlag, Karlsruhe, 1992.

[100] Sezgin M, Sankur B. Selection of thresholding methods for nondestructive testing applications[C]. Thessaloniki, Greece: IEEE, 2001.

[101] 李德毅, 淦文燕, 刘璐莹. 人工智能与认知物理学[C]. 广州. 中国人工智能学会第 10 届学术年会. 2003.

[102] 吕辉军, 王晔, 李德毅等. 逆向云在定性评价中的应用[J]. 计算机学报. 2003 (8): 1009-1014.

[103] 罗自强, 张光卫, 李德毅. 一维正态云的概率统计分析[J]. 信息与控制. 2007 (4): 471-475.

[104] Zadeh L A. The concept of a linguistic variable and its application to approximate reasoning-1[J]. Information Science. 1975, 8(3): 199-249.

[105] Mendel J M, John R I B. Type-2 fuzzy sets made simple[J]. IEEE Transactions on Fuzzy Systems. 2002, 10(2): 117-127.

[106] Mendel J M. Type-2 fuzzy sets and systems: an overview[J]. IEEE Computational Intelligence Magazine. 2007, 2(1): 20-29.

[107] Mendel J M, Hongwei W. Type-2 fuzzistics for symmetric interval type-2 fuzzy sets: part 1, forward problems[J]. IEEE Transactions on Fuzzy Systems. 2006, 14(6): 781-792.

[108] Zhongzhi S, Zheng Z, Zuqiang M. Image Segmentation-Oriented Tolerance Granular Computing Model[C]. Hangzhou: GrC 2008. IEEE International

Conference on Granular Computing, 2008. IEEE, 2009.

[109] 修保新，吴孟达. 图像模糊信息粒的适应性度量及其在边缘检测中的应用[J]. 电子学报. 2004，32（2）：274-281.

[110] 郑征. 基于相容粒度空间模型的图像纹理识别[J]. 重庆邮电大学学报（自然科学版）. 2009，21（4）：484-490.

[111] 刘仁金，黄贤武. 图像分割的商空间粒度原理[J]. 计算机学报. 2005，28（10）：1680-1685.

[112] 卜东波，白硕，李国杰. 聚类/分类中的粒度原理[J]. 计算机学报. 2002，25（8）：810-817.

[113] 张清华，周玉兰，滕海涛. 基于粒计算的认知模型[J]. 重庆邮电大学学报（自然科学版）. 2009，21（4）：494-502.

[114] 刘健庄，粟文青. 灰度图像的二维 OTSU 自动阈值分割法[J]. 自动化学报. 1993，19（1）：101-105.

[115] Qin K, Xu K, Liu F, et al. Image segmentation based on histogram analysis utilizing the cloud model[J]. Computers & Mathematics with Applications. 2011, 62(7): 2824-2833.

[116] Keller J M. Fuzzy set theory in computer vision: A prospectus[J]. Fuzzy Sets and Systems. 1997, 90(2): 177-182.

[117] 刘禹. 基于云模型的分类算法[D]. 北京：北京航天航空大学，2010.

[118] 王正志，薄涛. 进化计算[M]. 长沙：国防科技大学出版社，2000.

[119] Groenewald A M, Barnard E, Botha E C. Related approaches to gradient-based thresholding[J]. Pattern Recognition Letters. 1993, 14(7): 567-572.

[120] Li Z, Zhang D, Xu Y, et al. Modified local entropy-based transition region extraction and thresholding[J]. Applied Soft Computing. 2011: (in print).

[121] Chao Z, Jia-Shu Z, Hui C. Local Fuzzy Entropy-based Transition Region Extraction and Thresholding[J]. International Journal of Information Technology. 2006, 12(6): 19-25.

[122] Hu Q, Luo S, Qiao Y, et al. Supervised grayscale thresholding based on transition regions[J]. Image and Vision Computing. 2008, 26(12): 1677-1684.

[123] Yan C, Sang N, Zhang T. Local entropy-based transition region extraction and thresholding[J]. Pattern Recognition Letters. 2003, 24(16): 2935-2941.

[124] Li Z, Liu C. Gray level difference-based transition region extraction and

thresholding[J]. Computers and Electrical Engineering. 2009, 35(5): 696-704.

[125] 闫成新，桑农，张天序. 基于度信息的图像过渡区提取与分割[J]. 华中科技大学学报（自然科学版）. 2004，32（10）：1-3.

[126] 章毓晋. 过渡区和图象分割[J]. 电子学报. 1996，24（1）：12-17.

[127] 刘锁兰，杨静宇. 过渡区提取方法综述[J]. 中国工程科学. 2007，9（9）：89-96.

[128] Rosin P L. Unimodal thresholding[J]. Pattern Recognition. 2001, 34(11): 2083-2096.

[129] Bazi Y, Bruzzone L, Melgani F. Image thresholding based on the EM algorithm and the generalized Gaussian distribution[J]. Pattern Recognition. 2007, 40(2): 619-634.

[130] Adams R, Bischof L. Seeded region growing[J]. IEEE Transactions on Pattern Analysis and Machine Intelligence. 1994, 16(6): 641-647.

[131] Fan J, Zeng G, Body M, et al. Seeded region growing: an extensive and comparative study[J]. Pattern Recognition Letters. 2005, 26(8): 1139-1156.

[132] Bartol W, Miró J, Pióro K, et al. On the coverings by tolerance classes[J]. Information Sciences. 2004, 166(1): 193-211.

[133] Cho K, Meer P. Image Segmentation from Consensus Information[J]. Computer Vision and Image Understanding. 1997, 68(1): 72-89.

[134] Huang Q, Gao W, Cai W. Thresholding technique with adaptive window selection for uneven lighting image[J]. Pattern Recognition Letters. 2005, 26(6): 801-808.

[135] Shi J, Malik J. Normalized Cuts and Image Segmentation[J]. IEEE Transactions on Pattern Analysis and Machine Intelligence. 2000, 22(8): 888-906.

[136] Comaniciu D, Meer P. Mean Shift: A Robust Approach Toward Feature Space Analysis[J]. IEEE Transactions on Pattern Analysis and Machine Intelligence. 2002, 24: 603-619.

[137] Vedaldi A, Soatto S. Quick Shift and Kernel Methods for Mode Seeking[C]. 2008.

[138] Z P. Rough Sets: Theoretical Aspects of Reasoning About Data[M]. Dordrecht, The Netherlands: Kluwer, 1991.

[139] E H A, A A, F P J. Rough Sets and Near Sets in Medical Imaging: A

Review[J]. IEEE Transactions on Information Technology in Biomedicine. 2009, 13(6): 955-968.

[140] P S K, U S B, M P. Granular computing, rough entropy and object extraction[J]. Pattern Recognition Letters. 2005, 26(16): 2509-2517.

[141] P P, N C. Integrating rough set theory and medical applications[J]. Applied Mathematics Letters. 2008, 21(4): 400-403.

[142] D M, J S. Adaptive multilevel rough entropy evolutionary thresholding[J]. Information Sciences. 2010, 180(7): 1138-1158.

[143] D M, J S. Adaptive Rough Entropy Clustering Algorithms in Image Segmentation[J]. Fundamenta Informaticae. 2010, 98(2-3): 199-231.

[144] 邓廷权, 盛春冬. 结合变精度粗糙熵和遗传算法的图像阈值分割方法[J]. 控制与决策. 2011, 26 (7): 79-84.

[145] G T Y, W M W, Y Z. A fast recursive algorithm based on fuzzy 2-partition entropy approach for threshold selection[J]. Neurocomputing. 2011, 74(17): 3072-3078.

[146] Lopez-Molina C, Bustince H, Fernandez J, et al. A gravitational approach to edge detection based on triangular norms[J]. Pattern Recognition. 2010, 43(11): 3730-3741.

[147] Lopez-Molina C, Bustince H, Fernandez J, et al. On the use of t-conorms in the gravity-based approach to edge detection[C]. Pisa, Italy: IEEE, 2009.

[148] Wang Z, Quan Y. A novel approach for edge detection based on the theory of electrostatic field[C]. Xiamen, China: 2007 International Symposium on Intelligent Signal Processing and Communication Systems. IEEE, 2007: 260-263

[149] Wu T, Gao Y. Image Data Field Model for Edge Detection[J]. ICIC Express Letters. 2011, 5(3): 733-739.

[150] Nixon M S, Liu X U, Direkoğlu C, et al. On Using Physical Analogies for Feature and Shape Extraction in Computer Vision[J]. The Computer Journal. 2011, 54(1): 11-25.

[151] Boskovitz V, Guterman H. An adaptive neuro-fuzzy system for automatic image segmentation and edge detection[J]. IEEE Transactions on Fuzzy Systems. 2002, 10(2): 247-262.

[152] Pal S K, King R A. On edge detection of X-ray images using fuzzy sets[J].

IEEE Transactions on Pattern Analysis and Machine Intelligence. 1983, 5(1): 69-77.

[153] Bezdek J, Chandrasekhar R, Attikouzel Y. A geometric approach to edge detection[J]. IEEE Transactions on Fuzzy Systems. 1998, 6(1): 52-75.

[154] Lopez-Molina C, De Baets B, Bustince H. Generating fuzzy edge images from gradient magnitudes[J]. Computer Vision and Image Understanding. 2011, 115(11): 1571-1580.

[155] Tao W, Kun Q. Comparative Study of Image Thresholding Using Type-2 Fuzzy Sets and Cloud Model[J]. International Journal of Computational Intelligence Systems. 2010, 3(6): 61-73.

[156] Jian G, Liyuan L, Weinan C. Fast recursive algorithm for two-dimensional thresholding[J]. Pattern Recognition. 1998, 31(3): 295-300.

[157] 赵凤，范九伦. 一种结合二维 Otsu 法和模糊熵的图像分割方法[J]. 计算机应用研究. 2007, 24（6）: 189-191.

[158] 吴一全，潘喆，吴文怡. 二维直方图区域斜分的最大熵阈值分割算法[J]. 模式识别与人工智能. 2009, 22（1）: 162-168.

[159] Abutaleb A S. Automatic thresholding of gray-level pictures using two-dimensional entropy[J]. Computer Vision, Graphics, and Image Processing. 1989, 47(1): 22-32.

[160] Jansing E D, Albert T A, Chenoweth D L. Two-dimensional entropic segmentation[J]. Pattern Recognition Letters. 1999, 20(3): 329-336.

[161] Sahoo, P K, Arora G. Image thresholding using two-dimensional Tsallis-Havrda-Charvát entropy[J]. Pattern Recognition Letters. 2006, 27(6): 520-528.

[162] Sahoo, P K, Arora G. A thresholding method based on two-dimensional Renyi's entropy[J]. Pattern Recognition. 2004, 37(6): 1149-1161.

[163] Jing X, Li J. Image segmentation based on 3-D maximum between-cluster variance[J]. Acta Electronica Sinica. 2003, 31(9): 1281-1285.

[164] Lei W, Huichuan D, Jinling W. A fast algorithm for three-Dimensional Otsu's Thresholding method[C]. Xiamen, China: IEEE, 2008.

[165] Lin Z, Wang Z, Zhang Y. Optimal Evolution Algorithm for Image Thresholding[J]. Journal of Computer-Aided Design and Computer Graphics. 2010, 22(7): 1201-1207.

[166] Zhao X, Lee M, Kim S. Improved Image Thresholding Using Ant Colony

Optimization Algorithm[C]. Dalian, China: IEEE Computer Society, 2008.

[167] Lin Z, Wang Z, Zhang Y. Image Thresholding Using Particle Swarm Optimization[C]. Three Gorges, USA: IEEE, 2008.

[168] Niblack W. An introduction to digital image processing[M]. Birkeroed, Denmark: Strandberg Publishing Company, 1985.

[169] Sauvola J, Ainen M P. Adaptive document image binarization[J]. Pattern Recognition. 2000, 33(2): 225-236.

[170] Yin P. A fast scheme for optimal thresholding using genetic algorithms[J]. Signal Processing. 1999, 72(2): 85-95.

[171] Jing X, Li J. Image segmentation based on 3-D maximum between-cluster variance[J]. Acta Electronica Sinica. 2003, 31(9): 1281-1285.

[172] Wang N, Li X, Chen X. Fast three-dimensional Otsu thresholding with shuffled frog-leaping algorithm[J]. Pattern Recognition Letters. 2010, 31(13): 1809-1815.

[173] Ilea D E, Whelan P F. Image segmentation based on the integration of colour-texture descriptors—A review[J]. Pattern Recognition. 2011, 44(10-11): 2479-2501.

[174] 刘宁宁等. 基于神经网络的纹理和灰度信息融合方法[J]. 软件学报. 1999, 10（6）：575-580.

[175] 袁宝峰, 吴乐华, 曾伟. 基于纹理与灰度协同进化的图像分割算法[J]. 计算机应用. 2009, 29（1）：54-58.

[176] Tamura H, Mori S, Yamawaki T. Textural Features Corresponding to Visual Perception[J]. IEEE Transactions on Systems, Man and Cybernetics. 1978, 8(6): 460-473.

[177] 赵海英, 徐光美, 彭宏. 纹理粗糙度度量算法的性能比较[J]. 计算机科学. 2011，38（6）：288-293.

[178] Hoang M A, Geusebroek J M, Smeulders A W M. Color Texture Measurement and Segmentation[J]. Signal Processing. 2005, 85(2): 265-275.

[179] Zhang K, Zhang L, Song H, et al. Active contours with selective local or global segmentation: A new formulation and level set method[J]. Image and Vision Computing. 2010, 28(4): 668-676.

[180] Liu H. Force field convergence map and Log-Gabor filter based multi-view ear feature extraction[J]. Neurocomputing. 2012, 76(1): 2-8.

[181] 曹传东，徐贵力，陈欣. 基于力场转换理论的图像粗大边缘检测方法[J]. 航空学报. 2011，32（5）：891-899.

[182] Direkoglu C, Nixon M S. On using an analogy to heat flow for shape extraction[J]. Pattern Analysis and Applications. 2013, 16(2): 125-139.

[183] Cummings A H, Nixon M S, N J. The image ray transform for structural feature detection[J]. Pattern Recognition Letters. 2011, 32(15): 2053-2060.

[184] 陈雪松，徐学军. 一种二值图像特征提取的新理论[J]. 计算机工程与科学. 2011，33（6）：31-37.

[185] 陈雪松，徐学军，朱洪波. 基于图像势能理论的目标轮廓特征提取方法[J]. 计算机科学. 2011，38（6）：270-274.

[186] Tang W, Jiang S, Wang S. Gray scale potential: a new feature for sparse image[J]. Neurocomputing. 2013, 116: 112-121.

[187] Li Z, Liu C, Liu G, et al. A novel statistical image thresholding method[J]. AEU Int J Electron Commun. 2010, 12(64): 1137-1147.

[188] Saha B N, R N. Image thresholding by variational minimax optimization[J]. Pattern Recognit. 2009, 5(42): 843-856.

[189] Hou Z, Hu Q, Nowinski W L. On minimum variance thresholding[J]. Pattern Recognition Letters. 2006, 27(14): 1732-1743.

[190] Li Z, Liu C, Liu G, et al. Statistical thresholding method for infrared images[J]. Pattern Analysis & Applications. 2011.

[191] Vlachos I K, Sergiadis G D. Comment on Image thresholding using type II fuzzy sets[J]. Pattern Recognition. 2008, 41(5): 1810-1811.

[192] Arora S, Acharya J, Verma A, et al. Multilevel thresholding for image segmentation through a fast statistical recursive algorithm[J]. Pattern Recognition Letters. 2008, 29(2): 119-125.

[193] Saha P K, Udupa J K. Optimum Image Thresholding via Class Uncertainty and Region Homogeneity[J]. IEEE Transactions on Pattern Analysis and Machine Intelligence. 2001, 7(23): 689-706.

[194] Qiao Y, Hu Q, Qian G, et al. Thresholding based on variance and intensity contrast[J]. Pattern Recognition. 2007, 40(2): 596-608.

[195] Li Z, Yang J, Liu G, et al. Unsupervised range-constrained thresholding[J]. Pattern Recognition Letters. 2011, 32(2): 392-402.

[196] Wang S, Chung F, Xiong F. A novel image thresholding method based on Parzen window estimate[J]. Pattern Recognition. 2008, 41(1): 117-129.

[197] A. C, Glasbey. An Analysis of Histogram-Based Thresholding Algorithms[J]. CVGIP: Graphical Models and Image Processing. 1993, 55(6): 532-537.

[198] http://sandanimation.tumblr.com/

[199] Hancock M, Cate T, Carpendale S, Isenberg T. Supporting Sandtray Therapy on an Interactive Tabletop. Proceeding of CHI, 2010. http://www.westhartfordcounselingcenter.com/sandtray.html

[200] Ura Masahiro, Yamada Masashi, Endo Mamoru, et al. A Paint Tool for Image Generation of Sand Animation Style. IEICE ITE Technical Report, 2009, 33(21): 7-12.

[201] Rubaiat Habib Kazi, Kien-Chuan Chua, Shengdong Zhao, et al. SandCanvas: A Multi-touch Art Medium Inspired by Sand Animation. CHI 2011, May 7-12, 2011, Vancouver, BC, Canada.

[202] Chi-Fu Lin, Chiou-Shann Fuh. Uncle Sand: A Sand Drawing Application in iPad. Proceeding of Computer Vision, Graphics, and Image Processing Conference, Nantou, Taiwan, August 2012.

[203] Paulo Urbano. The T. albipennis Sand Painting Artists. Proceedings of the international conference on Applications of evolutionary computation-Volume II, pp. 414-423, Springer, 2011.

[204] Giwon Song, Kyung-Hyun Yoon. Sand Image Replicating Sand Animation Process, The 19th Korea-Japan Joint Workshop on Frontiers of Computer Vision, pp.74-78, 2013.

[205] Weidong Geng. The Algorithms and Principles of Non-photorealistic Graphics Artistic Rendering and Cartoon Animation, Zhejiang University Press & Springer, 2009.

[206] 钱晓燕. 基于图像的非真实感艺术绘制技术综述. 工程图学学报, 2010, 31（1）: 6-12.

[207] 王相海, 秦晓彬, 辛玲. 非真实感绘制技术研究进展. 计算机科学, 2010, 37（9）: 20-27.

[208] Jan Eric Kyprianidis, John Collomosse, Tinghuai Wang, et al. State of the Art: A Taxonomy of Artistic Stylization Techniques for Images and Video. IEEE Transactions on Visualization and Computer Graphics, 19(5): 866-886, 2013.

[209] 黄华, 臧彧, 张磊. 图像和视频油画风格化研究. 计算机科学, 2011, 38（6）: 1-6.

[210] 王山东，李晓生，刘学慧等. 图像抽象化的实时增强型绘制. 计算机辅助设计与图形学学报，2013，25（2）：189-199.

[211] 方建文，于金辉，张俊松. 国画风格水动画建模. 计算机辅助设计与图形学学报，2012，24（7）：864-870.

[212] 陈圣国，孙正兴，项建华. 计算机辅助乱针绣制作技术. 计算机学报，2011，34（3）：526-538.

[213] 钱文华，徐丹，岳昆. 偏离映射的烙画风格绘制. 中国图象图形学报，2013，18（7）：836-843.

[214] Vanderhaeghe D, Collomosse J. Stroke Based Painterly Rendering, in Image and Video-Based Artistic Stylisation. Springer London, 2013: 3-21.

[215] Hertzmann A, Painterly Rendering with Curved Brush Strokes of Multiple Sizes, Proceeding of ACM SIGGRAPH, pp. 453-460, 1998.

[216] Hertzmann A. Paint by relaxation, Proceedings of IEEE Computer Graphics, 2001: 47-54.

[217] Hertzmann A. A survey of stroke-based rendering. IEEE Computer Graphics and Applications, 2003, 23(4): 70-81.

[218] Collomosse J P, Hall P M. Genetic paint: A search for salient paintings, in Applications of Evolutionary Computing. Springer Berlin Heidelberg, 2005: 437-447.

[219] Penousal Machado, Luís Pereira. Photogrowth: Non-Photorealistic Renderings Through Ant Paintings, GECCO'12, July 7-11, 2012, Philadelphia, Pennsylvania, USA.

[220] Huang H E, Ong Y S, Chen X. Autonomous flock brush for non-photorealistic rendering, IEEE Congress on Evolutionary Computation (CEC), IEEE, 2012: 1-8.

[221] Karen Trist, Vic Ciesielski, and Perry Barile. An artist's experience in using an evolutionary algorithm to produce an animated artwork. International Journal of Arts and Technology, 4(2):155-167, 2011.

[222] Yang L J, Xu T C. Animating Chinese ink painting through generating reproducible brush strokes. Science China Information Sciences, 2013, 56(1): 1-13.

[223] 王爱霖，刘弘，张鹏. 基于遗传算法和微粒群算法的群体动画造型平台，计算机科学，2013，40（1）：244-246.